工业和信息化
人才培养规划教材

Industry And Information
Technology Training
Planning Materials

高职高专计算机系列

计算机网络技术

Computer Network Technology Foundation

朱士明 ◎ 主编

周杰 施艳昭 郭鹏 余飞 毕好昌 ◎ 副主编

U0352116

人民邮电出版社

北 京

图书在版编目（CIP）数据

计算机网络技术 / 朱士明主编. -- 北京 ：人民邮电出版社，2014.10（2018.12 重印）
工业和信息化人才培养规划教材．高职高专计算机系列
ISBN 978-7-115-35448-8

Ⅰ．①计… Ⅱ．①朱… Ⅲ．①计算机网络—高等职业教育—教材 Ⅳ．①TP393

中国版本图书馆CIP数据核字(2014)第085658号

内 容 提 要

本书主要讲述计算机网络的基础知识，内容包括网络概述、网络的体系结构、局域网组建，网络互连技术、常见网络服务器的安装与应用、网络工程设计案例，以及网络新技术和网络常见故障排除，是学习计算机网络很好的入门教材。

本书强调职业性、应用性、针对性和技术性，实训案例全面，网络设计讲解详细，知识覆盖面广，图文并茂。

本书适合作为高职高专和成人教育院校计算机、电子、电信、通信、机电、电气自动化等专业的教材，也可作为计算机网络技术爱好者和从事计算机网络的工程技术人员的参考书。

◆ 主　　编　朱士明
　　副主编　周　杰　施艳昭　郭　鹏　余　飞　毕好昌
　　责任编辑　王　威
　　执行编辑　范博涛
　　责任印制　杨林杰
◆ 人民邮电出版社出版发行　　北京市丰台区成寿寺路 11 号
　　邮编　100164　　电子邮件　315@ptpress.com.cn
　　网址　http://www.ptpress.com.cn
　　大厂聚鑫印刷有限责任公司印刷
◆ 开本：787×1092　1/16
　　印张：17.5　　　　　　　　2014 年 10 月第 1 版
　　字数：438 千字　　　　　　2018 年 12 月河北第 10 次印刷

定价：39.80 元

读者服务热线：(010)81055256　印装质量热线：(010)81055316
反盗版热线：(010)81055315

前 言 PREFACE

　　近年来，随着互联网技术的迅速普及和应用，我国的通信和电子信息产业正飞速发展起来，因此，了解和掌握最新的网络通信技术也变得更加重要。"计算机网络"是计算机、电子、电信、通信、机电、电气自动化等专业学生的必修课，也是一门重要的专业课，该课程在专业建设和课程体系中占有重要的地位。

　　本书不仅系统介绍了计算机网络技术基础理论知识，还通过大量实训操作，增加了学习的趣味性，强化了动手能力，使学习目的更加明确。本书以能力培养为目标，精心设计课程框架和内容。每章先明确知识点和学习目标，接着展开讲解知识点，然后以案例实训进一步加深学生对关键知识的理解，从而逐步提高学生的实践技能。章末的小结、习题既便于教师指导学生把握重点，也有利于学生自学和复习时巩固提高，本书的实训案例均采用模拟软件Cisco Packer Tracer。

　　本书共分12章，第1章计算机网络概述，介绍计算机网络的概念、发展、分类、组成及常见组网案例等；第2章计算机网络的协议与结构体系，介绍计算机网络体系结构、网络协议、网络参考模型OSI和TCP/IP等；第3章Windows的常用网络命令，介绍了网络查询和检测的方法；第4章局域网组建技术，着重讨论局域网的特点、拓扑结构、硬件设备、协议、主要技术及虚拟局域网等；第5章网络互连技术，详细讨论网络互连技术，包括IP协议、IP地址、子网划分、路由与路由协议RIP、OSPF的实现机制、下一代的网际协议IPv6，以及网络层其他协议ARP、RARP、ICMP等；第6章传输层，讨论了用户数据报传输协议（UDP）、传输控制协议(TCP)的工作机制；第7章网络操作系统中常用服务器的配置与管理，详细介绍了常用服务器DNS、DHCP、FTP、IIS的安装与配置；第8章网络安全，介绍了网络安全知识，包括计算机病毒、防火墙、数字加密与数字签名等；第9章Internet接入技术，讨论了Internet的主要接入技术和实施方法；第10章网络故障，介绍网络故障的成因、分类、排除方法；第11章网络新技术，简要介绍FTTH、三网融合和物联网的概念、特点及应用；第12章组网方案实例，介绍了组建校园网的过程。

　　本书的特色如下。

　　●本书有很强的实用性、针对性、技术性，将计算机网络理论知识和实际应用结合起来，具有较强的可读性和可操作性。

　　●本书新增了当前应用最广泛、最令人关注的网络新技术FTTH、三网融合和物联网技术。

　　●本书提供了大量的实验与网络仿真实训，突出培养实践动手能力和知识应用能力。

　　本书由朱士明任主编，周杰、施艳昭、郭鹏、余飞和毕好昌任副主编。第1章、第2

章由余飞编写，第3章、第6章、第7章由朱士明编写，第4章、第11章由周杰编写，第5章、第8章由郭鹏编写，第9章由毕好昌编写、第10章、第12章由施艳昭编写。全书由朱士明策划和统稿。

本书力求做到知识实用、语言通俗易懂、层次分明，使读者既能轻松地学习知识，又能较容易地把知识应用到实际中，希望本书能够给读者目前及将来的工作带来一定的帮助。

由于编者知识水平和经验有限，书中不当之处在所难免，敬请各位读者和专家提出宝贵意见，以便进一步完善。为配合本书的教学，免费提供教学课件和部分习题参考答案，邮件地址：ss_mm169@163.com。

编者
2014年2月

目 录 CONTENTS

第1章　计算机网络概述　　1

1.1 计算机网络的初步认识　　2
　1.1.1 计算机网络的定义　　2
　1.1.2 计算机网络的发展　　4
　1.1.3 计算机网络的分类　　7
1.2 计算机网络的组成　　9
　1.2.1 计算机网络的硬件组成　　9
　1.2.2 计算机网络的软件组成　　13
1.3 计算机网络案例　　16
　1.3.1 局域网案例　　16
1.3.2 城域网案例　　19
1.3.3 广域网案例　　20
1.3.4 接入网案例　　22
1.4 网络标准化组织　　23
　1.4.1 电信界最有影响的组织　　23
　1.4.2 国际标准界最有影响的组织　　23
　实训 网络基础　　25
　习题　　26

第2章　计算机网络协议与结构体系　　28

2.1 计算机网络体系结构概述　　29
　2.1.1 划分层次的必要性　　29
　2.1.2 网络协议　　31
2.2 OSI参考模型　　32
　2.2.1 OSI参考模型的产生　　32
　2.2.2 OSI参考模型的层次结构　　33
2.3 TCP/IP体系结构　　35
　2.3.1 TCP/IP体系结构的产生　　35
　2.3.2 TCP/IP的层次结构　　36
2.4 数据包在计算机网络中的封装
　与传递　　37
　习题　　40

第3章　Windows的常用网络命令　　41

3.1 网络命令ping 的使用　　42
　3.1.1 ping命令的工作原理与作用　　42
　3.1.2 ping命令的使用　　42
3.2 网络命令ipconfig 的使用　　44
　3.2.1 ipconfig命令的作用　　44
　3.2.2 ipconfig命令的格式　　44
　3.2.3 ipconfig命令的使用　　45
3.3 网络命令arp的使用　　46
　3.3.1 arp命令的作用　　46
　3.3.2 arp命令的格式与使用　　46
3.4 网络命令tracert的使用　　47
3.4.1 tracert命令的作用　　47
3.4.2 tracert命令的使用　　47
3.5 网络命令netstat的使用　　48
　3.5.1 netstat命令的作用　　48
　3.5.2 netstat命令的使用　　48
3.6 网络命令route的使用　　49
　3.6.1 route命令的作用　　49
　3.6.2 route命令的使用　　49
　实训 ping命令的使用　　51
　习题　　52

第4章 局域网组建技术 53

4.1	局域网概述	54
	4.1.1 局域网的特点	54
	4.1.2 局域网的拓扑结构	55
4.2	局域网协议和体系结构	57
	4.2.1 IEEE802标准概述	58
	4.2.2 局域网的体系结构	59
	4.2.3 IEEE 802.3协议	60
	4.2.4 IEEE 802.5协议	62
4.3	架设局域网的硬件设备	62
	4.3.1 网卡	63
	4.3.2 局域网的传输介质	65
	4.3.3 集线器	67
	4.3.4 交换机	68
4.4	局域网主要技术	72
	4.4.1 以太网系列	73
	4.4.2 令牌环网	75
	4.4.3 FDDI	76
4.5	无线局域网	76
	4.5.1 无线局域网络的构成	77
	4.5.2 无线局域网络的特点	78
	4.5.3 无线局域网络的标准	78
4.6	虚拟局域网	79
	4.6.1 虚拟局域网概述	79
	4.6.2 VLAN的优点	80
	4.6.3 VLAN的划分	81
	实训1 非屏蔽双绞线的制作	83
	实训2 交换机的基本配置	89
	实训3 配置VLAN	91
	习题	93

第5章 网络互连技术 94

5.1	网络层概述	95
5.2	IP及IP地址	95
	5.2.1 IP及IP数据报	95
	5.2.2 IP 地址概述	97
	5.2.3 IP 地址的结构及表示方法	97
	5.2.4 IP 地址的分类	98
	5.2.5 特殊的IP地址	100
	5.2.6 子网的划分	101
	5.2.7 子网规划与划分实例	106
	5.2.8 IPv6地址概述	108
5.3	网络层的其他重要协议	110
	5.3.1 ARP	110
	5.3.2 RARP	111
	5.3.3 ICMP	111
5.4	路由器	112
	5.4.1 路由器简介	112
	5.4.2 路由器的基本原理	114
5.5	静态路由与动态路由	118
	5.5.1 静态路由	118
	5.5.2 动态路由	119
5.6	路由协议	120
	5.6.1 路由信息协议	120
	5.6.2 开放式最短路径优先协议	121
	实训1 子网规划与划分	126
	实训2 路由器的基本配置	128
	实训3 静态路由与动态路由	130
	习题	132

第6章　传输层　135

6.1　传输层简介　136
　　6.1.1　问题的提出　136
　　6.1.2　传输层的两个协议　136
　　6.1.3　传输层的主要任务　137
6.2　传输层端口　137
　　6.2.1　什么是端口　137
　　6.2.2　端口的种类　138
6.3　TCP　138
　　6.3.1　TCP 报文段的首部格式　139
　　6.3.2　建立连接　140

6.3.3　释放连接　141
6.3.4　滑动窗口　142
6.3.5　确认机制与超时重传　143
6.4　UDP　143
　　6.4.1　UDP 的首部格式　144
　　6.4.2　UDP和TCP的区别　144
　　6.4.3　UDP的应用　145
实训 传输层协议的应用　146
习题　148

第7章　网络操作系统中常用服务器的配置与管理　150

7.1　DNS服务器　151
　　7.1.1　什么是DNS　151
　　7.1.2　安装DNS服务器　154
　　7.1.3　创建域名　159
　　7.1.4　设置DNS客户端　160
7.2　DHCP服务器　160
　　7.2.1　DHCP概述　160
　　7.2.2　安装与设置DHCP服务器　163
　　7.2.3　在路由网络中配置DHCP　170
　　7.2.4　DHCP数据库的管理　172
7.3　IIS 服务器　173
　　7.3.1　IIS概述　173

7.3.2　IIS 的安装与配置　174
7.3.3　IIS7.0的新特性　182
7.3.4　全新的内核　182
7.4　FTP 服务器　183
　　7.4.1　FTP 服务器概述　183
　　7.4.2　FTP的工作原理　184
　　7.4.3　搭建FTP服务器　184
实训 Web服务器的配置　191
习题　192

第8章　网络安全　194

8.1　网络安全概述　195
　　8.1.1　网络安全隐患　195
　　8.1.2　网络攻击　195
　　8.1.3　网络基本安全技术　196
8.2　计算机病毒与木马　196
　　8.2.1　计算机病毒的基本知识　196
　　8.2.2　计算机病毒的工作原理　197
　　8.2.3　木马的原理　198
　　8.2.4　常见的Autorun.inf文件　199
　　8.2.5　杀毒软件的工作原理　200

8.3　防火墙　200
　　8.3.1　防火墙的基本概念　200
　　8.3.2　防火墙的分类　201
　　8.3.3　网络地址转换NAT技术　203
8.4　数字加密与数字签名　204
　　8.4.1　数字加密　204
　　8.4.2　数字签名　206
实训 ACL访问控制列表配置　208
习题　211

第9章 Internet接入技术 212

9.1 窄带接入Internet 213
9.2 拨号上网的实施 214
  9.2.1 ISP的服务与收费 214
  9.2.2 软/硬件环境与Modem的安装 214
  9.2.3 创建与配置拨号网络连接 216
  9.2.4 拨号连接和断开连接 217
  9.2.5 创建ISDN拨号网络 217
9.3 局域网入网的实施 219
  9.3.1 安装网卡 219
  9.3.2 安装与配置TCP/IP 219

9.3.3 将计算机加入局域网 220
9.4 宽带接入技术 221
  9.4.1 ADSL 接入方式 221
  9.4.2 LAN 接入方式 223
  9.4.3 HFC 接入方式 224
  9.4.4 其他接入方式 225
  9.4.5 宽带接入方式讨论 229
9.5 网络连接测试 230
实训 宽带接入技术应用 231
习题 232

第10章 网络故障 234

10.1 网络故障的成因 235
10.2 网络故障的分类 236
  10.2.1 按网络故障的性质划分 236
  10.2.2 按网络故障的对象划分 237
  10.2.3 按网络故障的表现划分 238
10.3 网络故障的排除方法 239
  10.3.1 总体原则 239
  10.3.2 网络故障解决的处理流程 239

10.3.3 网络故障的确认与定位 240
10.4 网络故障示例 242
  10.4.1 局域网故障实例 242
  10.4.2 ADSL上网故障示例 242
  10.4.3 局域网无线网络故障分析 245
  10.4.4 网络故障排除方法总结 250
习题 251

第11章 网络新技术 253

11.1 FTTH 254
  11.1.1 FTTH的定义 254
  11.1.2 FTTH的主要性能指标 254
  11.1.3 FTTH的组成方式 255
11.2 物联网 256
  11.2.1 物联网的概念 256
  11.2.2 物联网的3个重要特征 257
  11.2.3 物联网的核心技术 257

11.2.4 物联网发展面临的主要问题 258
11.2.5 物联网技术的应用 259
11.3 三网融合 260
  11.3.1 三网融合的基本概念 260
  11.3.2 三网各自的特点 260
  11.3.3 三网融合的技术优势 262
习题 263

第12章 组网方案实例 264

12.1 方案的目的与需求 265
12.2 组网方案 265
  12.2.1 需求分析 265
  12.2.2 系统设计 265

12.2.3 系统实施 267
12.2.4 组网总结 270
习题 271
参考文献 272

第1章
计算机网络概述

PART 1

学习目标

● 掌握计算机网络的基本概念
● 了解计算机网络的分类
● 理解计算机网络的软/硬件组成

随着计算机技术的快速发展与普及，计算机网络正以前所未有的速度向世界上的每一个角落延伸。计算机网络应用领域极其广泛，包括现代工业、军事国防、企业管理、科教卫生，政府公务、安全防范、智能家电等。网络已经成为社会生活和家庭生活中不可或缺的一部分，如Internet、局域网，甚至手机通信的GPRS，生活中到处充满网络的力量。同时，网络传媒、电子商务等给更多企业带来了无限的商机。因此，学习计算机网络基础知识对于掌握计算机网络操作技能、融入社会生活是非常重要的。

1.1　计算机网络的初步认识

　　计算机网络是众多计算机借助通信线路连接而成的。计算机通过连接的线路相互通信，从而使处于不同地理位置的人利用计算机可以互相沟通。由于计算机是一种独立性很强的智能化机器系统，因此，网络中的多个计算机可以进行协作，以共同完成某项工作。由此可见，计算机网络是计算机技术与通信技术紧密结合的产物。

　　除此以外，计算机网络还可用于共享资源。计算机硬盘和其他存储设备中存储了大量的文字或数据等软件资源，网络中也可接入许多功能性设备（打印机、扫描仪等）等硬件资源，位于计算机网络中的任何计算机都可通过沟通得到这些资源的使用权，并借助通信线路传输指令，获得软件资源，控制硬件资源，由此便达到了共享资源的目的。

1.1.1　计算机网络的定义

　　计算机网络是将位于不同地理位置并具有独立功能的多个计算机系统通过通信设备和线路系统连接起来，并配以完善的网络软件（网络协议、信息交换方式及网络操作系统等）来实现网络通信和软、硬件资源共享的计算机集合。简化的计算机网络如图1.1所示。

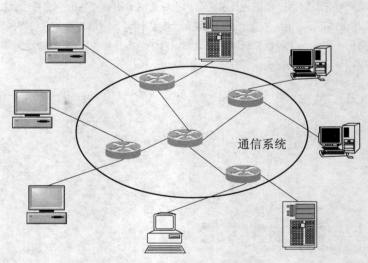

图1.1　简化的计算机网络

　　建立计算机网络的目的是使在不同地域的人能够利用计算机网络相互交流和协作，从而共同创造资源和共享资源。例如，一家公司在全国拥有诸多分部和办事机构，要想使这些部门保持持久联系，可以使用电话、信件、电报等传统的通信方式，但这将耗费大量的时间和金钱。如果把各个部门用计算机网络连接起来，那么员工就可以利用本部门的计算机在网络上进行免费的实时通信，并且可以协作、交流资源了。假如公司要求对全国各地的客户进行产品使用的调查，公司总部可在第一时间将调查项目通过网络传输给各个办事机构，各个办事机构则可一起在网上讨论，将调查项目按照要求分工，从而可以通过协作及资源共享交流调查数据，最终完成调查工作并将调查数据汇总至公司总部。此公司计算机网络可如图1.2所示。

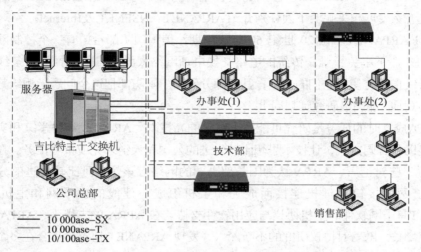

图1.2　计算机网络示例

在计算机网络的定义中需要强调的是，计算机网络一定是计算机的集合。在图1.1和图1.2中，计算机网络除了通信设备和线路系统外，其末端都是一台独立的计算机。网络末端设备通常称为终端。而终端并不一定都是能够独立处理信息的智能化很强的计算机，比如超市里最后为人们计算总价并开票的机器和购买体育彩票时所用的机器都不能算是一台计算机。它们尽管被通信设备和线路系统所连接，但本身并不独立，只能算是一个信息输入/输出系统。这种哑终端的数据处理实际上是通过网络中的中央计算机进行的（见图1.3）。哑终端把已经输入的信息传输给中央计算机，中央计算机进行处理，然后把处理好的数据交给哑终端显示，由于中央计算机的性能很好，处理速度很快，所以感觉这些数据是哑终端自己处理一样。有的哑终端甚至只有显示器和键盘。所以网络的终端是计算机的才能被称为计算机网络，而以哑终端构架的网络不属于计算机网络。

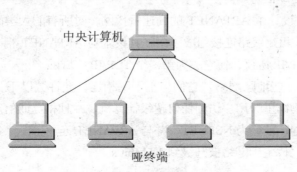

图1.3　哑终端

1.1.2　计算机网络的发展

1. 计算机网络在美国的发展

进入 20 世纪 80 年代末以来，在网络领域最引人注目的就是起源于美国的 Internet 的飞速发展。现在，Internet 已影响到人们生活的各个方面。那么 Internet 是怎么产生的，又是怎么发展起来呢？下面分别介绍 ARPANET、NSFNET 及 Internet。

（1）ARPANET。在 20 世纪 60 年代中期，美国国防部希望有一个控制网络能在核战争的条件下幸免于难。传统的电路交换电话网络太脆弱，因为损失一条线路或开关，就会终止所有使用它们的会话，甚至部分网络。国防部把这个问题指派给其研究部门 ARPA（国防部高级研究计划局）。

ARPA 成立时的任务是研究可能用于军事的高技术。ARPA 没有科学家和实验室，它通过资助和合同方式，让技术思想比较先进的公司和大学来完成该项任务。在与多个专家进行一些讨论后，ARPA 认为国防部需要的网络应该是当时比较先进的分组交换网，由子网（接口处理机连接而成）和主机组成。建成的由子网和主机组成的 ARPANET 有子网软件、主机协议与应用软件支持。在 APRA 的支持下，ARPANET 得到了快速增长。随着对协议研究的不断深入，发现 ARPANET 协议不适合在多个网络上运行，最后产生了 TCP/IP 模型和协议。TCP/IP 模型是为在互联网上通信而专门设计的。有了 TCP/IP 协议，就可以把局域网很容易地连接到 ARPANET。到了 1983 年，ARPANET 运行稳定并且很成功，拥有了数百台接口处理机和主机。此时，ARPA 把管理权交给了美国国防部通信局。

在 20 世纪 80 年代，其他网络陆续连接到 ARPANET。随着规模的扩大，寻找主机的开销太大了，域名系统 DNS 被引入。到了 1990 年，ARPANET 被它自己派生的 MILNET 网络取代。

（2）NSFNET。20 世纪 70 年代末期，美国国家基金会（NSF）注意到 ARPANET 在大学科研上的巨大影响，为了能连上 ARPANET，各大学必须和国防部签合同。由于这一限制，NSF 决定开设一个虚拟网络 CSNET，以一台机器为中心，支持拨号入网，并且与 ARPANET 及其他网络相连。通过 CSNET，学术研究人员可以拨号发送电子邮件。它虽然简单，但却很有用。

1984 年，NSF 设计了 ARPANET 的高速替代网，对所有的大学研究组织开放。其主干网是由 56kbit/s 租用线路连接组成子网，其技术与 ARPANET 相同，但软件不同，从一开始就使用 TCP/IP 协议，使它成为第一个 TCP/IP 广域网。

NSF 还资助了一些地区网络，它们与主干网相连，允许数以千计的大学、研究实验室、图书馆、博物馆里的用户访问任何超级计算机，并且相互通信。这个完整的网络包括主干网和地区网，被称为 NSFNET，并与 ARPANET 连通。

NSFNET 的第二代主干网络被升级到 1.5Mbit/s。

随着网络的不断增长，NSF 意识到政府不能再资助该网络了。1990 年，一个非营利机构 ANS（高级网络和服务）取代了 NSFNET，并把 1.5Mbit/s 的线路提升到了 45Mbit/s，从而形成了 ANSNET，1995 年出售给了美国在线（America Online）。

（3）Internet。当1983 年1月1日 TCP/IP 协议成为 ARPANET 上唯一的正式协议后，ARPANET上连接的网络、机器和用户快速增长。当 NSFNET 和 ARPANET 互连后，以指数级增长。很多地区网络开始加入，并且开始与加拿大、欧洲和太平洋地区的网络连接。

到了20世纪80年代中期，人们开始把互连的网络集看成互联网，就是后来的 Internet。在Internet上，如果一台机器运行 TCP/IP 协议，有一个 IP 地址，就可以向其他主机发送分组，那么它就是在Internet上。许多个人计算机可以通过调制解调器呼叫 Internet服务供应商（ISP），获取一个临时的 IP 地址，并且向其他Internet主机发送分组。

20 世纪 90 年代中期，Internet在学术界、政府和工业研究人员之间已非常流行。一个全新的应用——万维网 WWW（World Wide Web）改变了一切，让数以百万计的非学术界的新用户登上了互联网，这也是由于浏览器的出现和超级链接作用的结果。WWW 使一个站点可以设置大量主页，以提供包括文本、图片、声音甚至影像的信息，每页之间都有链接。通过单击链接，用户就可以切换到该链接指向的页面。很快就有了大量的其他主页，包括地图、股市行情等。

Internet 的成功经验如下。

①长期不断的政府支持。美国政府支持 Internet 技术的研究达 20 多年。终于获得了世界范围的巨大成功，使美国的计算机网络及其应用技术领先于世界其他任何国家，同时也产生了十分巨大的经济利益回报。

②具有远见的政府决策。在 Internet 发展的许多关键时刻，政府的正确决策起了至关重要的作用。例如，TCP/IP的实验网研究、NSFNET 的建立、Internet 商业化。另外，在支持 Internet 的研究过程中，给各研究单位创造出公平竞争、鼓励发展的政策环境也是十分重要的。美国在基础通信方面，先期进行了公平竞争的改革，为 Internet 的迅速商业化奠定了良好的基础。

③技术先导的示范工程。通观 Internet 的发展史，人们会发现不同时期的实验研究性示范网络都建立在大学和研究单位。这样做的原因，除了因为大学和研究单位有最强的研究实力外，还因为大学也是为社会培养网络及其应用人才的场所。

④开放、公开的技术标准。Internet 的技术和标准从一开始就是开放的，也就是说是公开的，为人们了解、参与和开发这种技术奠定了良好的基础。

⑤充满活力的企业参与。从建设时通信公司的积极参与，到发展时 IT 企业的积极参与和支持，企业在 Internet技术的发展过程中扮演了十分重要的角色。从 NSFNET、Internet 商业化时许多企业大量投资，成为提供骨干网服务的网络服务提供商 NSP 或提

供 Internet 接入服务的 Internet 服务提供商（ISP），反映出现代信息产业中高风险投资的重要趋势。

2．计算机网络在我国的发展

我国最早着手建设计算机广域网的是铁道部。铁道部在 1980 年即开始进行计算机连网实验；当时的几个结点是北京、济南、上海等铁路局及其所属的 11 个分局。结点交换机采用的是PDP-11，而网络体系结构为 Westem Digital 公司的DNA。铁道部的计算机网络是专用计算机网络，其目的是建立一个在上述地区范围、为铁路指挥和调度服务的运输管理系统。

1987年发出我国第一封电子邮件。

1988年电子邮件通信，清华大学校园网采用从加拿大UBC大学（University of British Columbia）引进的采用X400协议的电子邮件软件包，通过X.25网与加拿大UBC大学相连，开通了电子邮件应用；中国科学院高能物理研究所采用X.25协议使该单位的DECnet成为西欧中心DECnet的延伸，实现了计算机国际远程连网以及与欧洲和北美地区的电子邮件通信。

1989年2月，我国第一个公用分组交换网 CHINAPAC（或简称 CNPAC）通过试运行和验收，达到了开通业务的条件。它由 3 个分组结点交换机、8 个集中器和 1 个双机组成的网络管理中心组成。这 3 个分组结点交换机分别设在北京、上海和广州，而 8 个集中器分别设在沈阳、天津、南京、西安、成都、武汉、深圳和北京的邮电部数据所，网络管理中心设在北京电报局。此外，还开通了北京至巴黎和北京至纽约的两条国际电路。

在20世纪80年代后期，公安部和军队相继建立了各自的专用计算机广域网，这对迅速传递重要的数据信息起着重要的作用。还有一些部门也建立了专用的计算机网络。

除了上述的广域网外，从20世纪80年代起，国内的许多单位都陆续安装了大量的局域网。局域网的价格便宜，其所有权和使用权都属于本单位，因此非常便于开发、管理和维护。局域网的发展很快，它使更多的人能够了解计算机网络的特点，知道在计算机网络上可以做什么，以及如何才能更好地发挥计算机网络的作用。

1990 年注册登记了我国的顶级域名CN，并委托德国卡尔斯鲁厄大学运行CN域名服务器。

1994 年3月，中国终于获准加入互联网，并在同年5月完成全部连网工作。

目前，我国已建立了下述四大公用数据通信网，为我国 Internet 的发展创造了条件。

（1）中国公用分组交换数据通信网（ChinaPAC）。

（2）中国公用数字数据网（ChinaDDN）。

（3）中国公用帧中继网（ChinaFRN）。

（4）中国公用计算机互联网（ChinaNet）。

据 2007 年 7 月的统计报告，ChinaNet 网络节点间的路由中继由 155Mbit/s 提升到 2.5Gbit/s，提速 16 倍，中国国际出口带宽总量为 312 346Mbit/s。连接的国家有美国、俄罗斯、法国、英国、德国、日本、韩国和新加坡等。

我国陆续建造了基于Internet技术并可以和Internet互连的10个全国范围的公用计算机网络。

（1）中国公用计算机互联网（CHINANET）。

（2）中国科技网（CSTNET）。

（3）中国教育和科研计算机网（CERNET）。

（4）中国金桥信息网（CHINAGBN）。

（5）中国联通互联网（UNINET）。

（6）中国网通公用互联网（CNCNET）。

（7）中国移动互联网（CMNET）。

（8）中国国际经济贸易互联网（CIETNET）。

（9）中国长城互联网（CGWNET）。

（10）中国卫星集团互联网（CSNET）。

这些基于Internet的计算机网络技术发展非常快，感兴趣的读者可在有关网站上查找计算机网络的最新数据。

1.1.3　计算机网络的分类

计算机网络有很多种类，其划分标准也不同。比如，按照技术分类，计算机网络可分为以太网、令牌环网、X.25网、ATM网等；按照交换功能分类，可分为报文交换网络、分组交换网络、混合交换网络等；按照网络使用者分类，有专用网和公用网等。随着网络技术的高速发展，很多种类的网络已经被市场淘汰，现在用的网络都是以太网，数据交换方式为分组交换。因此，对于网络种类最常用的是按照其覆盖的地理范围来划分。

按照地理覆盖范围，计算机网络可分为广域网、城域网、局域网和接入网。

1. 广域网

广域网（Wide Area Network,WAN）的作用范围通常是几十公里到几千公里，是覆盖范围最大的一种网络。它可以把不同国家（地区）的计算机或计算机网络连接起来，形成国际性的计算机网络。广域网也是Internet的核心，其任务是通过长距离运送主机所发送的数据。由于传送距离过长，广域网的通信设备和线路都有能够高速传输大量信息的特点。广域网一般由国家和大规模的通信公司利用卫星、海底光缆、公用网络等组建。

2. 城域网

城域网（Metropolitan Area Network，MAN）的覆盖范围仅次于广域网，作用范围是几十公里以内的大量企业、学校、机关等。一般人们认为它可以横跨一座城市，也可以是属于一个城市的公用网。当然一个城市的多个教育机构或者多家企业也可以拥有自己的城域网。

3. 局域网

局域网（Local Area Network，LAN）的作用范围很有限，只有1公里左右。一般只能作用于一个社区、一个企业、一个校园，甚至一栋大楼和一间房子。一个单位可拥有多个局域网。平时所说的校园网、企业网都属于局域网。局域网也是人们日常生活最常见、应用最广泛的计算机网络，本书第4章将详细讲述局域网技术。图1.4是最简单的局域网。

图1.4　最简单的局域网

4. 接入网

接入网（Access Network，AN）又称为本地接入网或居民接入网，它也是近年来由于用户对高速上网需求的增加而出现的一种网络技术。如电信和网通提供给人们接入Internet的ADSL接入技术，还有FTTX技术（如FTTH光纤到家、FTTZ光纤到社区、FTTC光纤到路边）。如图1.5所示，接入网是个人计算机、局域网和城域网之间的接口，它提供的高速接入技术使用户接入到Internet的瓶颈得到某种程度的解决。本书第9章将会详细论述Internet接入技术，本书第11章将会介绍FTTH技术。

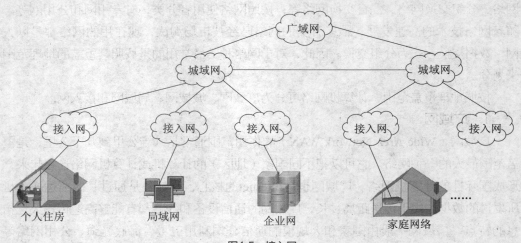

图1.5　接入网

如图1.5所示，对任何一个计算机网络，可以用一朵云来表示，这种表示方法是国际上通用的。

全球最大的网络是Internet，它被称为"网络的网络"。因为Internet本身就是由全球数不清的各种计算机网络通过通信设备互连而成的，而且接入Internet的计算机网络的数量每天都在增加。其中混合了局域网、城域网、广域网、接入网等网络。各种网络的作用范围如表1.1所示。

表1.1 各种网络的作用范围

计算机之间的距离	计算机所在地	网络分类
10m	机房	局域网
100m	建筑物	局域网
1km	校园	局域网
10km	城市	城域网
100km	跨国家、省、市	广域网
1000km	全球范围	Internet

1.2 计算机网络的组成

和任何计算机系统是由软件和硬件组成一样，完整的计算机网络系统是由网络硬件系统和网络软件系统组成的。如定义所说，网络硬件系统是由计算机、通信设备和线路系统组成的。网络软件系统则主要由网络操作系统以及包含在网络软件中的网络协议等部分组成。不同技术、不同覆盖范围的计算机网络所用的软/硬件配置有所不同，下面来详细介绍。

1.2.1 计算机网络的硬件组成

现在人们用的计算机网络都是以太网（Ethernet），其他类型的网络都逐渐被市场淘汰。

1. 网卡

网卡又名网络适配器（Network Interface Card, NIC），它是计算机和网络线缆之间的物理接口，是一个独立的附加接口电路。任何计算机要想连入网络都必须确保在主板上接入网卡。因此，网卡是计算机网络中最常见也是最重要的物理设备之一。网卡的作用是将计算机要发送的数据整理分解为数据包，转换成串行的光信号或电信号送至网线上传输；同样也把网线上传过来的信号整理转换成并行的数字信号，提供给计算机。因此，网卡的功能可概括为：并行数据和串行信号之间的转换、数据包的装配与拆装、网络访问控制和数据缓冲等。现在流行的无线上网则需要无线网卡。图1.6为一个网卡。

图1.6　网卡

2.　网线

计算机网络中计算机之间的线路系统由网线组成。网线有很多种类，通常用的有双绞线（见图1.7）和光纤（见图1.8）两种。其中，双绞线一般用于局域网或计算机间少于100m的连接。光纤一般用于传输速率快、传输信息量大的计算机网络（如城域网、广域网等）。光纤的传输质量好、速度快，但造价和维护费用昂贵；相反，双绞线简单易用、造价低廉，但只适合近距离通信。计算机的网卡上有专门的接口供网线接入。网线与网线制作的详细内容参见本书第4章。

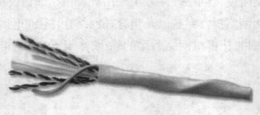

图1.7　双绞线

图1.8　光纤

3.　集线器

集线器的英文为Hub（见图1.9）。它的主要功能是对接收到的信号进行再生放大，以扩大网络的传输距离，同时把所有节点集中在以它为中心的节点上。集线器工作在网络最底层，不具备任何智能，它只是简单地把信号放大，然后转发给所有接口。集线器一般只用于局域网，需要加电，可以把若干个计算机用双绞线连接起来组成一个简单的网络。

图1.9　集线器

4．调制解调器

　　调制解调器（Modem）是计算机与电话线之间进行信号转换的装置，它可以完成计算机的数字信号与电话线的模拟信号的互相转换。使用调制解调器可以让计算机接入电话线，并利用电话线接入Internet。由于电话的使用远远早于Internet，所以电话线路系统早已渗入千家万户，并且非常完善和成熟。如果利用现有的电话线上网，可以省去搭建Internet线路系统的费用，这样可节省大量的资源。因此，现在大多数人在家都利用调制解调器接入电话线上网，如ADSL接入技术等。调制解调器（见图1.10）简单易用，有内置和外置两种。

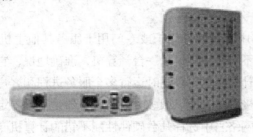

图1.10　ADSL调制解调器

5．交换机

　　交换机（Switch）又称网桥。在外形上交换机和集线器很相似，且都应用于局域网，但交换机是一个拥有智能和学习能力的设备。交换机接入网络后可以在短时间内学习掌握此网络的结构以及与它连接计算机的信息，可以对接到的数据进行过滤，之后将数据包送至与主机相连的接口。因此交换机比集线器传输速度更快，内部结构也更加复杂。一般人们可用交换机组建局域网或者用它把两个网络连接起来。市场上最简单的交换机的造价为100元左右，而用于一个机构的局域网的交换机则需要上千甚至上万元。交换机（见图1.11）的详细介绍参见第4章。

图1.11　交换机

6. 路由器

路由器（Router见图1.12）是一种连接多个网络或网段的网络设备，它能将不同网络或网段之间的数据信息进行"翻译"，以使它们能够相互"读"懂对方的数据，从而构成一个更大的网络。因此路由器多用于互连局域网与广域网。路由器比交换机更加复杂，功能更加强大，它可以提供包括分组过滤、分组转发、优先级、复用、加密、压缩和防火墙功能，并且可以进行性能管理、容错管理和流量控制。路由器的造价远远高于交换机，一般用它来把社区网、企业网、校园网或者城域网接入Internet。市场上也有造价几百元的路由器，不过那只是功能不完全的简单路由，只可用于把几个计算机连入网络。路由器的介绍可详见本书第5章。

图1.12　路由器

7. 服务器

通常在计算机网络中都有部分用于或专门用于服务其他主机的计算机，它们叫做服务器。其实服务器并不能严格地说是一台计算机，准确地说，它是一个计算机中用于服务的进程。因为一个计算机里可以同时运行多个服务进程和客户端进程，它在服务别的主机的同时也可以接受服务，所以很多时候对服务器是很难界定的。当然，大多数时候人们一定会在计算机网络当中选择几台硬件性能不错的计算机专门用于网络服务，这就是人们通常意义上所说的服务器。但不管怎样，服务器是计算机网络当中一个重要的成员。比如，上网浏览的网页就来源于WWW服务器。除此之外，还有动态分址的DHCP服务器，共享文件资源的FTP服务器以及提供发送邮件服务的E-mail服务器等。服务器的内容详见第7章。

8. 计算机网络终端

按照定义，计算机网络的终端一定是一台独立的计算机。其实随着硬件技术的飞速发展，除了前面提到的哑终端外，已经有很多终端虽然不是计算机，但有了智能，如手机，有很多手机不仅可以听音乐、发短信，还有自己的操作系统，可以阅读文档、拍照、录像、上网、大容量存储，甚至新型的3G手机可以视频对话、观看电影、语音输入。因此，未来"终端"和"独立的计算机"可能会逐渐失去严格的界限，很可能会有许多的智能设备出现在未来的计算机网络中。

以上介绍的8种设备组成了今天的计算机网络，这8种设备在网络中的位置如图1.13所示。

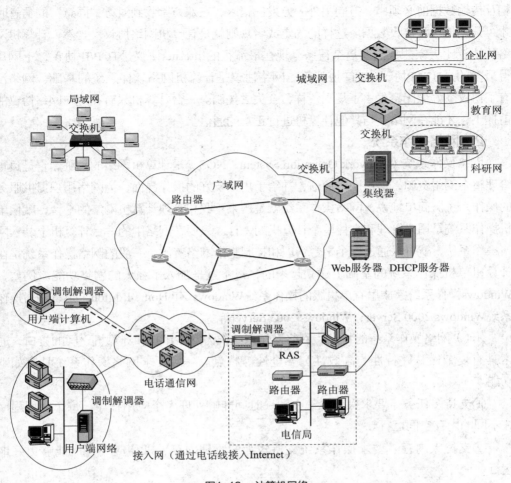

图1.13　计算机网络

1.2.2　计算机网络的软件组成

计算机网络除了硬件外，还必须有软件的支持才能发挥作用。如果网络硬件系统是计算机网络的躯体，那么网络软件系统则是计算机网络的灵魂。计算机网络软件系统就是来驾驭和管理计算机网络硬件资源，使得用户能够有效利用计算机网络的软件集合。在计算机网络软件系统中，网络协议是网络软件系统中最重要、最底层的内容，有了网络协议的支持才有了网络操作系统和其他网络应用软件。

1. 网络协议

协议是通信双方为了实现通信而设计的约定或对话规则。网络协议则是网络中的计算机为了相互通信和交流而约定的规则。这就好比人类在交流沟通的时候约定"点头"表示同意，"摇头"表示不同意，"微笑"表示快乐，"皱眉"表示伤心等。计算机和人类一样，相互传输读取信息的时候也需要约定。例如，在大多数时候，它们约定相互传输数据前必须由一方向另外一方发出请求，在双方都收到对方"同意"的信息时才可开始传送和接收数据。这样的约定或者规则就是计算机网络协议。当然，计算机网络的协议比大家想象的要复杂得多。现在最流行的Internet协议是TCP/IP协议，上网用得最多的是HTTP协议、FTP协议等。网络协议是计算机网络软件系统的基础，网络没有了协议就好像比赛失去了规则一样，会失去控制。一台计算机只有在遵守网络协议的前提下，才能在网络上与其他计算机进行正常的通信。

2. 网络操作系统

网络操作系统（Network Operation System，NOS）是计算机网络的心脏。它是负责管理整个网络资源，提供网络通信，并给予用户友好的操作界面，为网络用户提供服务的操作系统。简单地说，网络操作系统就是用来驾驭和管理计算机网络的平台，就像单机操作系统是用来管理和掌控单个计算机的一样。只要在网络中的一台计算机上装入网络操作系统，就可以通过这个平台管理和控制整个网络资源。一般的网络操作系统是在计算机单机操作系统的基础上建立起来的，只不过是加入了强大的网络功能。例如，Windows操作系统家族里有单机版的操作系统Windows XP Home Edition，也有网络操作系统Windows 2000 Server，Windows 2003 Server等。

（1）网络操作系统的特点。网络操作系统作为网络用户和计算机之间的接口，通常具有复杂性、并行性、高效性和安全性等特点。一般要求网络操作系统具有如下功能。

①支持多任务。要求操作系统在同一时间能够处理多个应用程序，每个应用程序在不同的内存空间运行。

②支持大内存。要求操作系统支持较大的物理内存，以便应用程序能够更好地运行。

③支持对称多处理。要求操作系统支持多个CPU减少事务处理时间，提高操作系统的性能。

④支持网络负载平衡。要求操作系统能够与其他计算机构成一个虚拟系统，满足多用户访问时的需要。

⑤支持远程管理。要求操作系统能够支持用户通过Internet远程管理和维护，如Windows Server 2003操作系统支持的终端服务。

（2）网络操作系统结构。局域网的组建模式通常有对等网络和客户机/服务器网络两种。客户机/服务器网络是目前组网的标准模型。客户机/服务器网络操作系统由客户机操作系统和服务器操作系统两部分组成。Novell NetWare是典型的客户机/服务器网络操作系统。

客户机操作系统的功能是让用户能够使用本地资源和处理本地的命令和应用程序，并能实现客户机与服务器的通信。

服务器操作系统的主要功能是管理服务器和网络中的各种资源，实现服务器与客户机的通信，提供网络和网络安全管理服务。

（3）常见的网络操作系统。

①Windows操作系统。Windows系列操作系统是微软公司开发一种界面友好、操作简便的网络操作系统。Windows客户端操作系统有Windows95/98/Me、Windows WorkStation、Windows 2000 Professional、Windows XP、Windows 7等。Windows服务器端产品包括Windows NT Server、Windows 2000 Server和Windows Server 2003等。Windows操作系统支持即插即用、多任务、对称多处理和群集等一系列功能。

②UNIX操作系统。UNIX操作系统是麻省理工学院开发的一种时分操作系统的基础上发展起来的网络操作系统。UNIX操作系统是目前功能最强、安全性和稳定性最高的网络操作系统，通常与硬件服务器产品一起捆绑销售。UNIX是一个多用户、多任务的实时操作系统。

③Linux操作系统。 Linux是芬兰赫尔辛基大学的学生Linux Torvalds开发的具有UNIX操作系统特征的新一代网络操作系统。Linux操作系统的最大特征在于其源代码是向用户完全公开的，任何一个用户可根据自己的需要修改Linux操作系统的内核，所以Linux操作系统的发展速度非常迅猛。Linux操作系统具有如下特点。

A.可完全免费获得，不需要支付任何费用。

B.可在任何基于X86的平台和RISC体系结构的计算机系统上运行。

C.可实现UNIX操作系统的所有功能。

D.具有强大的网络功能。

E.完全开放源代码。

3. 其他网络软件

对于计算机网络软件系统来说，网络操作系统只是一个使用平台。要想真正地驾驭网络硬件、利用网络资源，还必须在网络操作系统这个平台装入网络应用软件。这就好比单个计算机装入Windows XP后，还是不能制表格、看动画、上网听音乐等，必须要装入Office、Flash等应用软件才可以真正地利用计算机来做想要做的事情。

网络应用软件种类繁多、五花八门。它们运行在网络操作系统这个平台上，并且都能够借助网络操作系统来使用某些网络硬件资源，完成不同的网络任务。每天开发出来的新网络软件成千上万，经常用的网络软件如下。

（1）聊天类软件。聊天类软件有腾讯QQ、微软MSN、网易POPO、新浪UC等。现在这些聊天软件的功能发展得非常强大。在网上可以利用它们文字聊天、语音聊天、视频聊天、传输文件，甚至可以举行视频会议。例如，腾讯QQ还提供博客（QQ空间）、通讯录、网络硬盘、多人在线通信（QQ群）、天气预报、新闻资讯、游戏等功能，我们已经感觉不出来它其实只是一个网络寻呼机了。

（2）Web浏览器。Web浏览器有Internet Explorer、 Mozilla Firefox、 Tencent Traveler（腾讯TT）等。Web浏览器是用来浏览网页的工具。浏览网页几乎占领了上网的大部分时间，因为Internet资源的呈现载体以网页为主。网页上可以承载资源的种类很多，有图片、文字、音频、视频、动画等。由于Web浏览器上集成了相关的网络协议与网络软件，因此通过浏览器就可以直接浏览图像、观看视频、上传信息，甚至在线聊天等。当然，网页中应用最多的还是"超级链接"。通过"超级链接"，可以进入下一个网页，继续浏览网络资源。

（3）杀毒软件。杀毒软件有诺顿、卡巴斯基、瑞星、江民、金山毒霸等。网络杀毒软件一般拥有防毒、查毒、杀毒等功能。所有的计算机只要连上网络就必须要装入杀毒软件，以防止被网络病毒感染。所有的杀毒软件都需要定期更新病毒库，以保持对病毒的最新认知。一般的，防火墙和杀毒软件构筑了计算机的防毒壁垒。

（4）网络播放器。网络播放器有Windows Media Player、RealONE Player、暴风影音、千千静听等。网络播放器用于播放网络音频和视频资源。通过它可以在线看电影、在线听歌、在线欣赏动画等。由于很多网络软件都集成了网络播放器，使网络播放器已经渗入上网的每一个角落。

（5）网络下载工具。网络下载工具有迅雷（Thunder）、BitComet（BT）、酷狗（KuGoo）、Internet Download Manager（IDM）等。现在的网络下载工具都是P2P软件，支持点对点传输。这就使下载网络资源不再单纯依靠专门的下载服务器，可以利用这些软件与网络上所有拥有这些资源的计算机进行连接，并进行点到点的传输。这样做极大地利用了现有的资源，也可以比以前更加方便和快速地下载到自己想要的网络资源。

1.3 计算机网络案例

计算机网络按照覆盖范围分为局域网、城域网、广域网和接入网。这4种计算机网络分别用于不同的地方，发挥着不同的作用。在日常生活中能够见到最多的就是局域网。

1.3.1 局域网案例

人类的活动范围是有限的，这些范围包括房间、大楼、社区、校园、企业等。这些空间多则几公里，少则几百米，在有限的空间内搭建的计算机网络都属于局域网，校园网、家庭网络、社区网络、企业网络都是局域网。因此，人们每天都在和局域网打交道。而可以凭借个人力量搭建的计算机网络，大多数也是局域网。

1. 家庭网络

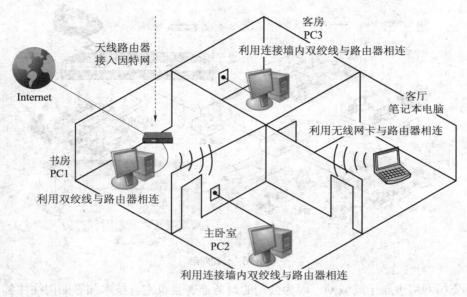

天线路由器
接入因特网

Internet

客房
PC3
利用连接墙内双绞线与路由器相连

客厅
笔记本电脑
利用无线网卡与路由器相连

书房
PC1
利用双绞线与路由器相连

主卧室
PC2
利用连接墙内双绞线与路由器相连

图1.14　家庭网络

　　家庭网络是由每个房间里的计算机组成的网络。如图1.14所示，书房里由一台家用无线路由器将Internet接入，使客厅里的笔记本电脑能够利用无线网卡与路由器相连并上网。书房里的计算机（PC1）连接在无线路由上，客房与主卧室的计算机（PC2、PC3）则通过连接墙内的双绞线连接到路由器。这4台计算机看似毫无关系，实则运行在同一个局域网内，简化图如图1.15所示。

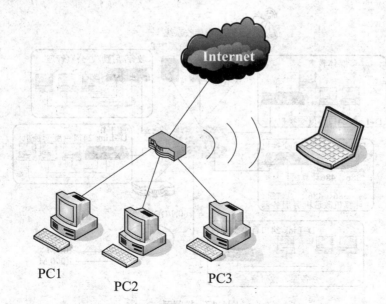

Internet

PC1

PC2

PC3

图1.15　家庭网络简化图

2. 公司网络

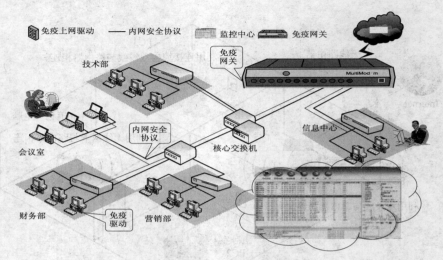

图1.16 公司网络

公司网络也属于局域网，因为公司的财务部、会议室、技术部等部门往往都在同一个楼层里，相隔距离满足局域网的作用范围。图1.16展示了一个部门完善的公司内部网络。通过一个路由器（免疫网关）接入Internet，所有部门的计算机都通过相应的设备与该路由器连接，所有与Internet的通信都要经过该路由器，因此这个路由器是一个典型的网关，可在网关上加上数据过滤、安全防范等模块。信息中心的作用就是利用该网关，对整个网络系统进行管理和监控。

3. 校园网

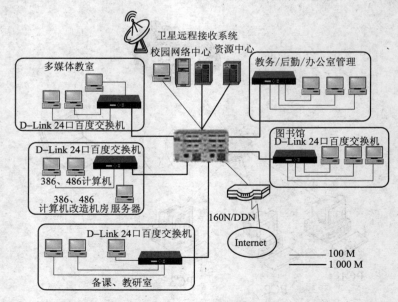

图1.17 校园网

校园网是一种较为复杂的局域网，如图1.17所示。其复杂性体现在多媒体教室、机房、备课、教研室、图书馆等每一个模块都是一个独立的局域网，并且这些局域网配有自己的服务器，结构和功能也完全不同。将这些局域网连接在一起实现互连互通，就需要百兆或吉比特的交换机和路由器的支持，因此，图1.17中大部分链路都是百兆或吉比特的。无论校园网有多少先进的设备，采用了多少先进的技术，该网络都集中在教学楼当中，完全符合局域网的作用范围。

1.3.2 城域网案例

城域网是一种举全城之力建构的覆盖全城或横跨几个城市的计算机网络。这种计算机网络属于市政公用建设范畴，是公用网，一般被称为城市信息公用网或宽带综合信息网。

1. 某城市的信息公用网

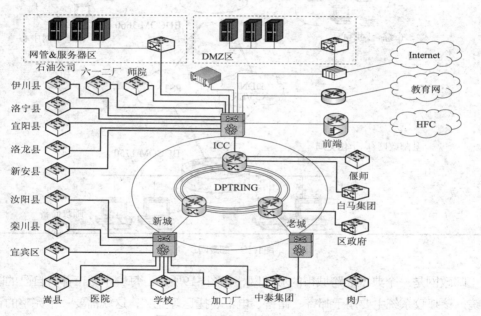

图1.18 某城市的信息公用网

图1.18展示了某城市的城域网。该网络连接了该城市所有的市政机构、企业单位、新城老城、医院学校，形成了一个覆盖全城的计算机网络。城域网的核心部分主要是大功率的路由器、交换机等组成的骨干网，该骨干网传输速率快、传输容量大，非常适合长距离传输，满足接入骨干网的速率要求。在骨干网的外围，某个局域网可通过提供给它的路由接入骨干网，变成城域网的一部分。如白马集团的内部局域网可通过图中标注"白马集团"的路由器接入城域网，师院的校园网也可找到相应的专用路由器来接入该城域网。

2. 邮政网

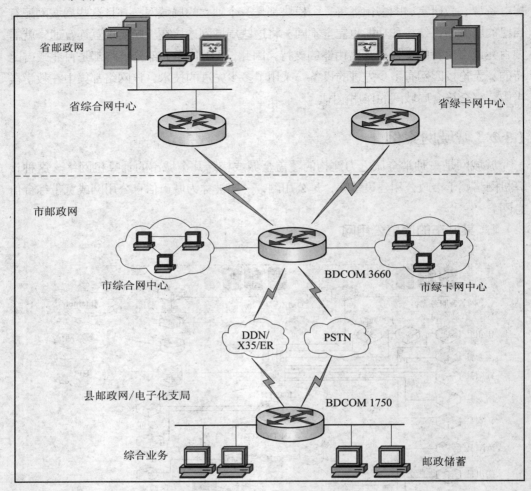

省邮政网

省综合网中心　　　　　　　　　　　　　　省绿卡网中心

市邮政网

市综合网中心　　BDCOM 3660　　市绿卡网中心

DDN/X35/ER　　PSTN

县邮政网/电子化支局　　BDCOM 1750

综合业务　　　　　　　　　　　　　　邮政储蓄

图1.19　邮政网

　　邮政网是一个典型的跨城市的城域网，如图1.19所示。每一个城市都有自己的邮政系统，该邮政系统主要用于邮寄、储蓄、电汇、托运等业务，这就需要一个完整的计算机通信网络的支持。每一个城市的邮政网络是独立的，但各城市间的邮寄、电汇等业务注定了各城市的邮政网必须互连互通，因此邮政网是一个横跨多个城市、连接多个邮政营业点、拥有综合数据处理能力的城域网。

1.3.3　广域网案例

　　广域网是一种由国家或大型的电信公司出资建设，覆盖全国的计算机网络。国家负责建设的是广域网的主干网，主干网将各个省级市级的城域网连接起来，形成一个覆盖全国的广域网。

1. 华东（北）地区主干网

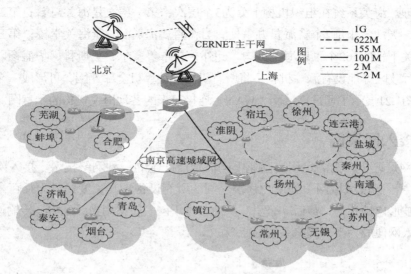

图1.20　华东（北）地区CERNET主干网示意图

图1.20所示的CERNET广域网中文全称为中国教育和科研计算机网络。它是一个由国家投资建设、教育部负责管理、清华大学等高等教育机构承担建设与运行的全国学术性计算机网络。CERNET的网络中心设在清华大学校园内，主要用于CERNET主干网的管理。地区网络中心和地区主节点设在36个城市的38所大学，分布于全国除台湾省外的所有省、市、自治区，负责地区网络的运行管理和规划建设，如图1.20中的主干网外围的路由节点连接的是该地区的一所著名的大学。

CERNET主干网都是由高速链路组成的，距离可以是几千公里的光缆线路，也可以是几万公里的点对点卫星链路。CERNET主干网总带宽已达10G（万兆），联网主机达120万台，用户超过 2 000 万人，并且有28条国际和地区性信道，与美国、加拿大、英国、德国、日本和我国香港特别行政区连网，是一个名副其实的广域网。

2. 海关网

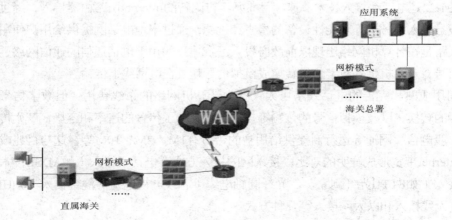

图1.21　海关网

我国的海关系统是一个国家的进出境监督管理系统，其分部遍布全国，由海关总署垂直管理。海关系统在组织机构上分为3个层次：第一层次是海关总署；第二层次是广东分署，天津、上海2个特派员办事处，41个直属海关和2所海关学校；第三层次是各直属海关下辖的562个隶属海关机构。此外，在布鲁塞尔、莫斯科、华盛顿以及我国香港特别行政区等地设有派驻机构。将所有机构的计算机全部连网，可形成一个典型的广域网。图1.21展示了通过广域网（WAN）连接起来的各地海关机构的示意图。

1.3.4 接入网案例

接入网是近年来为满足用户高速上网需求而产生的一种网络技术。接入网是指骨干网络（主干网或城域网）到用户终端之间的所有设备。其长度一般为几百米到几公里，因而被形象地称为"最后一公里"。由于骨干网一般采用光纤结构，传输速度快，因此，接入网便成为整个网络系统的瓶颈。

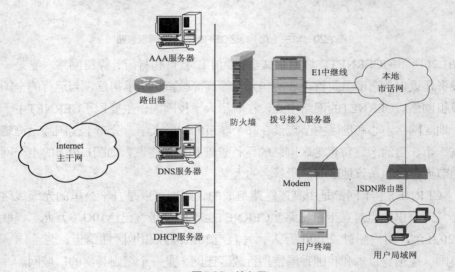

图1.22 接入网

图1.22是电话线接入技术。速度百兆乃至吉比特的Internet由路由器接入，经过防火墙、拨号接入服务器等功能性设备的检查和过滤，通过本地电话网提供给用户使用。电话网线路是在计算机网络出现以前政府投入巨资建设的用于电话通信的通信网络，传输模拟信号，计算机将其数字信号转换成模拟信号就可在电话线上传输。

利用成熟和完善的电话线路可大大减少计算机网络的布线费用，但数字信号与模拟信号的转换，以及模拟信号的传输等技术严重影响了传输的速率和容量，产生传输瓶颈。一般电信、网通等运行商提供给用户的带宽有1M、2M、10M等，这与百兆或吉比特的Internet带宽形成鲜明的对比。接入网的接入方式有电话线接入（如ADSL技术）、光纤接入（如FTTH光纤到家）、光纤同轴电缆（有线电视电缆）混合接入（如HFC技术）、无线接入和以太网接入等几种方式。

1.4 网络标准化组织

标准化不仅使不同的计算机可以通信，而且可以使符合标准的产品扩大市场，这将导致大规模生产、制造业的规模经济以及降低成本，从而推动计算机网络的发展。

标准可分为两大类：既成事实的标准和合法的标准。既成事实的标准是那些没有正式计划，仅仅是出现了的标准，如 TCP/IP 协议、UNIX 操作系统。合法的标准是由一些权威标准化实体采纳的正式的、合法的标准。国际权威通常分为两类：根据国家政府间的协议而建立的和自愿的非协议组织。在计算机网络标准领域有以下几个不同类型的组织。

1.4.1 电信界最有影响的组织

1. 国际电信联盟

国际电信联盟（International Telecommunication Union，ITU）的工作是标准化国际电信，早期的时候是电报。当电话开始提供国际服务时，ITU 又接管了电话标准化的工作。

ITU 有如下3个主要部门。

（1）无线通信部门（ITU-R）。

（2）电信标准化部门（ITU-T）。

（3）开发部门（ITU-D）。

ITU-T 的任务是制定电话、电报和数据通信接口的技术建议。它们都逐渐成为国际承认的标准，如V系列建议和X建议。V系列建议针对电话通信，这些建议定义了调制解调器如何产生和解释模拟信号；X系列建议针对网络接口和公用网络，如 X.25 建议定义了分组交换网络的接口标准，X.400 建议针对电子邮件系统。

1953—1993 年，ITU-T曾被称为 CCITT（国际电报电话咨询委员会）。

2. 电子工业协会

电子工业协会（Electronic Industries Association，EIA）的成员包括电子公司和电信设备制造商。EIA 主要定义设备间的电气连接和数据的物理传输。如 RS-232（或称EIA-232）标准，它已成为大多数PC与调制解调器或打印机等设备通信的规范。

1.4.2 国际标准界最有影响的组织

国际标准是由国际标准化组织（International Standards Organization，ISO）制定的，它是在 1946 年成立的一个自愿的、非条约的组织。ISO 为大量科目制定标准，从螺钉、螺帽到计算机网络的七层模型。美国在ISO中的代表是 ANSI（美国国家标准协会）。

ISO采纳标准的程序基本上是相同的。最开始是某个国家标准化组织觉得在某领域需要有一个国际标准，随后就成立一个工作组，以提出委员会草案 CD（Committee Draft）。该委员会草案在所有的成员实体上多数赞同后，就制定了一个修订的文档，称为国际标准草案DIS（Draft International Standard）。此文本最后获得核准和出版。

电气和电子工程师协会（Institute of Electrical and Electronics Engineer's，IEEE）是世界上最大的专业组织。除了每年出版大量的杂志和召开很多次会议外，在电子工程师和计算机领域内，IEEE 有一个标准化组制定各种标准。例如，IEEE802就是关于局域网的标准。

Internet有以下自己的标准化机构。

（1）Internet活动委员会（Internet Activities Board，IAB）。

（2）Internet体系结构委员会（Internet Architecture Board）。

（3）请求评注（Request For Comments，RFC）。

本章小结

　　本章主要介绍了计算机网络的概念、分类、发展和组成，对整个计算机网络进行了整体描述，让读者对计算机网络有一个整体的印象。

　　本章的难点是计算机网络的定义，重点是计算机网络的分类和组成。要求读者在学完本章后，能够理解计算机网络的概念，了解计算机网络的组成，认识计算机网络的结构图，并判断该计算机网络属于局域网、城域网、广域网还是接入网。

实训 网络基础

1．实训目的

（1）学会熟练查看计算机与网络相关的基本配置信息。

（2）学会在局域网内共享资源。

（3）了解局域网内的通信形式。

2．实训环境

单机（Windows Server 2008）和星状局域网。

3．实训内容

　　（1）查看并记录网络的相关信息。

　　①右击"我的电脑"/"属性"/"计算机标识"。记录：计算机名称（　　　）、工作组（　　　）。

　　②右击"网上邻居"/"属性"/右击"本地连接"/"属性"/。记录：网卡型号（　　　　　　），已装协议（　　　）、（　　　）、（　　　　　），IP地址（　　　　）、子网掩码（　　　　　）、网关（　　　　　）、DNS（　　　　　）。

　　（2）共享资源。

　　①右击"我的电脑"图标，在弹出的快捷菜单中单击"管理"命令，弹出"计算机管理"窗口，在该窗口左侧双击"系统工具"选项，在"系统工具"下双击"本地用户和组"选项，选择"用户"选项，然后双击Guest账户，启用之。

　　②右击"我的电脑"图标，在弹出的快捷菜单中选择"管理"命令，弹出"计算机管理"窗口，在该窗口左侧双击"系统工具"选项，在"系统工具"下双击"共享文件夹"选项，选择"共享"，查看已共享情况。

　　③右击"我的电脑"图标，在弹出的快捷菜单中选择"资源管理器"命令，弹出"我的电脑"窗口，在该窗口中右击某一磁盘（或文件夹），在弹出的快捷菜单中选择"共享和安全"命令，设置其详细的共享属性参数（属性参数具体

有_____、_____等）。

④共享打印机（选作）。添加本地打印机，并设为共享。再把同学共享出来的打印机添加为网络打印机。选择"开始"→"设置"→"打印机和传真"命令，然后再双击"添加打印机"图标。

⑤验证共享。自我验证及同学间的验证。

右击"我的电脑"图标，在弹出的快捷菜单中选择"资源管理器"命令，在地址栏内输入"\\计算机标识"，回车。

情况实录（我是这样做的：_____）。

（3）在线通信。

①命令行方式（net命令的用法）。选择"开始"→"运行"命令，弹出"运行"对话框，在该对话框的"打开"文本框内输入"cmd"，回车。

输入"net /?"查看命令的用法。

发送短消息net send *（或某计算机标识）所发消息的文字内容。

②图形窗口方式（netmeeting的用法）。

选择"开始"→"运行"命令，弹出"运行"对话框，在该对话框的文本框内输入"ｃｏｎｆ"，回车；或选择"开始"→"程序"→"附件"→"通信"→netmeeting命令。

具体的功能有：（_____、_____、_____、_____）。

我已会用的有：（_____、_____、_____、_____）。

4．实训思考（自评）

我已学会熟练查看计算机与网络相关的基本配置信息（　　　）。

我已学会在局域网内共享资源（　　　）。

我已了解局域网内的通信形式（　　　）。

习　题

1．填空题

（1）按照地理覆盖范围，计算机网络可分为_____、_____、_____和_____。

（2）完整的计算机网络系统由_____系统和_____系统组成。

（3）计算机网络的硬件设备有：_____、_____、_____、_____、_____和_____。

（4）常见的网络操作系统有_____、_____、_____等。

2．简答题

（1）什么是计算机网络？

（2）什么是ARPANET？什么是CERNET？

（3）请举出几个具体的局域网、城域网、广域网、接入网的实例。

（4）请分析自己家里的计算机网络，并画出布局图。

PART 2

第2章
计算机网络协议与结构体系

学习目标

- 掌握计算机网络体系结构的基本概念
- 理解计算机网络的分层
- 了解网络协议的概念

　　虽然计算机网络技术高速发展，但由于各国网络技术发展的快慢不同，世界现有的计算机网络国家标准以及各种类型的计算机网络种类繁多，特别是早期的计算机网络，它们各自奉行截然不同的标准，运行着不同的操作系统与网络软件，使只有同一制造商生产的计算机组成的网络才能相互通信。比如IBM的SNA和DEC的DNA就是两个典型的例子。这样的异构计算机网络相互封闭，它们之间不能相互通信，更无法接入Internet实现资源共享，就像海洋里的一个个孤岛，它们与世隔绝，没有渠道和别的地方沟通来往。为了使它们能够相互交流，必须在世界范围内统一网络协议，制订软件标准和硬件标准，并将计算机网络及其部件所应完成的功能精确定义，从而使不同的计算机能够在相同功能中进行信息对接。这就是通常所说的计算机网络体系结构。

2.1 计算机网络体系结构概述

2.1.1 划分层次的必要性

计算机网络体系结构将网络的所有部件可完成的功能精确定义后，进行独立划分，按照信息交换层次的高低分层，每层都能完整地完成多个功能，层与层之间既互相支持又相互独立。因为网络中的计算机严格按照分层的规定进行数据处理，而在同一层次上不同的计算机执行相同的协议与标准，独立完成一样的网络任务，因此，用户和计算机在同一层次进行信息交换与处理时可忽略其他层次的影响独立操作，这样使复杂的网络信息的交换和处理大大简化，便于人们掌握和使用。

之所以需要分层，是因为计算机网络是个非常复杂的系统，其复杂程度远远超过人们的想象。一般地，连接在网络上的两台计算机要互相传送文件需要在它们之间建立一条传送数据的通路。其实这还远远不够，至少还有以下的几件事情要完成。

（1）为用户提供良好的易于操作的界面，使其可方便地操作数据传输，并得知传输过程中的差错与细节。

（2）建立一条传送数据的通路，并对通路进行监控，使其断开后能够重新建立连接。要建立通路就必须要求网络中的多台计算机进行协商并且相互协作，而监控通路则需要全时段地跟踪守候。

（3）数据发送方必须弄清楚，数据接收方是否已经做好数据接收和存储的准备。

（4）因为计算机处理的是并行的数字信号，而网络中传输的是串行的光信号或电信号，这些信号需要在网络中相互转换。需要传输的文件格式不同，不能兼容，要想让文件接收方兼容识别文件，也需要格式转换。

（5）数据传输中会出现各种各样的差错，怎样应对差错，保证接收方计算机能够收到完整、正确的数据，也是通信双方需要做的。

计算机网络需要解决的通信问题还远远不止这些。由此可见，相互通信的两个计算机系统必须高度协调工作才行，而这种"协调"相当复杂。

为了应对这种复杂的局面，早在ARPANET设计的时候就提出了分层的概念。实践表明，对复杂的网络系统进行分层，使得庞杂的网络信息交换条理明晰，并转化为若干个小的局部问题，这些局部问题易于处理。就像人类复杂的社会分工，社会中有蓝领阶层、中层干部和高层领导等。每个阶层在工作中相互独立又相互支持，各阶层完成的工作加起来就完成了社会生产。

为了更好的说明分层的概念，将上述所提到的计算机网络通信需要解决的问题进行归类分层（见图2.1）。将第一层称为网络接入模块，这个模块的作用就是负责与网络接口有关的细节。因为数据在网络传输中会遇到诸如网卡、网线、集线器、交换机、路由器、调制解调器等，这些设备的接口能处理的传输信号都有不同，甚至不同公司生产的不同性能的网络设备都有很大的差异，为了让数据在各种设备间获得一致性的传输，网络中就必须有信号转换和处理设备接口细节的功能。让网络接入模块专门处理这些事情，可见网络输入模块可以驾驭和利用最底层的网络通信硬件资源。在驾驭网络通信硬件资源的基础上，提出第二层通信服务模块。这层的功能是负责建立通信通路，保证以文件为单位传输的数据或文件传送命令可靠地在两个系统之间交换，也就是说这个模块必须有建立网络链路、差错检测、差错应对、差错更正等功能。而这些功能必须建立在有效利用网络通信硬件资源，并使数据在其中稳定传输的基础上，这正好是网络接入模块的功能。由此可见，网络接入模块和通信服务模块相互独立、相互支持。它们在功能上相互独立没有关联，但是网络接入模块为通信服务模块提供有效的线路服务，通信服务模块为网络接入模块提供稳定、无差错的通信保障。同理，在这两层之上，第三层可为文件传送模块。这个模块是在下边两层提供服务的基础之上，它为用户提供了良好的操作界面，使其以文件为单位操作数据传输，并得知传输过程中的差错与细节，同时也对文件的不同格式进行转换。

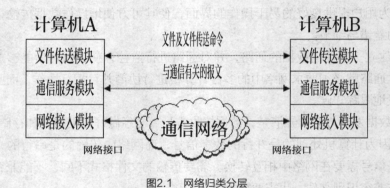

图2.1　网络归类分层

从上面的事例可见，分层所带来的好处如下。

（1）层与层之间相互独立。一个复杂的问题可分成多层，每层只实现一种相对独立的功能，这样就把问题分成若干小的易于解决的局部问题，这样问题的复杂程度就大大下降了。每一层并不需要知道其他层是如何实现的，而仅仅需要知道怎样通过层间接口向相邻层提供或接收相应的服务。

（2）灵活性好。每一层的工作都是独立进行的，各个网络设备可在同一层次上相互交流，并不受其他层次的影响。由于它们的独立性非常好，只要层间接口关系保持不变，就可以对各层进行修改，其他层均不会受到影响。

（3）结构上可分割。各个层次因为所负责的工作不同，因此可以采用最适合的技术，并且不会因为技术的不同而影响到整个信息的处理与交换。

（4）易于实现和维护。在实现和维护的时候可以分别对各层单独进行处理，而不用担心会影响到其他的层次。把各层的问题都处理好了就等于做好了整个网络。因此非常易于用户操作、使用和维护。

（5）能促进标准化工作。由于网络体系结构对每一层的功能及其所提供的服务都已有了精确的定义，但是定义功能是不够的，两台不同的计算机之间还需要有相应的规则和标准才能够通信。这就是通常所说的网络协议。也就是这种对网络分层功能的精确定义，可以独立地针对某一层制定最适合的协议与标准，而不会出现一个协议可能与多个层次有千丝万缕的联系的现象。因此，网络的分层大大促进了网络标准化的进程。

在现有的分层网络体系结构中，每一层都被制定了很多的协议和标准，有的网络体系结构甚至是以网络协议的名字来命名的，比如TCP/IP体系结构，其核心就是TCP/IP协议。因此，网络协议是计算机网络体系中一个非常重要的内容。

2.1.2　网络协议

计算机网络协议是计算机网络中的计算机为了进行数据交换而建立的规则、标准或约定。就像竞技比赛中一定要制定比赛规则一样，这些规则对比赛过程进行约束，并形成某种标准对比赛结果等进行评判。计算机网络协议则主要规定了所交换数据的格式以及有关同步与时序的问题。协议对计算机网络通信的数据流和通信全程进行约束，网络同样也制定了计算机网络接口等一系列硬件设备的标准。网络协议主要由以下3个要素组成。

（1）语法。语法规定通信双方"如何讲"，即规定数据与控制信息的结构或格式。

（2）语义。语义规定通信双方"讲什么"，即规定传输数据的类型以及通信双方要发出什么样的控制信息，执行的动作以及作出何种响应。

（3）时序。时序规定了信息交流的顺序，即事件实现顺序的详细说明。

在计算机网络上做任何事情都需要协议，如从某个主机上下载文件、上传文件等。但在自己的计算机上存储打印文件是不需要任何协议的。

计算机网络体系结构是一种抽象的、理论化的思想。这种思想包含了对网络的层次性划分，对传输的数据包结构以及整个传输处理过程等的规范。而这种思想的具体的体现者和实施者是计算机网络硬件和软件，因此，计算机网络的软件和硬件都必须按照体系结构的标准进行设计和生产。在纯理论上，也把计算机网络中所有的设备（包括计算机）都抽象成体系结构中的层次结构，并按照协议规定的规则对其进行讨论研究。早期比较成熟的网络体系结构形成于20世纪70年代，代表为IBM公司研制的系统网络体系结构（System Network Architecture，SNA），现今最权威的体系结构是OSI/ISO参考模型所构建的七层体系结构，而最流行的当属TCP/IP体系结构。

2.2 OSI参考模型

2.2.1 OSI参考模型的产生

20世纪70年代就产生了计算机网络体系结构，网络体系结构作为一种系统结构规范了计算机网络的通信秩序，极大地促进了计算机网络的标准化进程，使任何符合同一种网络体系结构规范的设备都能够很容易地互连成网。为了争夺市场，有实力的大公司都纷纷加紧开发或者已经推出了自己的计算机网络体系结构。因为所有的网络硬件和软件都必须按照网络体系结构进行设计和制造，这样显然有利于公司让自己的产品形成垄断，从而确立在市场上的霸主地位。但各种不同网络体系结构的推出与竞争使得计算机网络又陷入了"网络孤岛"的困境，因为不同的网络体系结构使用迥异的网络协议和标准，从而使按照两种体系结构设计出来的设备很难相互沟通。于是计算机网络又被不同的体系结构的割裂开来，分成一个个孤岛，给网络用户带来极大的不便。

为了打破这种困境，使不同体系结构的计算机网络都能够互连，国际标准化组织（International Standards Organization，ISO）于1977年成立了专门的机构研究该问题。它们提出了一个试图使各种计算机在世界范围内互连成网的标准框架，即著名的开放系统互连基本参考模型（International Standards Organization/Open System Interconnect Reference Model，ISO/OSI RM），简称OSI。这个开放系统互连基本参考模型的正式文件形成于1983年，即ISO 7498 国际标准，也就是所谓的七层协议的体系结构。OSI试图达到一种境界，即全世界的计算机网络都遵循这统一的标准，因而全世界的计算机都将能够很方便地进行互连和交换数据。考虑到计算机网络技术的高速发展，新的事物不断出现，各种标准可能会被不断地更新换代，OSI为此在各个角落都预留了很大的空间以便增加和修改。由此，OSI极其复杂，层次众多，一共有七层，从低到高依次为物理层、数据链路层、网络层、传输层、会话层、表示层和应用层，如图2.2所示。

图2.2 OSI参考模型

2.2.2 OSI参考模型的层次结构

1. 物理层

物理层（Physical Layer）主要解决"物理媒体数据传输"的问题，主要任务是实现通信双方的物理连接，以比特流（bits）的形式透明地传送数据信息，并向数据链路层提供透明的传输服务（透明表示经过实际电路传送后，被传送的比特流没有发生任何变化，电路对其并没有产生任何影响）。所有的通信设备、主机等网络硬件设备都要按照物理层的标准与规则进行设计并通过物理线路互连，这些都构成了计算机网络的基础。物理层建立在传输介质的基础上，是系统和传输介质的物理接口，它是OSI模型的最低层。

物理层的主要任务可描述为传输媒体接口的一些特性。

（1）机械特性。它指明接口所用接线器的形状与尺寸、引线数目和排列、固定和锁定装置等。这类似于各种规格的电源插头及面板，它们的尺寸都有严格的规定。

（2）电器特性。它指明在接口电缆的各条线上出现的电压范围。

（3）功能特性。它指明某条线上出现的某一电平的电压表示何种意义。

（4）规程特性。它指明对于不同功能的各种可能事件的出现顺序。

2. 数据链路层

数据链路层（Data Link Layer）主要解决"数据每步如何走"的问题，是在物理层提供的比特流传输服务的基础上，实现在相邻节点间点对点的传送一定格式的单位数据，即数据帧。所谓链路（link），就是从一个节点到相邻节点的一段物理线路，而中间没有任何其他的交换节点。所谓数据链路（data link）是指相邻节点的一段物理线路与能够控制在这条线路上传输数据的软件及通信协议的总和。

数据链路层建立了一套链路管理、帧同步、差错控制、流量控制的传输机制，有力地保障了透明、可靠的数据传输。根据网络规模的不同，数据链路层的协议可分为两类：一类是针对广域网（WAN）的数据链路层协议，如HDLC、PPP、SLIP等；另一类是局域网（LAN）中的数据链路层协议，如MAC子层协议和LLC子层协议。

3. 网络层

网络层（Network Layer）主要解决"数据走哪条路可到达目的地"的问题，主要任务是让两终端系统能够互连互通且决定最佳传输路径，提供路由和寻址的功能，并具有一定的拥塞控制和流量控制的能力。网络层主要解决的问题是网络设备之间的互连和数据传输的路径，具有实现不同底层结构的各种类型的设备与网络之间互连的能力。

网络层是OSI体系结构中最关键的一层，位于OSI体系底层（物理层、数据链路层）与OSI体系高层（传输层、会话层、表示层、应用层）之间，具有承上启下的作用。网络层的核心内容是网际协议IP。IP数据包是网络层的传输单元，也是Internet中基本的传输单位，因此，所有想要连接到Internet所有设备都必须遵守IP协议，具有网络层的功能。IP协议建立了分组数据交换、IP地址结构、路由选择等一套机制，通过该机制可屏蔽复杂的底层结构，实现不同类型的计算机网络互连互通，同时也规定了计算机在Internet上进行通信时应当遵守的规则。网络层的功能还包括地址解析、拥塞控制、差错检测等。

4. 传输层

传输层（Transport Layer）主要解决"数据传输具体到何处"的问题，负责总体的数据传输和数据控制，实现两个用户进程间端到端的可靠通信。传输层可提供建立、维护和拆除传输层连接，其服务对象是进程。传输层并不关心具体的传输设备及数据传输路径，只关注数据传输的目的地及整体控制。

传输层是处理数据通信的最后一层，传输层以上各层将不再考虑数据通信及信息传输的问题，只需把传输过来的数据拿过来用就行。传输层处在七层体系的中间，向下是通信服务的最高层，向上是用户功能的最底层。传输层可处理通信服务和用户服务之间的转换，并弥补它们的不足。本层还有提供错误恢复和流量控制等机制。

5. 会话层

会话层（Session Layer）主要解决"通信时轮到谁讲话和从何处讲"的问题，用来建立、管理和终止应用程序或进程之间会话的。例如，两节点在正式通信前，需要协商好双方所使用的通信协议、通信方式、如何检错和纠错，甚至是谁先说话谁后说话，怎么开始怎么结束等内容。

会话层主要任务有远程访问、传输同步、会话管理及数据交换管理。会话层功能还包括会话连接的流量控制、数据传输、会话连接恢复和释放、会话连接管理、差错控制等。

6. 表示层

表示层（Presentation Layer）主要解决"读懂接收到的数据"的问题，用于处理两个通信系统中交换信息的表示方式，确保一个系统应用层发送的信息能够被另外一个系统的应用层识别。表示层主要解决的问题是，完成应用层所有数据的任何所需的转换，能够将数据转换成当前计算机或系统程序能读懂的格式。它是为在应用程序之间传送的信息提供表示方法的服务，它关心的只是发出信息的语法与语义。表示层主要有不同的数据编码格式的交换，还提供数据压缩、解压缩服务，对数据进行加密、解密等功能。

7. 应用层

应用层（Application Layer）主要解决"接收到数据后该做什么"的问题，是OSI参考模型中的最高层，是直接为应用进程提供服务的。应用层的主要任务是在实现多个系统应用进程相互通信的同时，完成一系列业务处理所需的服务，提供常见的网络应用服务。它也是用户与计算机网络之间的接口，为用户提供网络管理、文件传输、事务处理等服务，还可以为网络用户之间的通信提供专用的程序。

按照OSI参考模型，接入计算机网络的每台计算机都可在理论上抽象为以上7个层次，这7个层次中每一层都通过层间接口与相邻层进行通信，它们分别利用层间接口来使用下层提供的服务，同时向其上层提供服务。不同计算机的同等层具有相同的功能，在理论上可忽略其他层次的影响独立讨论同等层之间的信息交换与处理（见图2.3）。

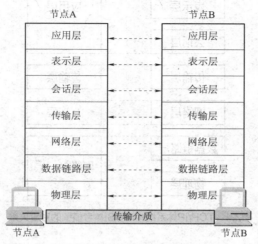

图2.3　不同节点同等层之间的信息交换与处理

2.3　TCP/IP体系结构

2.3.1　TCP/IP体系结构的产生

20世纪80年代，OSI刚刚提出，许多大公司甚至很多国家政府都明确支持OSI。从表面上看，形势一片大好，将来OSI一定是国际标准，全世界都将会按照OSI制订的标准来构造自己的计算机。但是10年以后，OSI参考模型黯然失色，TCP/IP体系结构取代它成为事实上的国际标准。其原因有很多，首先，TCP/IP体系结构简单易用，备受市场青睐。其次，起源美国的Internet对TCP/IP体系的推广起到推波助澜的作用。因为当时OSI模型还没有完全建立起来，使用TCP/IP的Internet已抢先在世界上覆盖了相当大的范围。几乎垄断软硬件制造的美国制造商都纷纷把TCP/IP固化到网络设备与网络软件中也是原因之一。当然，概念清楚、体系结构理论完整的OSI模型也有明显的缺点。OSI协议过分复杂以及OSI标准的制订周期过长使得它在市场化方面严重失败，甚至现今市场上几乎找不到有什么厂家生产出来的符合OSI标准的商用产品。

经过市场化的洗礼，简单易用的TCP/IP体系结构已经成为事实上的国际标准，现在所有的设备都遵循这个标准。其实这个体系结构早期只是TCP/IP而已，它并没有一个明确的体系结构。后来因为TCP/IP的广泛使用并成为主流，使人们开始对其进行归纳整理并形成了一个简单的四层体系结构，它包括网络接口层、互连层、传输层和应用层。它把OSI冗繁的会话层、表示层、应用层合并为应用层；把数据链路层、物理层合并为网络接口层。TCP/IP体系结构与OSI参考模型的对应关系如图2.4所示。

图2.4 TCP/IP体系结构与OSI参考模型的对应关系

2.3.2 TCP/IP的层次结构

虽然TCP/IP体系结构有很多优点,但它的理论结构并不明晰。比如TCP/IP体系结构并未对网络接口层使用的协议做出强硬的规定,它里面使用的协议非常灵活,每种类型的网络都不一样。从实质上讲,TCP/IP只有三层,即应用层、传输层和互连层,因为最下面的网络接口层并没有什么具体内容。OSI的七层协议体系结构虽然概念清楚、体系结构完整,但过于复杂且无市场应用。因此在学习计算机网络层次结构的时候,一般采用折中的办法,将各个体系结构的优点集中,形成一种具有五层的体系结构,如图2.5所示。其层次结构为物理层、数据链路层、网络层、运输层、应用层。

图2.5 5层的体系结构

这种5层的体系结构只是在OSI7层模型的基础上,把表示层、会话层和应用层的功能合并成应用层。其他的层次无论在名称上还是功能上均不改变,所有层的具体功能可参第2.2.2节。

本书后面几个章节就是按照5层体系结构展开的:第4章局域网组建技术属于物理层和数据链路层。由于物理层包含了许多硬件标准与通信信号规范,而这些都属于通信学的范围，这些内容将不会介绍。主要介绍的是以太网设备（如集线器、网卡和各种网线等）、制作网线方法、网络组建技术以及数据链路层所涉及的协议——CSMA/CD协议、MAC地址与无线局域网的CSMA/CA协议等；第5章网络互连技术属于网络层，包括的协议有IP、ARP、ICMP和IGMP、路由器及路由协议等内容；第6章为传输层，主要介绍的协议有面向连接的TCP协议和面向非连接的UDP；第7章介绍的常用服务器配置与管理属于应用层，有HTTP、FTP、DNS、DHCP等，利用这些协议才能进行服务器的配置与管理。

2.4　数据包在计算机网络中的封装与传递

在计算机网络体系结构中，可以把几乎所有的网络设备都抽象为层次模型。比如把路由器抽象为一个只有物理层、数据链路层、网络层的三层模型；交换机则是一个有物理层、数据链路层的两层模型；集线器的层次模型只有一层，即物理层。网络中的计算机拥有完整的层次结构，其层次模型如图2.5所示，包括物理层、数据链路层、网络层、传输层和应用层。网络体系结构除了分层外，还对传输数据单位与整个数据传输进行了规范。

网络设备在传输和处理数据时，由于每一层所用的协议不一样，使能够处理和传输的数据包或者数据单元都是不一样的，因此，两个设备在相互通信时只有对等层才能读取和处理对方的数据包，才能够相互沟通。由此整个信息交换过程比较复杂，把对等层之间需要交换和处理的信息单位叫做协议数据单元（Protocol Data Unit，PDU）。如图2.6所示，假如现在网络节点A与网络节点B要进行通信，用户利用网络节点A中应用层软件向节点B发送信息。应用层首先对发送的大块信息进行处理分割成一个个独立的数据传输单位，并对其进行封装。封装就是按照本层协议的规定将每个数据传输单位的头部和尾部加入特定的协议头和协议尾（见图2.7）。而协议头和协议尾里装入的内容则是对整个数据单位的系统性的描述。这里的封装就好像人们平时写完信后，一定要用信封对信进行封装，并在信封上写上这个信件的收发地址、发送人、收信人、邮编、日期等系统性的描述。封装完成后，所有的发送信息变成了许多待发送的应用层的协议数据单元，即A-PDU。之后将A-PDU通过层间接口透明地传入传输层。传输层中用户可使用TCP或UDP，A-PDU按照TCP或UDP的规则再次进行分组和封装，相当于在A-PDU的头部和尾部再次加入了TCP或UDP头和TCP或UDP尾，从而形成了传输层的数据单元T-PDU。以此类推，网络层接收到传输层的T-PDU，便按照IP将其封装处理成N-PDU。数据链路层则把N-PDU整理封装成D-PDU，也称为数据帧。最终物理层把一个个数据帧转换成数字信号送入网线传输至网络节点B。

网络节点B的物理层收到数字信号后将其转换成数据帧，并把数据帧交给数据链路层。数据链路层读取数据帧的协议头和协议尾，并对其进行解封装，即把它还原为

N-PDU。N-PDU是按照IP封装的，只有网络层才可读取。以此类推，网络层读取N-PDU的系统性描述后，将其再次解封装为T-PDU。最终数据传输单元（PDU）被一次次解封装，还原为原来网络节点A利用应用层软件发送的原始信息，从而方便网络节点B的用户读取。

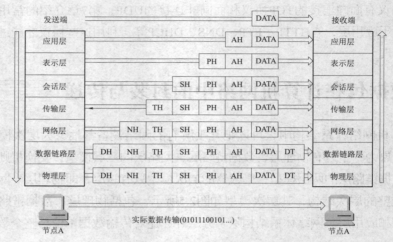

图2.6　数据传输

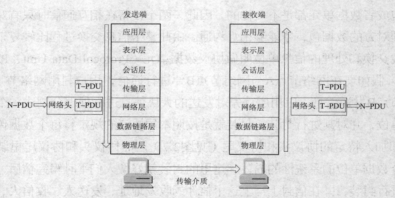

图2.7　数据包的封装

由此可以发现只有对等层才能够相互读取对方发送的数据，比如A和B的网络层只能读取和发送N-PDU，而传输层则只能读取和发送T-PDU等。而A的应用层发送了A-PDU，B的应用层之后接收到了A发送的A-PDU。虽然这个发送至接受的过程穿越了很多层，数据包被封装、解封装了多次，但在讨论研究的时候可以把这个复杂的过程忽略，只认为A的应用层和B的应用层通过传送A-PDU为单位的数据进行通信。而这条通信链路是虚拟的，因此可以称为虚通信。同理，所有的对等层都可进行虚通信。

为了说明白这个复杂的问题，用一个现实中的事例进行类比说明。某个养老院有两座4层小楼（见图2.8），每层通信地址为图中数字与字母所标。现一层想与A层通信，便将写好的信塞于信封中（封装），约定信封地址左上角为寄信人，右下角为收信人（通信协议）。一层把信传于二层，二层将信再塞入一个信封中并依然按照上边的约定写明收发地址，传给下层。以此类推，最后四层用同样的方法处理从上层收到的信，并按照地址寄于D层。D层剥开一层信封传给上层，C层核实地址，发现收信人是自己，于是拆开信封并交给B层，否则丢弃信件。以此类推，最终信安全寄到A层。

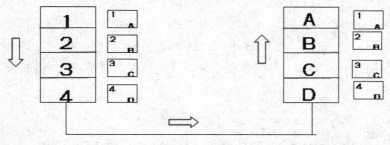

图2.8　现实事例示意图

如图2.8所示，所有对等层的协议都是一致的。因此从各层发信的地址看，1、2、3、4层的信都是寄给对等层的，而A、B、C、D层都拿到了发给自己的信件（信封右下角为本层地址）。所以对等层通信完全可以不用考虑其他层的因素（见图2.9）。

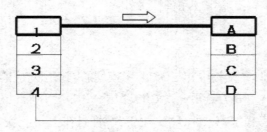

图2.9　虚通信

现在考虑这么几个问题。

（1）把图2.8中任意同一层次的协议（约定）改为右下角为寄信人，左上角为收信人，看看信是否会安全寄到。

（2）把图2.8中多层的协议（约定）改为右下角为寄信人，左上角为收信人，看看信是否会安全寄到？

（3）把图2.8中多个层次改为互不相同的协议，看看信是否会寄到。

读者可以动脑思考一下，它们的答案都是可以安全寄到！这些问题可以充分说明在一层或多层中进行任何协议修改都不会影响到其他层次的通信。因此，这里也验证了在层次结构中阐述的：网络体系结构中，网络各层之间相互独立，对等层之间的通信可以屏蔽下面层次复杂的细节，可看成相互平行的两层之间的逻辑通信，便于实现网络的标准化。这些都是进行虚通信的有力保障。

本章主要介绍计算机网络的体系结构与计算机网络协议。在纯理论的层面上，讨论了计算机网络的层次结构以及数据包的传输过程。

　　本章的难点在于对计算机网络体系结构的理解。计算机网络体系结构分为OSI参考模型与TCP/IP体系结构。OSI参考模型有7层：物理层、数据链路层、网络层、传输层、会话层、表示层、应用层。TCP/IP体系结构分为4层：网络接口层、互连层、传输层、应用层。数据包在这些层次结构中，遵循网络协议的要求进行封装传输。

习　题

1. 填空题

　　（1）ISO/OSI 参考模型极其复杂，层次众多，一共有7层，从低到高依次为：_____、_____、_____、_____、_____、_____和_____。

　　（2）TCP/IP模型有4层，分别为：_____、_____、_____、_____。

2. 单项选择题

　　（1）在TCP/IP体系结构中，与OSI参考模型的网络层对应的是 _____ 。

A.网络接口层　　　B.互连层　　　C.传输层　　　D.应用层

　　（2）在OSI参考模型中，保证端-端的可靠性是在 _____ 上完成的。

A.数据链路层　　　B.网络层　　　C.传输层　　　D.会话层

3. 简答题

　　（1）什么是计算机网络体系结构?

　　（2）什么是计算机网络协议?

　　（3）计算机网络为什么要分层?

　　（4）什么是数据包封装?

　　（5）什么是虚通信?

PART 3

第3章
Windows的常用
网络命令

学习目标

- 了解ping、ipconfig、arp、tracert、netstat、route命令的功能
- 理解ping、ipconfig、arp、tracert、netstat、route命令常用参数的含义
- 学会使用ping、ipconfig、arp、tracert、netstat、route命令

对于网络管理员或计算机用户来说，了解和掌握几个实用的Windows常用网络命令有助于更好地使用和维护网络。通过使用系统自带的一些命令，可以在命令提示符通过使用命令检测或查询网络相关信息，了解网络运行状态，帮助定位网络故障。开始菜单中运行cmd命令，进入命令执行窗口（见图3.1）。下面逐次介绍这些常用的网络命令。

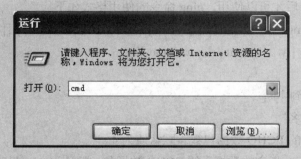

图3.1 命令执行窗口

3.1 网络命令ping 的使用

ping 命令是最常用的网络命令。它用来检查网络是否畅通和测试网络连接速度的命令。对于一个网络管理员或者黑客来说，ping 命令是第一个必须掌握的网络命令。

3.1.1 ping命令的工作原理与作用

Ping 命令所利用的原理是：网络上的机器都有唯一的 IP 地址，当给目标 IP 发送一个数据包时，对方就要返回一个同样大小的数据包，根据返回的数据包可以确定目标主机的存在，也可以初步判断目标主机的操作系统等。利用它可以检查网络是否能够连通，用好它可以很好地帮助分析判断网络故障。

执行 ping 命令用来检测一帧数据从当前主机传送到目的主机所需要的时间。它通过发送一些小的数据包，并接收应答信息来确定两台计算机之间的网络是否连通。当网络运行中出现故障时，采用这个命令来检测故障和确定故障源是非常有效的。如果执行 ping 不成功，则可以预测故障出现在以下几个方面：网线是否连通，网络适配器配置是否正确，IP 地址是否可用等；如果执行 ping 命令成功而网络仍无法使用，那么问题很可能出在网络系统的软件配置方面，ping 成功只能保证当前主机与目的主机间存在一条连通的物理路径。

3.1.2 ping命令的使用

ping 命令只有在安装了 TCP/IP 后才可以使用，ping 命令的使用格式如下。

ping [-t] [-a] [-n count] [-l length] [-f] [-i ttl] [-v tos] [-r count] [-s count] [[-j computer-list] | [-k computer-list]] [-w timeout] destination-list

参数说明如下。

（1）-t。ping 指定的计算机直到中断。

（2）-a。将地址解析为计算机名。

（3）-ncount。发送 count 指定的 ECHO 数据包数。默认值为 4。

（4）-l length。发送包含由 length 指定的数据量的 ECHO 数据包。默认为 32 字节；最大值是 65 527。

（5）-f。在数据包中发送"不要分段"标志。数据包就不会被路由上的网关分段。

（6）-i ttl。将"生存时间"字段设置为 ttl 指定的值。

（7）-v tos。将"服务类型"字段设置为 tos 指定的值。

（8）-r count。在"记录路由"字段中记录传出和返回数据包的路由。count 可以指定最少 1 台、最多 9 台计算机。

（9）-s count。指定 count 指定的跃点数的时间戳。

（10）-j computer-list。利用 computer-list 指定的计算机列表路由数据包。连续计算机可以被中间网关分隔（路由稀疏源）IP 允许的最大数量为 9。

（11）-k computer-list。利用 computer-list 指定的计算机列表路由数据包。连续计算机不能被中间网关分隔（路由严格源）IP 允许的最大数量为 9。

（12）-w timeout。指定超时间隔，单位为毫秒。

（13）destination-list。指定要 ping 的远程计算机。

一般使用较多的参数为 -t、-n、-w。如果查询 ping 命令的参数，可以通过在命令提示符号下输入 ping/? 来看帮助，如图 3.2 所示。

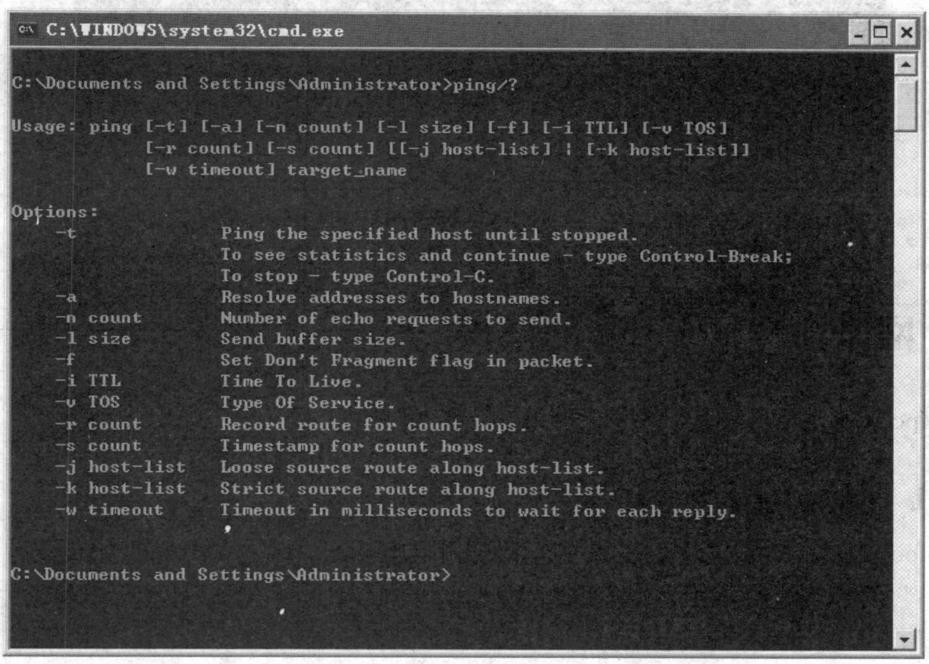

```
C:\WINDOWS\system32\cmd.exe                                    _ □ ×

C:\Documents and Settings\Administrator>ping/?

Usage: ping [-t] [-a] [-n count] [-l size] [-f] [-i TTL] [-v TOS]
            [-r count] [-s count] [[-j host-list] ¦ [-k host-list]]
            [-w timeout] target_name

Options:
    -t              Ping the specified host until stopped.
                    To see statistics and continue - type Control-Break;
                    To stop - type Control-C.
    -a              Resolve addresses to hostnames.
    -n count        Number of echo requests to send.
    -l size         Send buffer size.
    -f              Set Don't Fragment flag in packet.
    -i TTL          Time To Live.
    -v TOS          Type Of Service.
    -r count        Record route for count hops.
    -s count        Timestamp for count hops.
    -j host-list    Loose source route along host-list.
    -k host-list    Strict source route along host-list.
    -w timeout      Timeout in milliseconds to wait for each reply.


C:\Documents and Settings\Administrator>
```

图3.2　查看帮助

较一般的用法是 ping www.baidu.com。例如，ping 某一网络地址 www.baidu.com，出现：

"Reply from 119.75.218.45: bytes=32 time=36ms TTL=55"

C:\>ping www.baidu.com

如图 3.3 所示，则表示本地与该网络地址之间的线路是畅通的；如果出现 "Request time out."，则表示此时发送的小数据包不能到达目的地，此时可能有两种情况，一种是网络不通，还有一种是网络连通状况不佳。此时还可以使用带参数的 ping 来确定是哪一种情况。

例如，ping www.163.com –t –w 3000 会不断地向目的主机发送数据，并且响应时间增大到 3 000ms，此时如果都显示 "Request time out"，则表示此网站是畅通的，只是响应时间长或通信状况不佳。

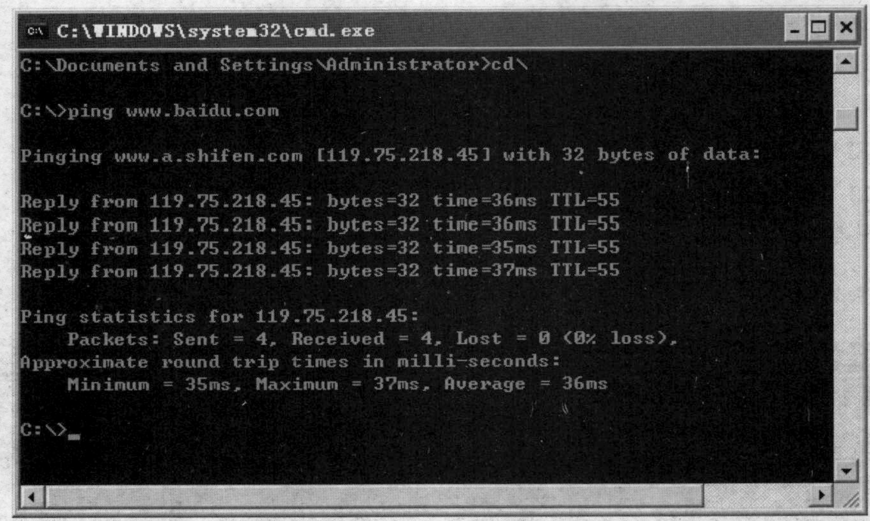

图3.3　线路畅通

3.2 网络命令ipconfig 的使用

ipconfig 是 Windows 中常用的网络查询命令。

3.2.1　ipconfig命令的作用

ipconfig 命令也是很基础的命令，主要用于显示用户所在主机内部的 IP 的配置信息等资料，可以查看机器的网络适配器的物理地址、IP 地址、子网掩码，以及默认网关等，这些信息一般用来检验人工配置的 TCP/IP 设置是否正确。因此，如果计算机和所在的局域网使用了动态主机配置协议（DHCP），ipconfig 也可以帮助了解计算机当前的 TCP/IP 配置信息。ipconfig 命令实际上是进行测试和故障分析的必要项目。

3.2.2　ipconfig命令的格式

ipconfig 命令的使用格式如下。

ipconfig [/? | /all | /release [adapter] | /renew [adapter]

　　　　　| /flushdns | /registerdns

　　　　　| /showclassid adapter

　　　　　| /setclassid adapter [classidtoset]]

（1）使用不带参数的 ipconfig 命令可以显示 IP 地址、子网掩码和默认网关等信息。

（2）/? 显示 ipconfig 的格式和参数的英文说明。

（3）/all 产生完整显示。显示与 TCP/IP 相关的所有细节信息，其中包括测试的主机名、IP地址、了网掩码、节点类型、是否启用IP路由、网卡的物理地址、默认网关等。

（4）/release 为指定的适配器（或全部适配器）释放 IP 地址（只适应于 DHCP）。

（5）/renew 为指定的适配器（或全部适配器）更新 IP 地址（只适应于 DHCP）。

例如，在命令提示符下输入 ipconfig /?，则显示如图 3.4 所示。

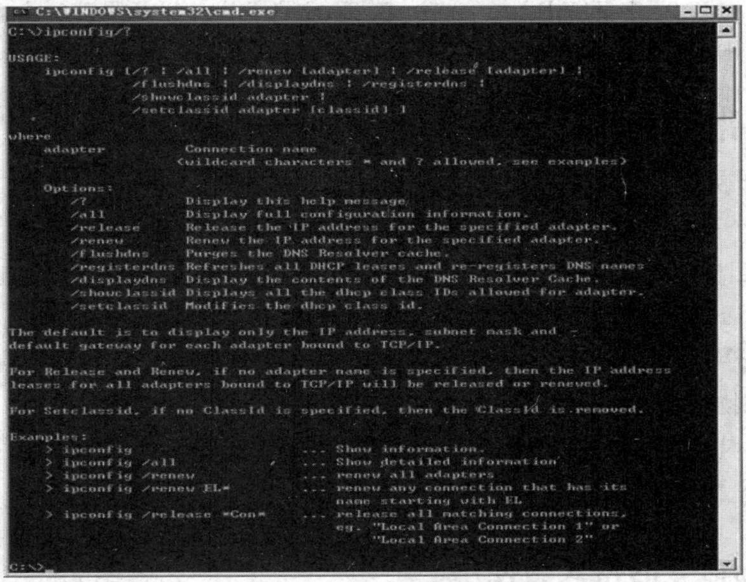

图3.4 输入"ipconfig/?"的显示

3.2.3 ipconfig命令的使用

ipconfig 命令应用举例如下。

C:\>ipconfig

Windows 2003 IP Configuration

Ethernet adapter 本地连接:

      Connection-specific DNS Suffix . :

      IP Address. . . . . : 10.111.142.71 　 //IP 地址

      Subnet Mask . . . . : 255.255.255.0 　 // 子网掩码

      Default Gateway . . . . : 10.111.142.1 　 // 缺省网关

C:\>ipconfig /displaydns 　　 // 显示本机上的 DNS 域名解析列表

C:\>ipconfig /flushdns 　　 // 删除本机上的 DNS 域名解析列表

该诊断命令显示所有当前的 TCP/IP 网络配置值。该命令在运行 DHCP 系统上的特殊用途，允许用户决定 DHCP 配置的 TCP/IP 配置值。

3.3　网络命令arp的使用

网络接口层是 TCP/IP 参考模型中的最底层，包括多种逻辑链路控制和媒体控制协议。对实际网络媒体的管理，定义如何使用实际网络（如 Ethernet、Serial Line 等）来传输数据。这层中的 ARP 是一个重要的 TCP/IP，ARP 是"Address Resolution Protocol"（地址解析协议）的缩写，用于确定对应 IP 地址的网卡物理地址。

3.3.1　arp命令的作用

在局域网中，一个主机要和另一个主机进行直接通信，必须知道目标主机的 MAC 地址，而这个目标 MAC 地址则是通过地址解析协议获得的。"地址解析"就是主机在发送帧前将目标地址转换成目标 MAC 地址的过程。ARP 的基本功能就是通过目标设备的 IP 地址，查询目标设备的 MAC 地址，以保证通信顺利进行。

利用 arp 命令可以显示和修改高速缓存区中的 ARP 表项，即能够查看、添加和删除 IP 地址与物理地址之间的转换表。ARP 缓存表项中包含一个或多个表，它们用于存储 IP 地址及其经过解析的以太网或令牌环物理地址。计算机上安装的每一个以太网或令牌环网络适配器都有自己单独的表。

3.3.2　arp命令的格式与使用

arp命令的格式如下。

arp -s inet_addr eth_addr [if_addr]

arp-d inet_addr [if_addr]

arp -a [inet_addr] [-N if_addr]

如果在没有参数的情况下使用，则命令将显示帮助信息。其中参数说明如下。

（1）-a。显示当前的ARP信息，可以指定网络地址。

（2）-g。跟 -a一样。

（3）-d。删除由inet_addr指定的主机，可以使用* 来删除所有主机。

（4）-s。添加主机，并将网络地址与物理地址相对应，这一项是永久生效的。

（5）eth_addr。物理地址。

（6）if_addr。If present, this specifies the Internet address of the

interface whose address translation table should be modified.

If not present, the first applicable interface will be used.

例如：

C:\>arp –a （显示当前所有的表项）

Interface: 10.111.142.71 on Interface 0x1000003

Internet Address　　　Physical Address　　　Type

10.111.142.1   00-01-f4-0c-8e-3b   dynamic // 物理地址一般为 48 位, 即 6 字节

10.111.142.112   52-54-ab-21-6a-0e   dynamic

10.111.142.253   52-54-ab-1b-6b-0a   dynamic

C:\>arp -a 10.111.142.71（只显示其中一项）

No ARP Entries Found

C:\>arp -a 10.111.142.1（只显示其中一项）

Interface: 10.111.142.71 on Interface 0x1000003

Internet Address   Physical Address   Type

10.111.142.1   00-01-f4-0c-8e-3b   dynamic

C:\>arp -s 157.55.85.212   00-aa-00-62-c6-09 添加, 可以再打入 arp –a 验证是否已经加入

3.4 网络命令tracert的使用

3.4.1 tracert命令的作用

tracert 命令检测经过的网络路径, 判定数据到达目的主机所经过的路径, 并且显示数据包经过的中继结点的清单和到达时间。

如果有网络连通性问题, 则可以使用 tracert 命令来检查到达的目标 IP 地址的路径并记录结果。tracert 命令显示用于将数据包从计算机传递到目标位置的一组路由器, 以及每个跃点所需要的时间。如果数据包不能传递到目标, tracert 命令将显示成功转发数据包的最后一个路由器。Tracert 一般用来检测故障位置, 也可以用 tracert IP 确定哪个环节上出了问题。

该诊断实用程序将包含不同生存时间（TTL）值的 Internet 控制消息协议（ICMP）回显数据包发送到目标, 以决定到达目标采用的路由。要在转发数据包上的 TTL 之前至少递减 1, 必需路径上的每个路由器, 所以 TTL 是有效的跃点计数。数据包上的 TTL 到达 0 时, 路由器应该将 "ICMP 已超时" 的消息发送回源系统。Tracert 先发送 TTL 为 1 的回显数据包, 并在随后的每次发送过程将 TTL 递增 1, 直到目标响应或 TTL 达到最大值, 从而确定路由。路由通过检查中级路由器发送回的 "ICMP 已超时" 的消息来确定路由。不过, 有些路由器悄悄地下传包含过期 TTL 值的数据包, 而 tracert 看不到。

3.4.2 tracert命令的使用

tracert 命令的格式如下。

tracert [-d] [-h maximum_hops] [-j computer-list] [-w timeout] target_name

参数说明如下。

（1）-d 指定不将地址解析为计算机名。

（2）-h maximum_hops 指定搜索目标的最大跃点数。

（3）-j computer-list 指定沿 computer-list 的稀疏源路由。

（4）-w timeout 为每次应答等待 timeout 指定的微秒数。

（5）target_name 为目标计算机的名称。

比较简单的一种用法如下。

C:\>tracert www.ahut.edu.cn

Tracing route to zjuwww.zju.edu.cn [10.10.2.21]

over a maximum of 30 hops:

```
1   <10 ms   <10 ms   <10 ms  10.111.136.1
2   <10 ms   <10 ms   <10 ms  10.0.0.10
3   <10 ms   <10 ms   <10 ms  10.10.2.21
```

Trace complete.

3.5 网络命令netstat的使用

如果网络应用程序（如 Web 浏览器）运行速度比较慢，或者不能显示 Web 页之类的数据，则可以用 netstat 命令来查看网络运行的统计信息，根据统计数据的各行，找出出错的关键字，进而确定问题所在。

3.5.1 netstat命令的作用

netstat 命令的主要用于检测网络的使用状态，显示网络连接、路由表和网络接口信息，可以让用户得知目前哪些网络连接并在动作。

该诊断命令使用 NBT（TCP/IP 上的 NetBIOS）显示协议统计和当前 TCP/IP 连接。该命令只有在安装了 TCP/IP 之后才可用。

3.5.2 netstat命令的使用

netstat 命令的格式如下。

netstat [-a remotename] [-A IP address] [-b] [-e] [-n][-o] [-r] [-p proto] [-s][-v] [interval]

参数说明如下。

（1）-a remotename 使用远程计算机的名称列出其名称表。

（2）-A IP address 使用远程计算机的 IP 地址并列出名称表。

（3）-b 显示包含于创建全线个连接或监听端口的可执行组件。

（4）-e 显示以太网信息，可与 -s 选项组合使用。

（5）-n 列出本地 NetBIOS 名称。"已注册"表明该名称已被广播（Bnode）或者

WINS（其他节点类型）注册。

（6）-r 显示路由表。

（7）-p proto 显示 proto 指定的协议的连接信息，常与 -s 选项配合使用。

（8）-s 显示按协议统计信息，默认地显示 IP、IPv6、ICMP、ICMPv6、TCP、TCPv6、UDP 和 UDPv6 的统计信息。

（9）-v 与 -b 选项一起使用时将显示包含于为所有可执行组件创建连接或监听端口的组件。

（10）interval 重新显示选中的统计，在每个显示之间暂停 interval 秒。按 Ctrl+C 组合键停止重新显示统计信息。如果省略该参数，nbtstat 打印一次当前的配置信息。

例如：

C:\>netstat –a 周围主机的 IP 地址

C:\>netstat –e

C:\>netstat –n

C:\>netstat -s

3.6 网络命令route的使用

当网络上拥有两个或多个路由器时，可能需要某些远程 IP 地址通过某个特定的路由器来传递信息，而其他的远程 IP 则通过另一个路由器来传递。大多数路由器使用专门的路由协议来交换和动态更新路由器之间的路由表。但在有些情况下，必须人工将项目添加到路由器和主机上的路由表中。route 命令就是用来显示、人工添加和修改路由表项目的。

3.6.1 route命令的作用

大多数主机一般都是驻留在只连接一台路由器的网段上。由于只有一台路由器，因此不存在使用哪一台路由器将数据报发表到远程计算机上去的问题，该路由器的 IP 地址可作为该网段上所有计算机的缺省网关来输入。但是，当网络上拥有两个或多个路由器时，就不一定只依赖缺省网关了。实际上，可能想让某些远程 IP 地址通过某个特定的路由器来传递信息，而其他的远程 IP 则通过另一个路由器来传递。在这种情况下，就需要相应的路由信息，这些信息储存在路由表中，每个主机和每个路由器都配有自己独一无二的路由表。大多数路由器使用专门的路由协议来交换和动态更新路由器之间的路由表。但在某些情况下，必须人工将项目添加到路由器和主机上的路由表中。

3.6.2 route命令的使用

route 命令只有在安装了 TCP/IP 后才可以使用。route 命令的格式如下。

route [-f] [-p] [command [destination] [mask subnetmask] [gateway] [metric costmetric]]

参数说明如下。

（1）-f。清除所有网关入口的路由表。如果该参数与某个命令组合使用，路由表将在运行命令前清除。

（2）-p。该参数与 add 命令一起使用时，将使路由在系统引导程序之间持久存在。默认情况下，系统重新启动时不保留路由。与 print 命令一起使用时，显示已注册的持久路由列表。忽略其他所有总是影响相应持久路由的命令。

Command 指定下列中的一个命令。

命令	目的
print	打印路由
add	添加路由
delete	删除路由
change	更改现存路由
destination	指定发送 command 的计算机。

mask subnetmask 指定与该路由条目关联的子网掩码。如果没有指定，将使用 255.255.255.255。

gateway 指定网关。

metric costmetric 指派整数跃点数（从 1 到 9 999）在计算最快速、最可靠和（或）最便宜的路由时使用。

例如，本机 IP 为 10.111.142.71，缺省网关是 10.111.142.1，假设此网段上另有一网关 10.111.142.254，现在想添加一项路由，使当访问 10.13.0.0 子网络时通过这一个网关，那么可以加入如下命令：

C:\>route add 10.13.0.0 mask 255.255.0.0 10.111.142.1

C:\>route print （输入此命令查看路由表，看是否已经添加了）

C:\>route delete 10.13.0.0

C:\>route print （此时可以看见已经没了添加的项）

本章小结

为了更好地了解、使用和维护网络，本章介绍了几个实用的Windows常用网络命令ping 、ipconfig、arp、tracert、netstat和route。说明了这些命令的基本功能、使用格式及其常用参数的含义，通过使用Windows系统自带的这些命令，可以在命令提示符下通过使用命令检测或查询网络相关信息，帮助了解网络运行状态，判断网络运行的异常现象，解决一些网络问题。

实训 ping命令的使用

1．实训目的

了解掌握 ping 命令的用途和使用方法。

2．实训环境

（1）实训前认真学习了解 ping 命令的相关格式和含义。

（2）Windows 的 ping 命令形式如下。

ping [-t] [-a] [-n count] [-l size] [-f] [-i TTL] [-v TOS] [-r count] [-s count] [[-j host-list] | [-k host-list]] [-w timeout] 目的主机 /IP 地址

3．实训步骤

ping 命令可以测试计算机名和计算机的 IP 地址，验证与对方计算机的连接，通过向对方主机发送"网际消息控制协议（ICMP）"回响请求消息来验证与对方 TCP/IP 计算机的 IP 级连接。回响应答消息的接收情况将和往返过程的次数一起显示出来。ping 是用于检测网络连接性、可到达性和名称解析的疑难问题的主要 TCP/IP 命令。如果不带参数，ping 将显示帮助。

（1）连续发送 ping 探测报文 ping-t 本机 IP 地址。

指定在中断前 ping 可以持续发送回响请求信息到目的地。要中断并显示统计信息，请按 Ctrl+Break 组合键。要中断并退出 ping，请按 Ctrl+C 组合键。

（2）指定对目的地 IP 地址进行反向名称解析。如果解析成功，ping 将显示相应的主机名 ping-a 本机 IP 地址。

（3）指定发送回响请求消息的次数，默认值为 4，ping-n Count 本机 IP 地址。

（4）指定发送的回响请求消息中"数据"字段的长度（以字节表示），默认值为 32 字节。size 的最大值是 65 527 字节，ping -l size 目的主机 /IP 地址。

（5）不允许对 ping 探测报分片：ping-f 目的主机 /IP 地址。

（6）修改"ping"命令的请求超时时间 ping-w 目的主机 /IP 地址。

指定等待每个回送应答的超时时间，单位为毫秒，默认值为 1 000 毫秒。

4．实训思考

通过 ping 命令使用的学习，完成如下操作。

（1）验证网卡工作正常与否。

（2）验证网络线路正常与否。

（3）验证 DNS 配置正确与否。

（4）估算你所用局域网的 MTU 是多少（使用 ping-f-l 参数）。

习 题

1．选择题

（1）如果想知道网络适配器的物理地址，可以用（　　）命令。

A.ping B.ipconfig C.netstat D. tracert

（2）使用命令 ping www.baidu.com，出现"Reply from 119.75.218.45: bytes=32 time=36ms TTL=55"，其含义为（　　）。

A. 网络连通状况不佳 B. 网络不通

C. 网络畅通 D. 命令出错

（3）如果想了解数据包到达目的主机所经过的路径、显示数据包经过的中继结点清单和到达时间，可选用（　　）命令。

A. ping B. ipconfig C. netstat D. tracert

（4）ARP 协议的主要功能是（　　）。

A. 将 MAC 地址解析为 IP 地址 B. 将 IP 地址解析为物理地址

C. 将主机域名解析为 IP 地址 D. 将 IP 地址解析为主机域名

2．问答题

（1）常用的网络命令有哪些？其各自的功能是什么？

（2）如何使用 ping 命令来判断网络的连通性？

（3）简述 ARP 协议的工作原理。

PART 4

第4章
局域网组建技术

学习目标

- 掌握常见的局域网拓扑结构和特点
- 理解 IEEE802 标准，理解两类介质访问控制的原理
- 掌握局域网组网的主要设备的功能与选择
- 了解局域网可采用的技术
- 认识和了解无线局域网（WLAN）技术
- 掌握虚拟局域网（VLAN）技术

　　局域网是最常见的计算机网络。校园网、企业网、甚至网吧、机房里连起的网络都是局域网。局域网的作用范围小，且容易组建，成本低廉，甚至可以用一根网线将两台计算机相连便形成一个最简单的小局域网。一般来说，较大的局域网都会利用集线器、交换机等网络通信设备将所有的计算机相连。那么到底如何组建一个局域网？组建后的局域网又是如何工作的呢？本章将会进行详细的阐述。

4.1　局域网概述

局域网（LAN）是当今计算机网络技术应用与发展非常活跃的一个领域。公司、企业、政府部门乃至住宅小区内的计算机都在通过 LAN 连接起来，以达到资源共享、信息传递和数据通信的目的。而信息化进程的加快，更是刺激了通过 LAN 进行网络互连需求的剧增。因此，理解和掌握局域网技术就显得更加实用。

局域网的发展始于 20 世纪 70 年代，至今仍是网络发展中的一个活跃领域。由于 20 世纪 70 年代初，国际上推出了个人计算机（PC 机）并逐渐使其走入市场，PC 机在计算机中所占比例越来越大，由此也推动了 LAN 的发展。早在 1972 年，美国加州大学就研制了被称为分布计算机系统（Distributed Computer System）的 NEWHALL 环网。1974 年英国剑桥大学研制的剑桥环网（Cambridge Ring）和 1975 年美国 Xerox 公司推出的第一个总线争用结构的实验性以太网（Ethernet）则成为最初 LAN 的典型代表。1977 年，日本京都大学首度研制成功了以光纤为传输介质的局域网络。

20 世纪 80 年代以后，随着网络技术、通信技术和微型机的发展，LAN 技术得到了迅速的发展和完善，多种类型的局域网络纷纷出现，越来越多的制造商投入到局域网络的研制潮流中，一些标准化组织也致力于研究 LAN 的有关标准和协议。同时，包括传输介质和转接器件在内的网络组件的发展，连同高性能的微机一起构成了局域网的基本硬件基础，并使局域网被赋予更强的功能和生命力。到了 20 世纪 80 年代后期，LAN 的产品就已经进入专业化生产和商品化的成熟阶段。此期间 LAN 的典型产品有美国 DEC、Intel 和 Xerox 三家公司联合研制并推出的 3COM Ethernet 系列产品和 IBM 公司开发的令牌环，与此同时，NOVELL 公司设计并生产出了 Novell Netware 系列局域网网络操作系统产品。

到了 20 世纪 90 年代，LAN 更是在速度、带宽等指标方面有了更大的进展，并且在 LAN 的访问、服务、管理、安全和保密等方面都有了进一步的改善。例如，Ethernet 产品从传输速率为 10Mbit/s 的 Ethernet 发展到 100Mbit/s 的高速以太网，并继续提高至吉比特（1 000Mbit/s）以太网。至 2002 年，IEEE 还颁布了关于万兆以太网标准。

4.1.1　局域网的特点

局域网技术是当前计算机网络研究与应用的一个热点问题，也是目前技术发展最快的领域之一。局域网具有如下特点。

（1）网络所覆盖的地理范围比较小，通常不超过几十公里，甚至只在一幢建筑或一个房间内。

（2）具有较高的数据传播速率，通常为 10～100Mbit/s，高速局域网可达 1 000Mbit/s（吉比特以太网）。

（3）协议比较简单，网络拓扑结构灵活多变，容易进行扩展和管理。

（4）具有较低的延迟和误码率，其误码率一般在 $10^{-8} \sim 10^{-10}$，这是因为传输距离短、传输介质质量较好，因而可靠性高。

（5）局域网络的经营权和管理权属于某个单位所有，与广域网通常由服务提供商提供形成鲜明对照。

（6）便于安装、维护和扩充，建网成本低、周期短。尽管局域网地理覆盖范围小，但这并不意味着它们必定是小型的或简单的网络。局域网可以扩展得相当大或者非常复杂，配有成千上万用户的局域网也是很常见的事。

局域网的应用范围极广，可应用于办公自动化、生产自动化、企事业单位的管理、银行业务处理、军事指挥控制、商业管理等方面。局域网的主要功能是为了实现资源共享，其次是为了更好地实现数据通信与交换以及数据的分布处理。

一般来说，决定局域网特性的主要技术要素是网络拓扑结构、传输介质与介质访问控制方法。

4.1.2 局域网的拓扑结构

在计算机网络中，计算机等网络设备要实现互连，就需要以一定的结构方式进行连接，这种连接方式就叫做拓扑结构，通俗地讲，拓扑结构用于描述网络设备是如何连接在一起的。局域网与广域网的一个主要区别在于它们覆盖的地理范围，由于局域网设计的主要目标是覆盖一个公司、一所大学或一幢甚至几幢大楼的"有限的地理范围"，因此它的基本通信机制上选择了"共享介质"方式和"交换"方式。因此，局域网在传输介质的物理连接方式、介质访问控制方法上形成了自己的特点，在网络拓扑上主要采用总线型、环状与星状结构。

1. 总线型拓扑结构

总线型拓扑是局域网最主要的拓扑结构之一，如图 4.1 所示。所有的站点都直接连接到一条作为公共传输介质的总线上，所有节点都可以通过总线传输介质发送或接收数据，但一段时间内只允许一个节点利用总线发送数据。当一个节点利用总线传输介质以"广播"方式发送信号时，其他节点都可以"收听"到所发送的信号。由于总线作为公共传输介质为多个节点所共享，所以在总线型拓扑结构中就有可能出现同一时刻有两个或两个以上节点利用总线发送数据的情况，这种现象被称为"冲突"（Collision）。冲突会造成数据传输的失效，因为接收节点无法从所接收的信号中还原出有效的数据。因此需要提供一种机制用于解决冲突问题。

总线型拓扑结构的优点如下。

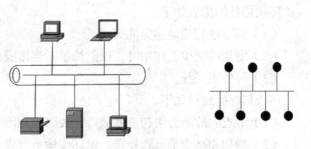

（a）总线型局域网的计算机连接　（b）总线型局域网的拓扑结构

图4.1　总线型局域网

（1）结构简单，价格低廉，实现容易；易于安装和维护。

（2）用户站点入网灵活，易于扩充，增加或减少用户比较方便。

（3）某个节点的故障不影响网络的工作。

总线型拓扑的缺点如下。

（1）总线的传输距离有限，通信范围受到限制。

（2）故障诊断和隔离较困难，传输介质故障难以排除。

2．环状拓扑结构

在环状拓扑结构中，所有的节点通过通信线路连接成一个闭合的环。在环中，数据沿着一个方向绕环逐站传输，如图4.2所示。环状拓扑结构也是一种共享介质结构，多个节点共享一条环通路。为了确定环中每个节点在什么时候可以传送数据帧，同样要提供旨在解决冲突问题的介质访问控制机制。

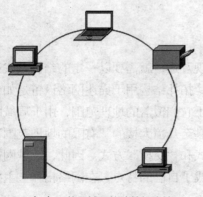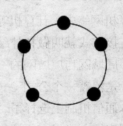

（a）环状局域网的计算机连接　　　　　　　　（b）环状局域网的拓扑结构

图4.2　环状局域网

由于信息包在封闭环中必须沿每个节点单向传输，因此，环中任何一段的故障都会使各站之间的通信受阻。为了增加环状拓扑结构的可靠性，还引入了双环拓扑。双环拓扑就是在单环的基础上在各站点之间再连接一个备用环，从而当主环发生故障时，由备用环继续工作。

环状拓扑的优点如下。

（1）能够较有效地避免冲突。

（2）增加或减少工作站时，仅需简单的连接操作。

（3）可使用光纤。

环状拓扑的缺点如下。

（1）节点的故障会引起全网故障，故障检测困难。

（2）增加和减少节点较复杂，单环传输不可靠。

（3）结构中的网卡等通信部件比较昂贵且管理较复杂。

3. 星状拓扑结构

星状拓扑结构是由中央节点和一系列通过点到点链路接到中央节点的节点组成的，它是目前局域网中最常用及最主要的一种拓扑结构，如图 4.3 所示。各节点以中央节点为中心相连接，各节点与中央节点以点对点方式连接。任何两节点之间的数据通信都要通过中央节点，中央节点集中执行通信控制策略，主要完成节点间通信时物理连接的建立、维护和拆除。

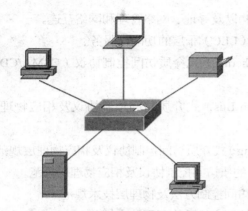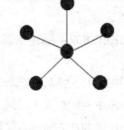

（a）星状局域网的计算机连接　　　　　　　　（b）星状局域网的拓扑结构

图4.3　星状局域网

星状拓扑结构的优点如下。

（1）控制简单，管理方便，利用中央节点可方便地提供网络连接和重新配置。

（2）容易诊断故障和隔离故障，且单个连接点的故障只影响一个设备，不会影响全网。

（3）可扩充性强，组网容易，便于维护。

星状拓扑结构的缺点如下。

（1）电缆长度和安装工作量可观。

（2）中央节点的负担较重，易形成瓶颈。

（3）中心节点的故障会直接造成网络瘫痪。

4.2　局域网协议和体系结构

局域网出现之后，发展迅速，种类繁多，为了促进产品的标准化以增加产品的互操作性，1980 年 2 月，美国电气和电子工程师学会（IEEE）成立了局域网标准化委员会（简称 IEEE 802 委员会），研究并制定了关于局域网的 IEEE 802 标准。在这些标准中根据局域网的多种类型，规定了各自的拓扑结构、媒体访问控制方法、帧的格式和操作等内容。

4.2.1　IEEE 802标准概述

　　1985 年 IEEE 公布了 IEEE 802 标准的五项标准文本，同年为美国国家标准局（ANSI）采纳作为美国国家标准。后来，国际标准化组织（ISO）经过讨论，建议将 IEEE 802 标准定为局域网国际标准。

　　IEEE 802 为局域网制定了一系列标准，主要有如下 12 种，其中各个子标准之间的关系如图 4.4 所示。

　　（1）IEEE 802.1 概述，局域网体系结构以及寻址、网络管理和网络互连。

　　（2）IEEE 802.2 定义了逻辑链路控制（LLC）子层的功能与服务。

　　（3）IEEE 802.3 描述总线以太网（Ethernet）式介质访问控制协议（CSMA/CD）及相应物理层规范。

　　（4）IEEE 802.4 描述令牌总线（Token Bus）式介质访问控制协议及相应物理层规范。

　　（5）IEEE 802.5 描述令牌环（Token Ring）式介质访问控制协议及相应物理层规范。

　　（6）IEEE 802.6 描述城域网（MAN）的质访问控制协议及相应物理层规范。

　　（7）IEEE 802.7 描述宽带时隙环介质访问控制方法及物理层技术规范。

　　（8）IEEE 802.8 描述光纤网介质访问控制方法及物理层技术规范。

　　（9）IEEE 802.9 描述语音和数据综合局域网技术。

　　（10）IEEE 802.10 描述局域网安全与解密问题。

　　（11）IEEE 802.11 描述无线局域网技术。

　　（12）IEEE 802.12 描述用于高速局域网的介质访问方法及相应的物理层规范。

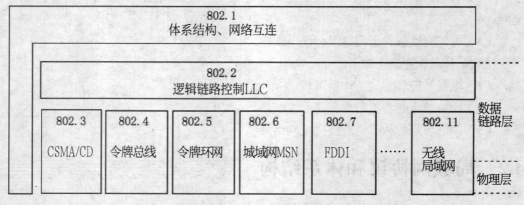

图4.4　IEEE 802协议的结构

　　从图 4.4 可以看出，IEEE 802 标准实际上是一个由一系列协议组成的标准体系。随着局域网技术的发展，该体系在不断地增加新的标准和协议，其中 802.3 家族就随着以太网技术的发展出现了许多新的成员。

4.2.2 局域网的体系结构

局域网的体系结构与 OSI 模型有相当大的区别，如图 4.5 所示，局域网只涉及 OSI 的物理层和数据链路层。那么为什么没有网络层及网络层以上的各层呢？首先，LAN 是一种通信网，只涉及有关的通信功能。其次，由于 LAN 基本上采用共享信道的技术，所以也可以不设立单独的网络层。也就是说，不同局域网技术的区别主要在物理层和数据链路层，当这些不同的 LAN 需要在网络层实现互连时，可以借助其他已有的通用网络层协议，如 IP。

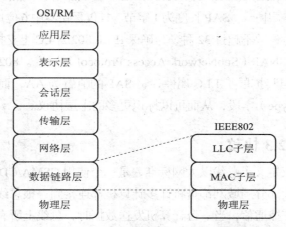

图4.5　IEEE 802的LAN参考模型与OSI参考模型的对应关系

（1）从图 4.5 可以看出，局域网的物理层是和 OSI 七层模型的物理层功能相当，主要涉及局域网物理链路上原始比特流的传送，定义局域网物理层的机械、电气、规程和功能特性。如信号的传输与接收、同步序列的产生和删除等，物理连接的建立、维护、撤销等。物理层还规定了局域网所使用的信号、编码、传输介质、拓扑结构和传输速率。例如，信号编码可以采用曼彻斯特编码，传输介质可采用双绞线、同轴电缆、光缆甚至是无线传输介质；拓扑结构则支持总线状、星状、环状和混合型等，可提供多种不同的数据传输率。

（2）数据链路层的另一个主要功能是适应种类多样的传输介质，并且在任何一个特定的介质上处理信道的占用、站点的标识和寻址问题。在局域网中这个功能由 MAC 子层实现。由于 MAC 子层因物理层介质的不同而不同，它分别由多个标准分别定义。例如，IEEE 802.3 定义了以太网（Ethernet）的 MAC 子层，IEEE 802.4 定义了令牌总线网（Token Bus）的 MAC 子层，而 IEEE 802.5 定义了令牌环网（Token Ring）的 MAC 子层，IEEE 802.11 定义了无线局域网（Wireless LAN，WLAN）。此外，MAC 子层还负责对入站的数据帧进行完整性校验。

MAC 子层使用 MAC 地址（也称物理地址）标识每一节点。通常发送方的 MAC 子层将目的计算机的 MAC 地址添加到数据帧上，当此数据帧传递到接收方的 MAC 子层后，它检查该帧的目的地址是否与自己的地址相匹配。如果目的地址与自己的地址不匹配，就将这一帧抛弃；如果相匹配，就将它发送到上一层。

（3）数据链路层的主要功能之一是封装和标识上层数据，在局域网中这个功能有 LLC 子层实现。IEEE 802.2 定义了 LLC 子层，为 802 系列标准共用。

LLC 子层对网络层数据添加 802.2LLC 头进行封装，为了区别网络层数据的类型，实现多种协议复用链路，LLC 子层用 SAP（Service Access Point，服务访问点）标志上层协议。LLC 标准包括两个服务访问点：SSAP（Source Service Access Point，源服务访问点）和 DSAP（Destination Service Access Point，目的服务访问点），用以分别标识发送方和接收方的网络层协议。SAP 长度为 1 字节，且仅保留其中 6 位用于标识上层协议，因此其能够标识的协议数不超过 32 种，为确保 IEEE 802.2LLC 上支持更多的上层协议，IEEE 发布了 802.2 SNAP（SubNetwork Access Protocol）标准。802.2 SNAP 也用 LLC 头封装上层数据，但其扩展了 LLC 属性，将 SAP 的值置为 AA，而新添加了一个 2 字节长的协议类型（Type）字段，从而可以标识更多的上层协议。

4.2.3 IEEE 802.3 协议

IEEE 802.3 协议定义了总线以太网标准，是一个使用 CSMA/CD 媒体访问控制方法的协议标准。最初大部分局域网都是将许多计算机都连接到一根总线上，即总线网。总线网的通信方式是广播通信，当一台计算机发送数据时，总线上所有计算机都能检测到这个数据。仅当数据帧中的目的地址与计算机的地址一致时，该计算机才接收这个数据帧。计算机对不是发送给自己的数据帧，则一律不接收（即丢弃），如图 4.6 所示。

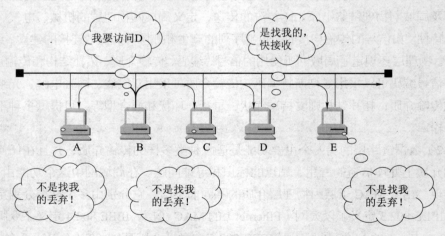

图4.6　总线型局域网的传输方式

在总线上，只要有一台计算机发送数据，总线的传输资源就被占用。因此，在同一时间只能允许一台计算机发送信息，否则各计算机之间就会相互干扰，结果谁都无法正常发送数据。为了协调总线上各计算机的工作，总线以太网采用了一种特殊的技术，即

载波监听多路访问 / 冲突检测 （Carrier Sense Multiple Access with Collision Detection, CSMA/CD）技术。

CSMA/CD 的工作原理可概括成：先听后发，边发边听，冲突停止，随机延时重发。其工作过程如图 4.7 所示。

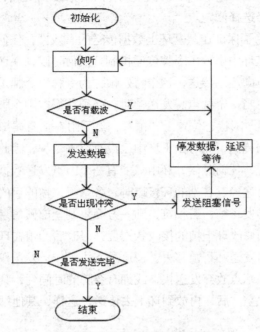

图4.7　CSMA/CD的工作过程

（1）当一个站点想要发送数据的时候，它检测网络察看是否有其他站点正在传输，即侦听信道是否空闲。

（2）如果信道忙，则等待，直到信道空闲则发送信息。

（3）如果信道闲，站点就传输数据。

（4）在发送数据的同时，站点继续侦听总线，确信是否有其他站点在同时传输数据。因为有可能两个或多个站点都同时检测到网络空闲，从而造成几乎在同一时刻开始传输数据。如果两个或多个站点同时发送数据，就会产生冲突。

（5）当一个传输节点识别出一个冲突，随即就发送一个拥塞信号，这个信号使冲突的时间足够长，让其他的节点都能发现。

（6）当其他节点收到拥塞信号后，都停止传输，等待一个随机产生的时间间隙（回退时间，Back Off Time）后，重新进入侦听发送阶段。

CSMA/CD 采用的是一种“有空就发”的竞争型访问策略，因而不可避免会出现信道空闲时多个站点同时争发的现象，无法完全消除冲突，只能是采取一些措施减少冲突，并对产生的冲突进行处理。因此，采用这种协议的局域网环境不适合于对实时性要求较强的网络应用。

4.2.4　IEEE 802.5协议

早期局域网存在一种环形结构，而环形网中采用令牌技术来进行访问控制。为此 IEEE 组织为其定义了 IEEE 802.5 协议，阐述了令牌环（Token Ring）技术。Token Ring 是令牌传送环（Token Passing Ring）的简写。令牌环的结构是只有一条环路，信息沿环单向流动，不存在路径选择问题。

在令牌环网中，为了保证在共享环上数据传送的有效性，任何时刻也只允许一个节点发送数据。为此，在环中引入了令牌传递机制。任何时候，在环中有一个特殊格式的帧在物理环中沿固定方向逐站传送，这个特殊帧称为令牌。令牌是用来控制各个节点介质访问权限的控制帧。当一个站点想发送帧时，必须获得空闲令牌，并在启动数据帧的传送前将令牌帧中的忙 / 闲状态位置于"忙"，然后附在信息尾部向下一站发送，数据帧沿与令牌相同的方向传送，此时由于环中已没有空闲令牌，因此其他希望发送的工作站必须等待，也就是说，任何时候，环中只能有一个节点发送数据，而其余站点只能允许接收帧。当数据帧沿途经过各站的环接口时，各站将该帧的目的地址与本站地址进行比较，若不相符，则转发该帧；若相符，则一方面复制全部帧信息放入接收缓冲以送入本站的高层，另一方面修改环上帧的接收状态位，修改后的帧在环上继续流动直到循环一周后回到发送站，由发送站将帧移去。按这种方式工作，发送权一直在源站点控制之下，只有发送信息的源站点放弃发送权，或拥有令牌的时间到，其才会释放令牌，即将令牌帧中的状态位置"空"后，再放到环上去传送，这样，其他站点才有机会得到空令牌以发送自己的信息。

归纳起来，在令牌环中主要有如下 3 种操作。

（1）截获令牌并且发送数据帧。如果没有节点需要发送数据，令牌就由各个节点沿固定的顺序逐个传递；如果某个节点需要发送数据，它要等待令牌的到来，当空闲令牌传到这个节点时，该节点修改令牌帧中的标志，使其变为"忙"的状态，然后去掉令牌的尾部，加上数据，成为数据帧，发送到下一个节点。

（2）接收与转发数据。数据帧每经过一个节点，该节点就比较数据帧中的目的地址，如果不属于本节点，则转发出去；如果属于本节点，则复制到本节点的计算机中，同时在帧中设置已经复制的标志，然后向下一节点转发。

（3）取消数据帧并且重发令牌。由于环网在物理上是个闭环，一个帧可能在环中不停地流动，所以必须清除。当数据帧通过闭环重新传到发送节点时，发送节点不再转发，而是检查发送是否成功。如果发现数据帧没有被复制（传输失败），则重发该数据帧；如果发现传输成功，则清除该数据帧，并且产生一个新的空闲令牌发送到环上。

4.3　架设局域网的硬件设备

要想把多个计算机连接成局域网，需要多种硬件设备，包括网卡、集线器、交换机、网线等。

4.3.1 网卡

网卡，又名网络适配器（Network Interface Card，NIC），它是计算机和网络线缆之间的物理接口，是一个独立的附加接口电路。任何的计算机要想连入网络就必须确保在主板上接入网卡。因此，网卡是计算机网络中最常见也是最重要的物理设备之一，根据工作对象不同，局域网中的网卡（也称以太网网卡）可以分为普通计算机网卡、服务器专用网卡、笔记本专用网卡 PCMCIA 和无线网卡，如图 4.8 所示。

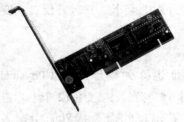

（a）普通计算机网卡　　　（b）四接口10/100M自适应双速服务器网卡　　　（c）PCMCIA网卡

图4.8　各种类型网卡

1. 网卡的功能

网卡能够完成物理层和数据链路层的大部分功能。其主要功能是将计算机要发送的数据整理分解为数据包，转换成串行的光信号或电信号送至网线上传输；同样也把网线上传过来的信号整理转换成并行的数字信号，提供给计算机。因此，网卡的功能可概括为：并行数据和串行信号之间的转换、数据包的装配与拆装、网络访问控制和数据缓冲等。

网卡上面装有处理器和存储器（包括 RAM 和 ROM）。网卡和局域网之间的通信是通过电缆或双绞线已串行方式进行的。而网卡和计算机之间的通信则是通过计算机主板上的 I/O 总线已并行传输方式进行的。因此，网卡的一个重要的功能就是进行串行/并行转换。由于网络上的数据率和计算机总线上的数据率并不相同，因此在网卡中必须装有对数据进行缓存的存储芯片。

在安装网卡时必须将管理网卡的设备驱动程序安装在计算机的操作系统中，这个驱动程序将告诉网卡如何将局域网传输过来的数据存储下来。

网卡并不是独立的自治单元，因为网卡本身不带电源，必须使用配套计算机的电源，并受该计算机的控制，因此，网卡可看成一个半自治的单元。当网卡收到一个有差错的帧时，它会将这个帧丢弃而不必通知计算机；当网卡收到一个正确的帧时，它就使用中断来通知计算机并交付给协议层中的网络层；当计算机要发送一个 IP 数据包时，它就由协议栈向下交给网卡，组装成帧后发送到局域网。

2. 网卡的分类

网卡的种类非常多。按照不同的标准，可以作不同的分类。最常见的是按传输速率、连接器接口和总线接口的分类。

（1）按传输速率分类。可分为 10Mbit/s、100Mbit/s、10/100Mbit/s 自适应以及 1000Mbit/s 的网卡。

（2）按连接器接口类型分类。网卡的接口种类繁多，早期的网卡主要分 AUI 粗缆接口和 BNC 细缆接口两种，但随着同轴电缆淡出市场，这两种接口类型的网卡也基本被淘汰。目前网卡主要是有 RJ45 接口和光纤接口两种。

（3）按总线接口类型分类。ISA 总线网卡和 PCI 总线网卡已经基本消失，集成于主板的网卡是现在市场上的主流。另外 USB 网卡是一种外置的网卡，安装方便，主要用于无线网络。

3. 网卡的MAC地址

MAC（Media Access Control，介质访问控制）地址也称为物理地址（Physical Address），是内置在网卡中的一组代码，共 48 位二进制（6 字节），常用 12 个十六进制表示。在 Windows 系统中，可通过运行 cmd 命令，在出现的命令行界面中输入"ipconfig /all，"可查看到网卡的 MAC 地址。如图 4.9 所示，此计算机的 MAC 地址为 00-06-1B-DE-48-BF。

```
C:\WINDOWS\system32\cmd.exe

Microsoft Windows XP [版本 5.1.2600]
<C> 版权所有 1985-2001 Microsoft Corp.

C:\Documents and Settings\homeman>ipconfig /all

Windows IP Configuration

        Host Name . . . . . . . . . . . . : dreamgoing
        Primary Dns Suffix  . . . . . . . :
        Node Type . . . . . . . . . . . . : Hybrid
        IP Routing Enabled. . . . . . . . : No
        WINS Proxy Enabled. . . . . . . . : No

Ethernet adapter 本地连接:

        Connection-specific DNS Suffix  . :
        Description . . . . . . . . . . . : Broadcom NetXtreme Fast Ethernet
        Physical Address. . . . . . . . . : 00-06-1B-DE-48-BF
        Dhcp Enabled. . . . . . . . . . . : No
        IP Address. . . . . . . . . . . . : 172.16.19.68
        Subnet Mask . . . . . . . . . . . : 255.255.255.0
        Default Gateway . . . . . . . . . : 172.16.19.1
```

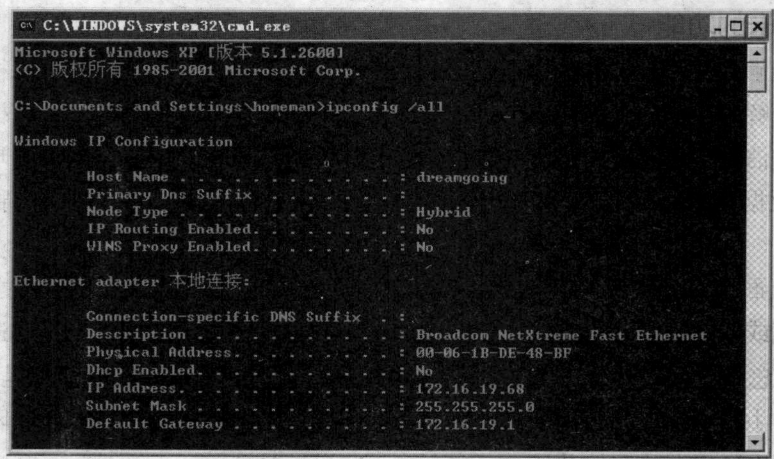

图4.9　网卡的MAC地址

对于 MAC 地址来说，前 6 个十六进制代表网络硬件制造商的编号，如图 4.9 中的"00-06-1B"，它由 IEEE 组织分配。而后 6 个十六进制代表在制造商所制造的网络产品（如网卡）的序列号，如"DE-48-BF"。每个网络制造商必须确保它所生产的每个网络设备都具有相同的前 6 个十六进制以及不同的后 6 个十六进制。这样，从理论上讲，MAC 地址的数量可高达 2^{48}，这样就可保证世界上每个网络设备都具有唯一的 MAC 地址。

对于 MAC 地址的作用，主要有如下两个方面。

（1）网络通信基础。网络中的数据以数据包的形式进行传输，并且每个数据包又被分割成很多帧，用以在各网络设备之间进行数据转发。每个帧的帧头中包含源 MAC 地址、目的 MAC 地址和数据帧中的通讯协议类型。在数据转发的过程中，帧会根据帧头中保存的目的 MAC 地址自动将数据帧转发到对应的网络设备中。由此可见，如果没有 MAC 地址，数据在网络设备中根本无法传输，局域网也就失去了存在的意义。

（2）保障网络安全。网络安全目前已成为网络管理中最热门的关键词之一。借助 MAC 地址的唯一性和不易修改的特性，可以将具有 MAC 地址绑定功能的交换机端口与网卡的 MAC 地址绑定。这样可以使某个交换机端口只允许拥有特定 MAC 地址的网卡访问，而拒绝其他 MAC 地址的网卡对该端口的访问。这样安全措施对小区宽带、校园网和无线网络尤其合适。

4.3.2 局域网的传输介质

网络中各站点之间的数据传输必须依靠某种传输介质来实现。传输介质种类很多，适用于局域网的介质主要有三类：双绞线、同轴电缆和光纤。

1. 双绞线

双绞线（Twisted Pair Cable）由绞合在一起的一对导线组成，这样做减少了各导线之间的相互电磁干扰，并具有抗外界电磁干扰的能力。双绞线电缆可以分为两类：屏蔽型双绞线（STP）和非屏蔽型双绞线（UTP）。屏蔽型双绞线（见图 4.10）外面环绕着一圈保护层，有效减小了影响信号传输的电磁干扰，但相应增加了成本。

图4.10 屏蔽型双绞线

而非屏蔽型双绞线（见图 4.11）没有保护层，易受电磁干扰，但成本较低，非屏蔽双绞线广泛用于星状拓扑的以太网。采用新的电缆规范，如 10BaseT 和 100BaseT，可使非屏蔽型双绞线达到 10Mbit/s 至 100Mbit/s 的传输速率。双绞线的优势在于它使用了电信工业中已经比较成熟的技术，因此，对系统的建立和维护都要容易得多。在不需要较强抗干扰能力的环境中，选择双绞线特别是非屏蔽型双绞线，既利于安装，又节省了成本，所以非屏蔽型双绞线往往是办公环境下网络介质的首选。双绞线的最大缺点是抗干扰能力不强，特别是非屏蔽型双绞线。非屏蔽型双绞线两头一般都会用水晶头包裹好，这个水晶头其实就是一个 RJ-45 接口，可以插入到网卡、交换机和集线器的 RJ-45 接口里，从而促成各种网络设备的互连。

图4.11 非屏蔽型双绞线和RJ-45接口

UTP 电缆中共有 4 对双绞线，每一对线由两根绝缘铜导线相互扭绕而成，绝缘层上分别涂有不同的颜色（相绕的两根中一根为单一的颜色，另一根为该颜色与白色相间隔的颜色），颜色分别为绿白、绿、橙、橙白、蓝、蓝白、棕、棕白。除 4 对双绞线外，还有一条抗拉线，其主要作用是提高双绞线的抗拉性。

2. 同轴电缆

同轴电缆由内、外两个导体组成，且这两个导体是同轴线的，所以称为同轴电缆。在同轴电缆中，内导体是一根导线，外导体是一个圆柱面，两者之间有填充物。外导体能够屏蔽外界电磁场对内导体信号的干扰，如图 4.12 所示。

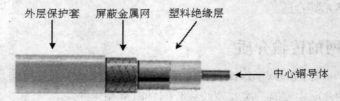

图4.12 同轴电缆

同轴电缆的分类如下。

（1）按照传输信号特点分，同轴电缆可分为基带同轴电缆和宽带同轴电缆。基带同轴电缆采用基带传输，即传输时数字信号，用于构建局域网。宽带同轴电缆采用宽带传输，即传输模拟信号，用于构建有线电视网。

（2）按照同轴电缆直径分，同轴电缆可分为粗缆和细缆。粗缆直径约为 10mm，细缆直径约为 5mm。粗缆传输性能优于细缆。在传输速率为 10Mbit/s，粗缆传输距离可达 500~1 000m，细缆传输距离为 200~300m。

3. 光纤

对于计算机网络而言，光纤具有无可比拟的优势。光纤由纤芯、包层及护套组成。纤芯由玻璃或塑料组成，包层则是玻璃的，使光信号可以反射回去，沿着光纤传输；护套则由塑料组成，用于防止外界的伤害和干扰，如图 4.13 所示。

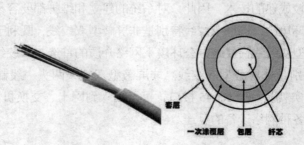

图4.13 光纤及其结构

光波由发光二极管或激光二极管产生，接收端使用光电二极管将光信号转为数据信号。光导纤维传输损耗小、频带宽、信号畸变小，传输距离几乎不受限制，且具有极强的抗电磁干扰能力，因此，光纤现在已经被广泛应用于各种网络的数据传输中。

按光在光纤中的传输模式，光纤可分为多模光纤和单模光纤。在纤芯内有多条不同角度的光线在传输，这种光纤叫做多模光纤。当光纤的直径非常小，小到接近一个光的波长时，光线就不会产生多次反射，而是沿着直线向前传输，这种光纤称为单模光纤。多模光纤和单模光纤分别如图4.14和图4.15所示。

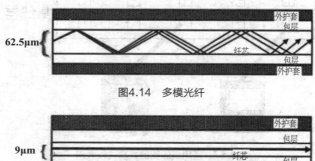

图4.14　多模光纤

图4.15　单模光纤

单模光纤中只传输一种模式的光，而多模光纤则同时传输多种模式的光。因此，与多模光纤相比，单模光纤模间色散较小，更适用于远距离传输。

4.3.3　集线器

集线器的主要功能是对接收到的信号进行再生整形放大，以扩大网络的传输距离，所以它具有在物理上扩展网络的功能，属于物理层设备，如图4.16所示。

图4.16　集线器

集线器可以把所有节点集中在以它为中心的节点上，它不具备任何智能功能，只是简单地把电信号放大，它发送数据没有针对性，采用广播方式发送，因此会将数据转发给所有端口，从而造成集线器连接的所有终端都在一个冲突域中。集线器一般只用于局域网，需要加电，可以把数个计算机用双绞线连接起来组成一个简单的网络，图4.17为利用集线器组建一个简单的星状共享式局域网。

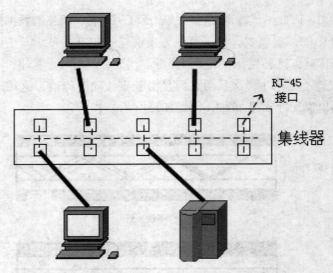

图4.17 适用集线器的共享式以太网

当一台计算机需要发送数据时，首先把需要传输的信息通过网卡转换成网线上传送的信号，并发至集线器，加电的集线器将这些信号放大，之后不经过任何处理就直接广播到集线器的所有端口。接收计算机从它连接集线器的端口接收信号，并通过它的网卡转换成数字信息，由此这个通信过程就完成了。在这个过程中，集线器只是完成简单的传送信号的任务，毫无智能而言，可以认为集线器只是用一根网线将所有的端口连接起来。

图4.16所示的集线器共有8个端口，无论哪个端口上接入计算机都可以接收并读取某计算机发送的信息，这样不能确保传输信息的安全性。由于集线器会将所有的数据包都向所有的端口发送，因此如果集线器端口较多且连接计算机较多，那么集线器的广播量会增大，整个网络的性能会变差，数据可能频繁地由于冲突而被拒绝发送。

集线器通常具有如下功能和特性。

（1）可以是星状以太网的中央节点，工作在物理层。

（2）对接收到的信号进行再生整形放大，以扩大此信号网络的传输距离。

（3）普遍采用RJ-45标准接口。

（4）以广播的方式传送数据。

（5）无过滤功能，无路径检测功能。

（6）不同速率的集线器不能级联。

（7）所连接的客户端都在一个冲突域中。

4.3.4 交换机

交换机（Switch）在外形上和集线器很相似，如图4.18所示，并且也应用于局域网，但是交换机属于数据链路层设备，它也采用CSMA/CD机制来检测及避免冲突，但与集线器不同的是，交换机各个端口会独立地进行冲突检测、发送和接收数据，互不干扰。所以交换机中的各个端口属于不同的冲突域。

图4.18 交换机

交换机具有智能和学习的能力。交换机接入网络后可以在短时间内学习掌握此网络的结构以及与它相连计算机的相关信息，并且可对接收到的数据进行过滤，然后将数据包送至与目的主机相连的接口。因此交换机比集线器传输速度更快，内部结构也更加复杂。

交换机通常具有如下功能和特性。

● 可以是星状以太网的中央节点，工作在数据链路层。

● 可以过滤接收到的信号，并把有效传输信息按照相关路径送至目的端口。

● 一般采用RJ-45标准接口。

● 参照每个计算机的接入位置，有目的地传送数据。

● 有过滤功能和路径检测功能。

● 不同类型的交换机和集线器可以相互级联。

● 所连接的客户端都在一个独自的冲突域中。

1. 交换机的分类

由于交换机具有很多优越性，所以它的应用和发展非常迅速，出现了各种类型的交换机，以满足各种不同应用环境需求。交换机通常可分为如下几类。

（1）以太网交换机。这种交换机用于宽带在100Mbit/s以下的局域网，具有应用广泛、价格低廉和种类齐全等特点。其通常采用的传输介质是双绞线、细同轴电缆和粗同轴电缆。该类交换机基本已经被淘汰。

（2）快速以太网交换机。这种交换机用于100Mbit/s快速以太网，其通常所采用的传输介质是双绞线。该类交换机广泛应用于接入层网络中。

（3）吉比特以太网交换机。这种交换机应用于1 000Mbit/s的吉比特以太网，所采用的传输介质有光纤和双绞线两种，它一般用于一个大型网络的骨干网络中。

（4）ATM交换机。ATM交换机主要用于ATM网络。ATM网络由于其独特的技术特性，现在还只是用于电信、邮政网的主干网络中，在普遍局域网中不用。它的传输介质一般采用光纤。

2. 交换机的MAC地址学习

为了转发报文，交换机需要维护MAC地址表，MAC地址表中的表项中包含了与本交换机相连的终端的MAC地址、本交换机连接主机的端口等信息。

在交换机刚启动时，它的MAC地址表中没有表项，如图4.19所示。此时如果交换机的某个端口收到数据帧，它会把数据帧从所有端口转发出去。这样，交换机就能够确保网络中其他所有的终端主机都能够收到此数据帧。但是，这种广播式转发的效率低下，占用了太多的网络带宽，并不是理想的转发模式。

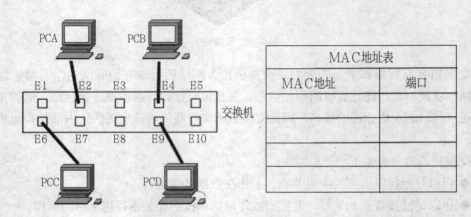

图4.19 MAC地址表初始状态

为了能够仅转发目标主机所需的数据，交换机就需要知道终端主机的位置，也就是主机连接在交换机的哪个端口上。这就需要交换机进行MAC地址表的正确学习。

交换机通过记录端口接收数据帧中的源MAC地址和端口的对应关系来进行MAC地址表的学习。

如图4.20所示，PCA发送数据帧，其源地址是自己的地址MAC_A，目的地址是PCD的地址MAC_D。交换机在端口E2收到数据帧后，查看其中的源MAC地址，并添加到MAC地址表中。形成一条MAC地址表项。因为MAC地址表中没有MAC_D的相关记录，所以交换机把此数据帧从所有其他端口发送出去。因此，3台主机都会收到此数据帧，并将提取目的MAC地址，与自己网卡的MAC地址进行比较，只有PCD地址相同，则PCD接收此数据帧，另外两台PCB和PCC地址不相同，则它们会丢弃此数据帧。

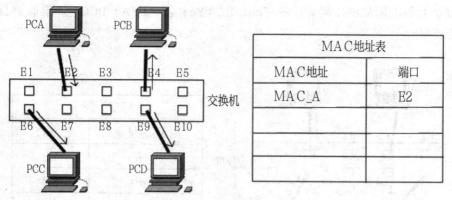

图4.20　PCA的MAC地址学习

交换机在学习MAC地址时，同时给每条表项设定一个老化时间，如果在老化时间到期之前一直没有刷新，则表项会被清空。交换机的MAC地址表的空间是有限的，设定表项老化时间有助于回收长久不用的MAC表项空间。

同样，当网络中其他PC发出数据帧时，交换机记录其中的源MAC地址，与接收到数据帧端口相关联起来，形成MAC地址表项，如图4.21所示。

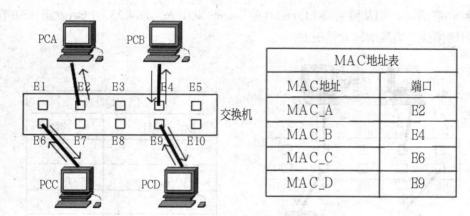

图4.21　其他PC的MAC地址学习

当网络中所有主机的MAC地址在交换机中都有记录后，意味着MAC地址学习完成，也可以说交换机知道了所有主机的位置。

3．交换机的数据帧的转发

MAC地址表学习完成后，交换机根据MAC地址表项进行数据帧的转发，在进行转发时，遵循以下规则。

（1）对于已知单播数据帧（即目的MAC地址在交换机MAC地址表中有相应表项），则从帧目的MAC地址相对应的端口转发出去。

如图4.22所示，PCB发出数据帧，其目的地址是PCD的地址MAC_D。交换机在端口E4收到数据帧后，检索MAC地址表项，发现目的MAC地址MAC_D所对应端口是

E9，就把此数据帧从E9中转发，不在端口E2和E6转发，PCA和PCC也不会收到目的到PCD的数据帧。

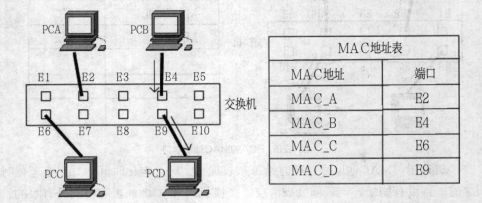

图4.22　已知单播数据帧的转发

（2）对于未知单播帧（即目的MAC地址在交换机MAC地址表中无相应表项）、组播帧和广播帧，则从除源端口外的其他端口转发出去。图4.23为PCA发送未知单播帧、组播帧或广播帧的转发情况。

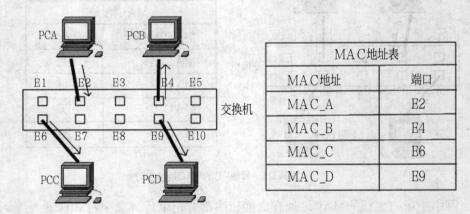

图4.23　未知单播、组播和广播数据帧的转发

4.4　局域网主要技术

目前常见的局域网技术包括以太网（Ethernet）、令牌环（Token Ring）、FDDI（Fiber Distributed Data Interf，光纤分布式数据接口）等，它们在拓扑结构、传输介质、传输速率、数据格式、控制机制等各方面都有很多不同。

随着以太网带宽的不断提高和可靠性的不断提升，令牌环和FDDI的优势不复存在，渐渐退出了局域网领域。以太网具有开发、简单、易于实现、易于部署的特性，已得到广泛应用，并迅速成为局域网中占统治地位的技术，另外，无线局域网技术的发展也非常迅速，已经进入大规模安装和普及阶段。

4.4.1 以太网系列

1. 标准以太网

以太网（Ethernet）是一种产生较早且使用相当广泛的局域网，由美国 Xerox（施乐）公司于 20世纪70 年代初期开始研究，1975年推出了它们的第一个局域网。由于它具有结构简单、工作可靠、易于扩展等优点，因而得到了广泛的应用。1980年美国 Xerox、DEC 与 Intel 这3家公司联合提出了以太网规范，这是世界上第一个局域网的技术标准。后来的以太网国际标准 IEEE 802.3就是参照以太网的技术标准建立的，两者基本兼容。为了与后来提出的快速以太网相区别，通常将按 IEEE 802.3规范生产的以太网产品简称为标准以太网。

标准以太网在物理层可以使用粗同轴电缆、细同轴电缆、非屏蔽双绞线、屏蔽双绞线、光纤等多种传输介质，并且在IEEE 802.3标准中，为不同的传输介质制定了不同的物理层标准。其中常用的标准有10BASE-5、10BASE-2和10BASE-T等。

（1）10BASE-5称为粗缆以太网，是一种总线结构的标准以太网。其中，"10"表示信号的传输速率为10Mbit/s，"BASE"表示信道上传输的是基带信号，"5"表示每段电缆的最大长度为500m。10BASE-5 采用曼彻斯特编码方式。采用直径为0.4 英寸，阻抗为50Ω粗同轴电缆（Thick Cable）作为传输介质，每隔一段可以设置一个收发器（Transceiver），网内的主机通过收发器与收发器相连，接入以太网。粗缆的抗干扰性较强，一根粗缆能够传输500m远的距离。但粗缆的连接和布设繁琐，不便于使用。

（2）10BASE-2 又称为细缆以太网，是一种总线结构的标准以太网。其中，"10"表示信号的传输速率为 10Mbit/s，"BASE"表示信道上传输的是基带信号，"2"表示每段电缆的最大长度接近200m。编码仍采用曼彻斯特编码方式。细缆以太网采用直径为0.2英寸，阻抗为 50Ω同轴电缆作为传输介质。然而在连接器作了进一步的改进，它使用连接更加可靠方便的BNC "T" 形连接器。BNC直接连接在计算机的网络接口卡上，不需要粗缆中的中间连接设备。

（3）10BASE-T是标准以太网中最常用的一种标准，"10"表示信号的传输速率为 10Mbit/s，"BASE"表示信道上传输的是基带信号，"T"是英文 Twisted-pair（双绞线电缆）的缩写，说明是使用双绞线电缆作为传输介质。编码也采用曼彻斯特编码方式。但其在网络拓扑结构上采用了以10M集线器或10M交换机为中心的星状拓扑结构。10BASE-T的组网由网卡、集线器、交换机、双绞线等设备组成。例如，可以建立一个以集线器为星状拓扑中央节点的10BASE-T网络，所有的工作站都通过传输介质连接到集线器上，工作站与集线器之间的双绞线最大距离为100m，网络扩展可以采用多个集线器来实现。

2. 快速以太网

标准以太网以10Mbit/s的速率传输数据，而随着以太网的广泛引用，10M速率已经不能使用大规模网络的应用，因此能否提供更高速率的传输成为以太网技术研究的一个新课题，快速以太网应运而生。快速以太网技术是由10BASE-T标准以太网发展而来，主要解决网络带宽在局域网络应用中的瓶颈问题。其协议标准为1995年颁布的IEEE 802.3u标准，其传输速率达到100Mbit/s，并且与10BASE-T一样可支持共享式与交换式两种使用环境，在交换式以太网环境中可以实现全双工通信。IEEE 802.3u 在 MAC子层仍采用CSMA/CD作为介质访问控制协议，并保留了IEEE 802.3的帧格式。但是，为了实现100M的传输速率，在物理层作了一些重要的改进。例如，在编码上，采用了效率更高的编码方式。标准以太网采用曼彻斯特编码，其优点是具有自带时钟特性，能够将数据和时钟编码在一起，但其编码效率只能达到1/2，即在具有20Mbit/s传送能力的介质中，只能传送10Mbit/s的信号。所以快速以太网没有采用曼彻斯特编码，而采用4B/5B编码。

100Mbit/s快速以太网标准可分为：100BASE-TX、100BASE-FX、100BASE-T4。

（1）100BASE-TX是一种使用5类数据级无屏蔽双绞线或屏蔽双绞线的快速以太网技术。它使用两对双绞线，一对用于发送，一对用于接收数据。在传输中使用4B/5B编码方式，信号频率为125MHz。符合EIA586的5类布线标准和IBM的SPT 1类布线标准。使用同10BASE-T相同的RJ-45连接器。它的最大网段长度为100m。它支持全双工的数据传输。

（2）100BASE-FX是一种使用光缆的快速以太网技术，可使用单模和多模光纤（62.5μm和125μm）多模光纤连接的最大距离为550m。单模光纤连接的最大距离为3 000m。在传输中使用4B／5B编码方式，信号频率为125MHz。它使用MIC／FDDI连接器、ST连接器或SC连接器。它的最大网段长度为150m、412m、2 000m或更长至10公里，这与所使用的光纤类型和工作模式有关，它支持全双工的数据传输。100BASE-FX特别适合有电气干扰的环境、较大距离连接或高保密环境等情况下使用。

（3）100BASE-T4是一种可使用3、4、5类无屏蔽双绞线或屏蔽双绞线的快速以太网技术。它使用4对双绞线，3对用于传送数据，1对用于检测冲突信号。在传输中使用8B/6T编码方式，信号频率为25MHz，符合EIA586结构化布线标准。它使用与10BASE T相同的RJ45连接器，最大网段长度为100m。

3. 吉比特以太网

网速为1Gbit/s的以太网称为吉比特以太网，吉比特以太网采用的标准是IEEE 802.3z，其要点如下。

（1）允许在全双工和半双工两种方式下工作。

（2）使用IEEE 802.3协议规定的帧格式。

（3）在半双工下使用CSMA/CD协议。

（4）与10BASE-T和100BASE-T兼容。

吉比特以太网在物理层共有如下两个标准。

（1）1000BASE-X（IEEE 802.3z 标准）是基于光纤通道的物理层。

（2）1000BASE-T（IEEE 802.3ab 标准）是使用 4对5类UTP，传送距离为100m。

4. 万兆以太网

网速为10 000Mbit/s的以太网称为万兆以太网。其标准是IEEE 802.3ae，其特点如下。

（1）与10Mbit/s、100Mbit/s、1Gbit/s 以太网的帧格式完全相同。

（2）只使用光纤作为传输媒体。

（3）只工作在全双工方式下。

4.4.2 令牌环网

令牌环网最早起源于IBM公司于1985年推出的环状基带网络。IEEE 802.5标准定义了令牌环网的国际规范。

令牌环网在物理层提供4Mbit/s和16Mbit/s两种传输速率；支持 STP/UTP双绞线和光纤作为传输介质，但较多的是采用STP，使用STP时计算机和集线器的最大距离可达100m；使用 UTP时这个距离为 45m。

令牌环网的拓扑结构如图4.24所示，并在这个网络有一种专门的帧称为"令牌"，在环路上持续地传输来确定一个节点何时可以发送数据包。有这个令牌的才能有权利传送数据，如果一个节点（计算机）接到令牌但是没有数据传送，则把令牌传送到下一个节点。每个节点能够保留令牌的时间是有限制的。如果节点确实有数据要发送，它则获得令牌，修改令牌中的一个标识位，把令牌作为一个帧的开始部分，然后把数据（和目的地址）放在令牌后面传送到下一个节点，下一个节点看到令牌上被标记的那一位就明白现在有人在用令牌，自己不能用。

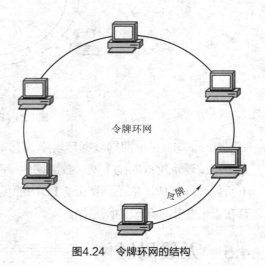

图4.24 令牌环网的结构

使用令牌使得有数据传送的节点在没有令牌时除了等待什么也不能做，这就避免了冲突。令牌带着数据在环网上传送，直到到达目的节点，目的节点发现目的地址和自已的地址相同，将把帧中的数据复制下来，并在数据帧上进行标记，说明此帧已经被读过了。这个令牌继续在网上传送，直到回到发送节点，发送节点删除数据，并检查相应的位，看数据是否被目的节点接收并复制。

与以太网不同，令牌环中的等待时间是有限的，而且是早已确定好的，这对于一些要求可靠性和需要保证响应时间的网络来说非常重要。

4.4.3 FDDI

光纤分布式数据接口（Fiber Distributed Data Interface，FDDI）是一个高性能的光纤令牌环网标准，该标准于1989年由美国国家标准局（ANSI）制定。FDDI 的 IEEE 协议标准为IEEE 802.7。FDDI 以光纤为传输介质，传输速率可达 100Mbit/s，采用单环和双环两种拓扑结构。但为了提高网的健壮性，大多采用双环结构，如图4.25所示。主环进行正常的数据传输，次环为备用环，一旦主环链路发生故障，则备用环的相应链路就代行其工作，这样就使FDDI具有较强的容错能力。

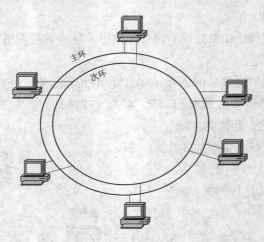

图4.25　FDDI网的结构

由于FDDI在早期局域网环境中具有宽带和可靠性优势，其主要应用于核心机房、办公室或建筑物群的主干网、校园网主干等。但随着以太网宽带的不断提高，可靠性的不断提升以及成本的不断降低，FDDI的优势已不复存在。FDDI的应用日渐减少，主要存在于一些早期建设的网络中。

4.5　无线局域网

传统局域网技术都要求用户通过特定的电缆和接头接入网络，无法满足日益增长的灵活性、移动性接入要求。无线局域网（Wireless Local Area Network，WLAN）是计算机网络与无线通信技术相结合的产物，使计算机与计算机、计算机与网络之间可以在一个特定范围内进行快速的无线通信。它利用电磁波在空气中发送和接收数据，无需线缆介质，具有传统局域网无法比拟的灵活性。无线局域网抗干扰性强、网络保密性好。对于有线局域网中的诸多安全问题，在无线局域网中基本上可以避免。而且相对于有线网络，无线局域网组建、配置和维护较为容易，一般计算机工作人员都可以胜任网络的管理工作。由于WLAN具有多方面的优点，其发展十分迅速，在最近几年里，WLAN已经在医院、商店、工厂和学校等不适合网络布线的场合得到了广泛的应用。

4.5.1 无线局域网络的构成

如图4.26所示，在WLAN网络中，工作站使用自带的WLAN网卡，通过电磁波连接到无线局域网接入点形成类似于星状的拓扑结构。

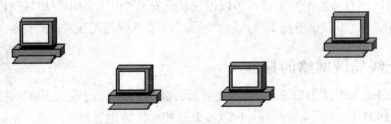

图4.26　无线局域网

（1）工作站。工作站（Station，STA）是一个配备了无线网络设备的网络节点。具有无线网卡的个人PC机称为无线客户端。无线客户端能够直接相互通信或通过无线访问点（Access Point，AP）进行通信。由于无线客户端采用了无线连接，因此具有可移动的功能。

（2）无线AP（无线接入点）。在典型的WLAN 环境中，主要有发送和接收数据的设备，称为接入点/热点/网络桥接器（Access Point，AP）。无线AP是在工作站和有线网络之间充当桥梁的无线网络节点，它的作用相当于原来的交换机或者是集线器，无线AP本身可以连接到其他的无线AP，但是最终还有要有一个无线设备接入有线网来实现互联网的接入。

无线AP类似于移动电话网络的基站。无线客户端通过无线AP同时与有线网络和其他无线客户端通信。无线AP是不可移动的，只用于充当扩展有线网络的外围桥梁。

4.5.2　无线局域网络的特点

1．灵活性和移动性

在有线网络中，网络设备的安放位置受网络位置的限制，而无线局域网在无线信号覆盖区域内的任何一个位置都可以接入网络。无线局域网另一个最大的优点在于其移动性，连接到无线局域网的用户可以移动且能同时与网络保持连接。

2．安装便捷

无线局域网可以免去或最大限度地减少网络布线的工作量，一般只要安装一个或多个接入点设备，就可建立覆盖整个区域的局域网络。

3．易于进行网络规划和调整

对于有线网络来说，办公地点或网络拓扑的改变通常意味着重新建网。重新布线是一个昂贵、费时、浪费和琐碎的过程，无线局域网可以避免或减少以上情况的发生。

4．故障定位容易

有线网络一旦出现物理故障，尤其是由于线路连接不良而造成的网络中断，往往很难查明，而且检修线路需要付出很大的代价。无线网络则很容易定位故障，只需更换故障设备即可恢复网络连接。

5．易于扩展

无线局域网有多种配置方式，可以很快从只有几个用户的小型局域网扩展到上千用户的大型网络，并且能够提供节点间"漫游"等有线网络无法实现的特性。

4.5.3　无线局域网络的标准

（1）IEEE 802.11是IEEE 802标准化委员会最初制定的一个无线局域网标准，IEEE 802.11是在1997年6月由大量的局域网以及计算机专家审定通过的标准，该标准定义物理层和媒体访问控制（MAC）规范。物理层定义了数据传输的信号特征和调制，定义了两个RF传输方法和一个红外线传输方法，RF传输标准是跳频扩频和直接序列扩频，工作在2.4000～2.4835GHz频段。IEEE 802.11标准主要用于解决办公室局域网和校园网中用户与用户终端的无线接入，业务主要限于数据访问，速率最高只能达到2Mbit/s。由于它在速率和传输距离上都不能满足人们的需要，所以IEEE 802.11标准被IEEE 802.11b取代了。

（2）1999年9月IEEE 802.11b被正式批准，该标准规定WLAN工作频段在2.4~2.4835GHz，数据传输速率达到11Mbit/s，传输距离可达到100m。该标准是对IEEE 802.11的一个补充，采用补偿编码键控调制方式，在数据传输速率方面可以根据实际情况在11Mbit/s、5.5Mbit/s、2Mbit/s、1Mbit/s的不同速率间自动切换，它改变了WLAN设计状况，扩大了WLAN的应用领域。IEEE 802.11b已成为当前主流的WLAN标准，被多数厂商所采用，所推出的产品广泛应用于办公室、家庭、宾馆、车站、机场等众多场合。

（3）1999年，IEEE 802.11a标准制定完成，该标准规定WLAN工作频段在5.15~5.825GHz，数据传输速率达到54Mbit/s，传输距离可达100m。该标准也是IEEE 802.11的一个补充，扩充了标准的物理层，采用正交频分复用（OFDM）的独特扩频技术，采用QFSK调制方式，可提供25Mbit/s的无线ATM接口和10Mbit/s的以太网无线帧结构接口，支持多种业务如话音、数据和图像等。

（4）2003年7月IEEE推出了IEEE 802.11g标准，与802.11a标准和802.11b标准相兼容，其载波的频率为2.4GHz（跟802.11b相同），传送速度为54Mbit/s，传输距离可达300m。802.11g是为了提高传输速率而制定的标准，它采用2.4GHz频段，使用CCK技术和OFDM技术以支持高达54Mbit/s的数据流，所提供的带宽是802.11a的1.5倍。

（5）2004年1月IEEE推出新的802.11n标准。新兴的 802.11n 标准具有高达 300 Mbit/s 的速率，传输距离可达在几公里，是下一代的无线网络技术，它可提供支持对带宽最为敏感的应用所需的速率。802.11n 结合了多种技术，其中包括空间多路复用多入多出技术和信道双频（2.4 GHz 和5 GHz）复合技术，以便形成很高的速率，同时又能与以前的 IEEE 802.11b/g 设备通信。

4.6 虚拟局域网

4.6.1 虚拟局域网概述

随着以太网技术的普及，以太网的规模也越来越大，从小型的办公环境到大型的园区网络，网络管理变得越来越复杂。首先，在采用共享介质的以太网中，所有节点位于同一冲突域中，同时也位于同一广播域中，即一个节点向网络中某些节点的广播会被网络中所有的节点所接收，造成很大的带宽资源和主机处理能力的浪费。为了解决传统以太网的冲突域问题，采用交换机对网段进行逻辑划分。但是，交换机虽然能解决冲突域问题，却不能克服广播域问题。例如，一个ARP广播就会被交换机转发到与其相连的所有网段中，当网络上在有大量这样的存在时，不仅是对带宽的浪费，还会因过量的广播产生广播风暴，当交换网络规模增加时，网络广播风暴问题还会更加严重，并可能因此导致网络瘫痪。再则，在传统的以太网中，同一个物理网段中的节点也就是一个逻辑工作组，不同物理网段中的节点是不能直接相互通信的。这样，当用户由于某种原因在网络中移动但同时还要继续原来的逻辑工作组时，就必然会需要进行新的网络连接乃至重新布线。

为了解决上述问题，虚拟局域网（Virtual Local Area Network，VLAN）应运而生。VLAN是以局域网交换机为基础，通过交换机软件实现根据功能、部门、应用等因素将设备或用户组成虚拟工作组或逻辑网段的技术，其最大的特点是在组成逻辑网时无须考虑用户或设备在网络中的物理位置。VLAN 可以在一个交换机或者跨交换机实现。

如图4.27所示，给出一个关于 VLAN 划分的示例。应用 VLAN 技术将位于不同物理位置、连在不同交换机端口的节点纳入了同一 VLAN 中。经过这样的划分，位于不同物理网段中但属于相同VLAN中的节点之间能直接相互通信，如图4.27中的主机1和主机2及主机3，因为它们都在VLAN1中；而位于同一物理网段但不同VLAN中的节点却不可以直接相互通信，如图4.27中的主机1、主机4和主机7，因为它们分别在VLAN1、VLAN2和VLAN3中。

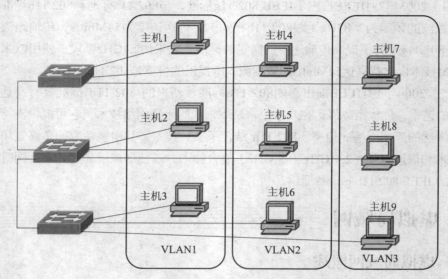

图4.27 VLAN示例

4.6.2 VLAN的优点

采用VLAN后，在不增加设备投资的前提下，可在许多方面提高网络的性能，并简化网络的管理。具体表现在如下方面。

1. 防范广播风暴

限制网络上的广播，将网络划分为多个VLAN可减少参与广播风暴的设备数量。LAN分段可以防止广播风暴波及整个网络。VLAN可以提供建立防火墙的机制，防止交换网络的过量广播。使用VLAN，可以将某个交换端口或用户赋予某一个特定的VLAN组，该VLAN组可以在一个交换网中或跨接多个交换机，在一个VLAN中的广播不会送到VLAN之外。同样，相邻的端口不会收到其他VLAN产生的广播。这样可以减少广播流量，释放带宽给用户应用，减少广播的产生。

2. 增强局域网的安全性

含有敏感数据的用户组可与网络的其余部分隔离，从而降低泄露机密信息的可能性。不同VLAN内的报文在传输时是相互隔离的，即一个VLAN内的用户不能和其他VLAN内的用户直接通信，如果不同VLAN要进行通信，则需要通过路由器或三层交换机等三层设备。

3. 降低成本

成本高昂的网络升级需求减少，现有带宽和上行链路的利用率更高，因此可节约成本。

4. 简化项目管理或应用管理

VLAN将用户和网络设备聚合到一起，以支持商业需求或地域上的需求。通过职能划分，项目管理或特殊应用的处理都变得十分方便，例如，可以轻松管理教师的电子教学开发平台。此外，也很容易确定升级网络服务的影响范围。

5. 增加了网络连接的灵活性

借助VLAN技术，能将不同地点、不同网络、不同用户组合在一起，形成一个虚拟的网络环境，就像使用本地LAN一样方便、灵活、有效。VLAN可以降低移动或变更工作站地理位置的管理费用，特别是一些业务情况有经常性变动的公司使用了VLAN后，管理费用会大大降低。

4.6.3　VLAN的划分

1. 根据端口划分VLAN

许多VLAN厂商都利用交换机的端口来划分VLAN成员。被设定的端口都在同一个广播域中。例如，一个交换机的1、2、3、4、5端口被定义为虚拟网VLAN10，同一交换机的6、7、8端口组成虚拟网VLAN20。这样使得属于相同VLAN的各端口之间能够通信，但这种划分模式将虚拟网限制在一台交换机上。

第二代端口VLAN技术允许跨越多个交换机的多个不同端口划分VLAN，不同交换机上的若干个端口可以组成同一个虚拟网。

以交换机端口来划分网络成员，其配置过程简单明了。因此，从目前来看，这种根据端口来划分VLAN的方式仍然是最常用的一种方式。

2. 根据MAC地址划分VLAN

这种划分VLAN的方法是根据每个主机的MAC地址来划分，即对每个MAC地址的主机都配置它属于哪个组。这种划分VLAN方法的最大优点就是当用户物理位置移动时，即从一个交换机换到其他的交换机时，VLAN不用重新配置，所以，可以认为这种根据MAC地址的划分方法是基于用户的VLAN，这种方法的缺点是初始化时，所有的用户都必须进行配置，如果有几百个甚至上千个用户的话，配置是非常费时的。而且这种划分的方法也导致了交换机执行效率的降低，因为在每一个交换机的端口都可能存在很多个VLAN组的成员，这样就无法限制广播包了。

3. 根据网络层地址划分VLAN

这种划分VLAN的方法是根据每个主机的网络层地址或协议类型（如果支持多协议）划分的，虽然这种划分方法的依据是网络地址，如IP地址，但它不是路由，与网络层的路由毫无关系。

这种方法的优点是用户的物理位置改变了，但网络层地址没有变化，则不需要重新配置所属的VLAN，而且可以根据协议来划分VLAN，这对网络管理者来说很重要。还有，这种方法不需要附加的帧标签来识别VLAN，可以减少网络的通信量。

这种方法的缺点是效率低，因为检查每一个数据包的网络层地址是需要消耗处理时间的（相对于前面两种方法），一般的交换机芯片都可以自动检查网络上数据包的以太网帧头，但要让芯片能检查IP帧头，需要更高的技术，同时也更费时。

4. 根据网络协议划分VLAN

VLAN按网络层协议来划分，可分为IP、IPX等VLAN网络。这种按网络层协议来组成的VLAN，可使广播域跨越多个VLAN交换机。这对于希望针对具体应用和服务来组织用户的网络管理员来说是非常具有吸引力的，而且，用户可以在网络内部自由移动，但其VLAN成员身份仍然保持不变。

本章小结

通过本章的学习，认识了局域网具有传输范围小、速度快和误码率低等特点；了解常见的局域网拓扑结构有总线型、星状和环状；掌握局域网在传输数据时，为避免冲突，常采用CSMA/CD和令牌环技术的原理；能够在组建局域网时，选用相应的网络设备和介质；了解了常用的局域网可以采用的技术以及无线局域网技术；为避免局域网的一些缺陷，掌握广泛采用的虚拟局域网（VLAN）技术。

实训1　非屏蔽双绞线的制作

1．实训目的

（1）认识非屏蔽双绞线（UTP）电缆、RJ-45接口（水晶头）、压线钳、电缆测试仪。

（2）掌握制作EIA/TIA 568A和EIA/TIA 568B两种标准的RJ-45接口。

（3）掌握电缆测试仪的使用方法。

（4）掌握UTP电缆作为传输介质的连接方法。

2．相关知识

（1）RJ-45接口。将RJ-45接口的口朝向自己，有针脚（铜片）的一面朝外和朝上，塑料弹片朝下，从左往右针脚的编号依次为1、2、3、4、5、6、7、8，如图4.28所示。

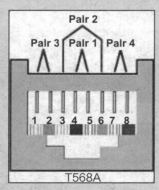

图4.28　RJ-45接口

（2）非屏蔽双绞线标准。

568A 线序：

1	2	3	4	5	6	7	8
绿白	绿	橙白	蓝	蓝白	橙	棕白	棕

568B 线序：

1	2	3	4	5	6	7	8
橙白	橙	绿白	蓝	蓝白	绿	棕白	棕

．两种标准的区别在于：1、3号线对换，2、6号线对换。

（3）直通线和交叉线。直通线：特点是 UTP 电缆两端的 RJ-45接口的制作标准一致，或者皆为 568A，或者皆为 568B，现在网络工程上一般采用两端都是 568B 标准；一般用于连接计算机与网络互连设备（如集线器、交换机、路由器等）。

交叉线：特点是 UTP 电缆一端采用568A标准制作连接器，另一端采用568B标准制作连接器；一般用于两台计算机（即两块网卡）之间的直接连接，不必经过集线器或交换机。

3. 实训环境

UTP 电缆、RJ-45 接口、压线钳、电缆测试仪。

4. 实训步骤

（1）认识压线钳。压线钳一侧有刀片处为剪线刀口，用于剪断 UTP 电缆和修剪不齐的双绞线；两侧有刀片处为剥线刀口，用于剥去 UTP 电缆外层绝缘套；一侧有8个牙齿，另一侧有槽处为 RJ-45 压槽，用于将 RJ-45 连接器上的针脚轧入双绞线上，如图4.29所示。

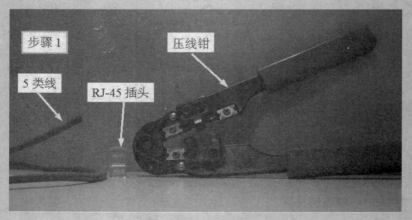

图4.29　压线钳

（2）剥线。将UTP 电缆一端插入压线钳的剥线刀口，轻微握紧压线钳慢慢转动，使刀口划开外层绝缘套并剥去，露出 UTP 电缆中的4对双绞线。具体如图4.30~图4.32所示。

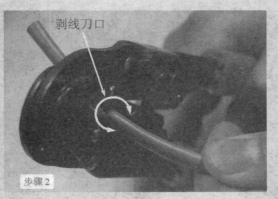

剥线刀口

步骤 2

图4.30 剥线

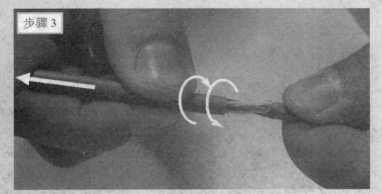

步骤 3

图4.31 去掉绝缘套

步骤 4

图4.32 UTP 电缆中的4对双绞线

（3）排线。将4对双绞线扭开，拉直，按照一种标准排好线序，用压线钳的剪线刀口将8根双绞线剪齐（不绞合电缆长度最大为1.2cm）。具体如图4.33～图4.35所示。

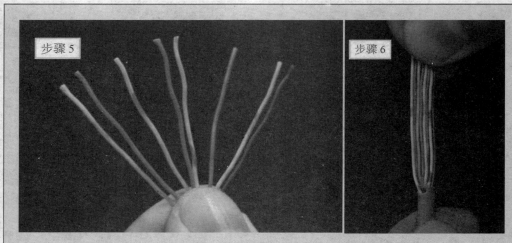

图4.33 扭开、拉直、排序

剪线刀口

图4.34 剪齐

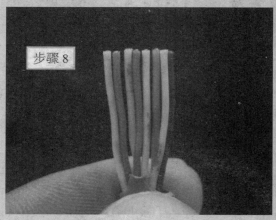

图4.35 剪齐后

（4）插入RJ-45接口。将排好线序的双绞线平插入RJ-45接口中，直到所有双绞线都接触到 RJ-45接口的另一端，如图4.36所示。

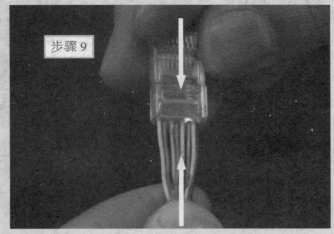

图4.36　插入RJ-45 接口

（5）压线。确认所有双绞线顺序无误并且都已到位后，将 RJ-45接口从无牙齿的一侧推入压线钳的 RJ-45压槽中，然后用力压紧，使RJ-45接口的8根针脚嵌入到双绞线中并与其内部的铜芯紧密接触。具体如图4.37和图4.38所示。

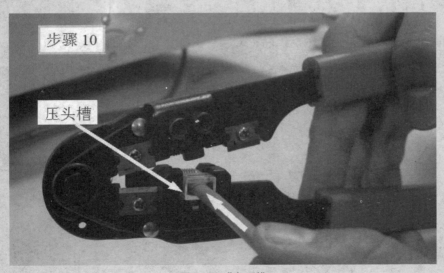

图4.37　准备压线

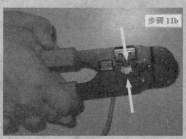

图4.38 压线

（6）测试。将制作完毕UTP电缆两端的RJ-45接口分别插入电缆测试仪的两个接口中，开启电缆测试仪。如果是直通线，所有对应号数的灯分别同时亮，则表明RJ-45接口制作成功。如果是交叉线，交叉的1、3号灯和2、6号灯分别对应同时亮，其他所有对应号数的灯也分别同时亮，则表明RJ-45接口制作成功。

5. 实训思考

（1）UTP的中文含义为（　　）。

（2）两种压线规范。

线序　左）1　2　3　4　5　6　7　8（右

568A ＿＿＿ ＿＿＿ ＿＿＿ ＿＿＿ ＿＿＿ ＿＿＿ ＿＿＿ ＿＿＿

568B ＿＿＿ ＿＿＿ ＿＿＿ ＿＿＿ ＿＿＿ ＿＿＿ ＿＿＿ ＿＿＿

（3）两类线的名称。

A端　　　　　B端

交叉线　（568A）——（　　　）

直通线　（568A）——（　　　）

或是（568B）——（　　　）

（4）两类线（交叉线、直通线）的用处。

集线器之间的级联。

uplink——普通口　用（　　　）线。

普通口——普通口　用（　　　）线。

计算机之间的双机通信　用（　　　）线。

计算机与集线器的连接　用（　　　）线。

（5）计算机机房里用得最多的是（　　　）线。

实训2 交换机的基本配置

1. 实训目的

（1）交换机的基本信息查看，运行状态检查。

（2）设置交换机的基本信息，如交换机命名、接口速率。

2. 实训环境

Windows Server 2008计算机单机，Cisco Packet Tracer 5.0模拟软件。

3. 实训内容

在PC机上使用超级终端（Hyper Terminal）建立终端仿真会话，通过控制台线缆配置交换机；交换机的基本配置。

（1）添加一个交换机先对交换机进行口令和设备名设置。

双击SwitchA，进入终端配置。

```
Switch>
Switch>enable                                  进入系统视图
Switch#                                        系统视图
Switch#configure terminal                      进入系统配置视图
Switch（config）#
Switch（config）#hostname swithB               交换机命名
swithB（config）#
swithB（config）#exit                          退出当前视图
swithB#
swithB#show running-config                     查看当前配置信息
```

（2）设置端口工作模式。

```
swithB#configure terminal
swithB（config）#interface fastEthernet 0/1    进入接口视图
swithB（config-if）#
swithB（config-if）#duplex {half|full|auto}    配置端口工作模式
情况实录：
swithB（config-if）#speed {10|100|auto}        配置端口工作速率
情况实录：
```

（3）添加两台计算机，一台交换机，分别两台计算机设置IP地址和子网掩码，如图4.39和图4.40所示。

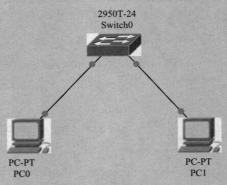

图4.39 拓扑连接

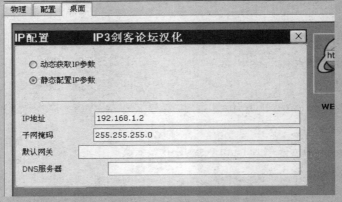

图4.40 主机IP地址配置

（4）测试计算机的连通性。使用ping命令对两台计算机测试连通性。

4．实训思考

（1）学会查看交换机的基本信息，检查运行状态。（　　　）

（2）学会交换机信息的基本设置，如交换机命名。（　　　）

实训3·配置VLAN

1. 实训目的

（1）通过组装交换式以太网，了解VLAN的特性。

（2）初步掌握配置VLAN的方法。

（3）掌握VLAN及其连通性测试方法。

2. 实训环境

Windows Server 2008计算机，Cisco Packet Tracer 5.0模拟软件。

3. 实训内容

利用模拟软件，组装交换式以太网、建立和删除VLAN。

（1）规划网络结构。

①在模拟软件中添加两台交换机、4台计算机，如图4.41所示。

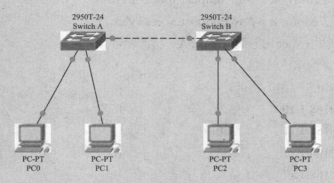

图4.41　拓扑连接

②两台交换机通过SwitchA的FastEthernet0/1端口与SwitchB的FastEthernet0/1端口级连在一起。

③PC0连在SwitchA的FastEthernet0/7端口上，IP地址为192.168.1.10，子网掩码设为255.255.255.0。

PC1连在SwitchA的FastEthernet0/8端口上，IP地址为192.168.1.11，子网掩码设为255.255.255.0。

PC2连在SwitchB的FastEthernet0/7端口上，IP地址为192.168.1.12，子网掩码设为255.255.255.0。

PC3连在SwitchB的FastEthernet0/8端口上，IP地址为192.168.1.13，子网掩码设为255.255.255.0。组成简单的交换式以太网。

（2）配置VLAN。

①对交换机SwitchA进行如下配置。

SwitchA#configure terminal 　　　　　　　　　进入系统配置视图

SwitchA（config）#vlan 2   创建VLAN 2

SwitchA（config-vlan）#exit

SwitchA（config）#

switchA（config）#interface fastethernet0/7   进入端口配置模式

switchA（config-if）#switchport mode access   配置端口为access模式

switchA（config-if）#switchport access vlan 2   把端口划分到VLAN2中

switchA（config-if）#exit

SwitchA（config）#vlan 3   创建VLAN 3

SwitchA（config-vlan）#exit

switchA（config）#interface fastethernet0/8

switchA（config-if）#switchport mode access

switchA（config-if）#switchport access vlan 3

②对交换机SwitchB进行如SwitchA一样的配置。

（3）测试网络连通性。

对主机PC0进行如下测试。

ping 192.168.1.10   （结果：   原因：   ）

ping 192.168.1.11   （结果：   原因：   ）

ping 192.168.1.12   （结果：   原因：   ）

ping 192.168.1.13   （结果：   原因：   ）

（4）设置trunk——为了实现两台交换机的级联。

①将SwitchA的interface fastethernet0/1设置为trunk。

SwitchA（config）#int f0/1   进入级联端口

SwitchA（config-if）#switchport mode trunk   修改为trunk模式

SwitchA（config-if）#switchport trunk allowed vlan all 允许所有VLAN通过

②将SwitchB的interface fastethernet0/1设置为trunk。

其配置和SwitchA一样。

③测试网络的连通性。

对主机PC0进行如下测试。

ping 192.168.1.11   （结果：   原因：   ）

ping 192.168.1.12   （结果：   原因：   ）

ping 192.168.1.13   （结果：   原因：   ）

4. 实训思考

（1）能够熟练使用模拟软件。

（2）组装交换式以太网。

（3）建立和删除VLAN。

习 题

1．填空题

（1）_____ 成为现行的以太网标准，并成为TCP/IP体系结构的一部分。

（2）常见的局域网的拓扑结构有_____、_____和_____等。

（3）集线器属于_____层设备，交换机属于_____层设备，路由器属于_____层设备。

（4）568B线序的布线排列从左到右依次为：_____、_____、_____、_____、_____、_____、_____、_____。

（5）局域网中的数据链路层可细分为_____子层和_____子层。

（6）IEEE 802.3协议主要描述_____技术，IEEE 802.4协议主要描述_____技术，IEEE 802.5协议主要描述_____技术，IEEE 802.11协议主要描述_____技术。

（7）VLAN可根据_____、_____和_____进行划分。

（8）WLAN通过_____技术来实现数据传输。

（9）IEEE 802.11a定义WLAN工作于_____频率，带宽为_____；IEEE 802.11b定义WLAN工作于_____频率，带宽为_____；IEEE 802.11g定义WLAN工作于_____频率，带宽为_____。

2．简答题

（1）简述CSMA/CD技术的工作原理。

（2）交换机是怎样工作的？

（3）虚拟局域网相对于局域网有哪些优势？

（4）请仔细观察和询问学校机房或者所在的寝室楼的计算机网络拓扑结构，并绘制出来。

PART 5

第5章
网络互连技术

学习目标

- 了解IP地址的分类及功能
- 能够自由地划分子网
- 了解常见的网络层协议及其功能
- 认识基本路由器的特点和参数
- 掌握路由的基本原理
- 掌握静态路由与动态路由
- 理解路由信息协议（RIP），掌握开放式最短路径优先协议（OSPF）

5.1　网络层概述

无论在OSI参考模型还是在TCP/IP体系结构中，网络层是最核心的一层，网络层的主要功能是根据路由信息完成数据报文的转发。路由就是指报文发送的路径信息。网络层检查网络拓扑，以决定传输报文的最佳路由，找到数据包应该转发的下一个网络设备，然后利用网络层协议封装数据报文，再利用下层提供的服务把数据转发到下一个网络设备。

运行在网络层的协议主要如下。

● IP（Internet Protocol）。网际协议，负责网络层寻址、路由选择、分段及包重组。

● ARP（Address Resolution Protocol）。地址解析协议，负责把网络层地址解析成物理地址，比如MAC地址。

● RARP（Reverse ARP）。逆向地址解析协议，负责把硬件地址解析成网络层地址。

● ICMP（Internet Control Message Protocol）。Internet控制消息协议，负责提供诊断功能，报告由于IP数据包投递失败而导致的错误。

● IGMP（Internet Group Management Protocol）。Internet组管理协议，负责管理IP组播组。

5.2　IP及IP地址

5.2.1　IP及IP数据报

1. IP

IP又称Internet协议（Internet Protocol）是一个网络层可路由协议，它包含寻址信息和控制信息，可使数据包在网络中路由。IP是TCP/IP协议族中的主要网络层协议，与TCP结合组成整个互联网协议的核心协议，所有的TCP、UDP和ICMP等数据包都要最终封装在IP报文中传输。IP应用于局域网和广域网通信。

IP有两个基本任务：提供无连接的和最有效的数据包传送；提供数据包的分片与重组用来支持不同最大传输单元大小的数据连接。对于互联网络中IP数据报的路由选择处理，有一套完善的IP寻址方式。每一个IP地址都有其特定的组成但同时遵循基本格式。IP地址可以进行细分并可用于建立子网地址。TCP/IP 网络中的每台计算机都被分配了一个唯一的32位逻辑地址，这个地址分为两个主要部分：网络号和主机号。网络号用以确认网络，如果该网络是Internet的一部分，其网络号必须由InterNIC统一分配。一个网络服务器供应商（ISP）可以从InterNIC那里获得一块网络地址，按照需要自己分配地址空间。主机号确认网络中的主机，它由本地网络管理员分配。

当发送或接收数据时（如一封电子信函或网页），消息分成若干个块，也称之为"包"。每个包既包含发送者的网络地址又包含接受者的地址。由于消息被划分为大量的包, 若需要, 每个包都可以通过不同的网络路径发送出去。包到达时的顺序不一定和发送顺序相同, IP只用于发送包, 而TCP负责将其按正确顺序排列。

2. IP数据报的格式

一个IP数据报由一个头部和上一层数据组成。头部由一个20字节固定长度部分和一个可选任意长度部分组成。IPv4的IP数据报格式如图5.1所示。

版本（4）　　　首部长度（4）　　　优先级和服务类型（8）	总长度（16）
标识（16）	标志（3）
生存时间TTL（8）　　　协议（8）	首部校验和（16）
源IP地址（32）	
目的IP地址（32）	
选项（0或32）	
数据（可变）	

图5.1　IP数据报格式

IP数据报首部的固定部分中的各字段含义如下。

（1）版本, 占4位, 指IP协议的版本。通信双方使用的IP的版本必须一致。目前广泛使用的IP协议版本号为4（即IPv4）。

（2）首部长度, 占4位, 可表示的最大数据值是15个单位（一个单位4字节）, 因此IP的首部长度的最大值是60字节。当IP分组的首部长度不是4字节的整数倍时, 必须利用最后的一个填充字段加以填充。因此数据部分永远在4字节的整数倍时开始。最常用的首部长度就是20字节, 即在不使用任何选项时得到。

（3）服务类型, 占8位, 用来获得更好的服务、优先级、可靠性、时延等。在相当一段时期内并没有什么人使用服务类型, 直到多媒体信息在网上传送时, 服务类型字段才重新引起大家的重视。

（4）总长度, 总长度指首部与数据之和的长度, 单位为字节, 总长度为16位, 因此数据报的最大长度为65 535字节（64KB）。当数据报长度超过网络所容许的最大传输单元（MTU）时, 就必须将过长的数据报进行分片后才能在网络上传送。

（5）标识, 占16位, 它是一个计数器, 用来产生数据报的标识。

（6）标志, 占3位。目前只有前两个比特有意义, 表示后面是否有分片或能否分片。

（7）片偏移, 指出了某片在原分组中的相对位置。

（8）生存时间, 记为 TTL（Time To Live）, 即数据报在网络中的寿命, 其单位为秒。

（9）协议，占8位。协议字段指出此数据报携带的数据是使用何种协议，以便使目的主机的IP层知道应将数据部分交给哪个处理过程。

（10）首部校验和字段，只检验数据报的首部，不包括数据部分。

（11）源地址，占4字节。

（12）目的地址，占4字节。

（13）选项，选项字段用来支持排错、测量及安全等措施，长度可变，很少使用。

5.2.2 IP地址概述

在互联网中使用TCP/IP的每台设备，它们都有一个物理地址就是MAC地址，这个地址是固化在网卡中并且是全球唯一的，可以用来区分每一个设备，但同时也有一个或者是多个逻辑地址，就是IP地址，这个地址是可以修改变动的，并且这个地址却不一定是全球唯一的，但是它在当今互联网的通信中占了举足轻重地位。

如果在同一个局域网中，若有数据发送时，可以直接查找对方的MAC地址，并使用MAC地址进行数据传送，但是如果不在同一个局域中要想在全球的互联网当中，使用MAC地址找出要传送的目的主机，将非常困难，即使能够找到也将会花费大量的时间与带宽，所以这时就要使用到IP地址，IP地址的特点是具有层次结构，利用它的层次结构的特点，实现在特定的范围内寻找特定目的主机，比如只查找中国特定的省份的特定市，甚至是特定市特定单位的主机地址，这样就大大提高了寻址效率。

5.2.3 IP地址的结构及表示方法

1. IP地址的结构

IP地址目前使用的两个版本，一个是IPv4，另一个是IPv6，首先介绍IPv4。

IPv4地址由32位二进制数组成，每个IP地址又分为两部分，分别是网络号与主机号，如图5.2所示。

网络号	主机号

图5.2 IP地址的结构

网络号（称网络ID，也称网络地址），用来区分TCP/IP网络中的特定网络，在这个网络中所有的主机拥有相同的网络号。

主机号（又称主机ID，也有称主机地址），用来区分特定网络中特定的主机，在同一个网络中所有的主机号必须唯一。

2. IP地址的表示方法

在计算机内所有的信息都是采用二进制数表示，IP地址也不例外。IP地址的32位二进制数难以记忆，所以人们通常把它分成四段，每段8个二进制数，每段分别用十进制表示，这样记起来就容易多了，如图5.3所示。

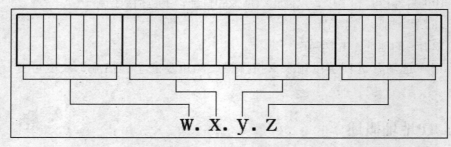

图5.3　IP地址的结构

例如，有如下二进制IP地址。

10101100 00010000 00010001 00010010

用十进制表示为172.16.17.18。

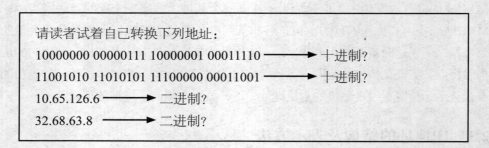

5.2.4　IP地址的分类

IP地址采用32个二进制表示，为了更好地管理和使用IP地址资源，InterNIC将IP地址资源划分为5类，分别为A类、B类、C类、D类和E类，每一类地址定义了网络数量，也就是定义了网络号占用的位数和主机号占用的位数，从而确定了每个网络中能容纳的主机数量，下面详细介绍各类地址。

1. A类

A类IP地址的最高位固定为"0"，接下来的7位表示可变网络号，其余的24位作为主机号（见图5.4），所以A类的网络第一字节可变地址范围为00000001 ~ 01111110，用十进制表示就是1 ~ 126（0和127留作别用），A类共有$2^7-2=126$个网络，每个网络会有$2^{24}-2=16\,777\,214$个主机，适合分配给大型网络。

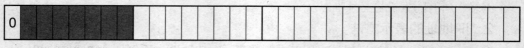

7位可变网络号　　　　　　　　　24位主机号

图5.4　A类地址

2. B类

B类IP地址的前两位固定为"10"，接下来的14位表示可变网络号，其余的16位作为主机号（见图5.5），所以B类网络第一字节可变地址范围为10000000～10111111，用十进制表示就是128～191，B类共有2^{14}=16 384个网络，每个网络会有2^{16}-2=65 534台主机，适合分配给中型网络。

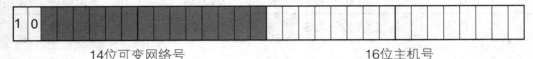

14位可变网络号　　　　　　　　　　　　16位主机号

图5.5　B类地址

3. C类

C类IP地址的前三位固定为"110"，接下来的21位表示可变网络号，其余的8位作为主机号（见图5.6），所以C类网络第一字节可变地址范围为11000000～11011111，用十进制表示就是192～223，C类共有2^{21}=2 097 152个网络，每个网络会有2^8-2=254台主机，比较适合小型的网络。

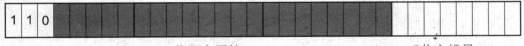

21位可变网络　　　　　　　　　　　　8位主机号

图5.6　C类地址

4. D类

D类IP地址的前四位固定为"1110"，凡以此数开头的地址就被视为D类地址，这类地址只用来进行组播。利用组播地址可以把数据把发送到特定的多个主机。当然发送组播需要特殊的路由配置，在默认情况下，它不会转发。D类地址如图5.7所示。

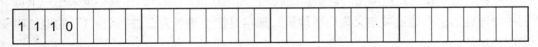

图5.7　D类地址

5. E类

E类IP地址的前四位固定为"1111"，也就是在240～254，凡以此类数开头的地址就被视为E类地址。E类地址不是用来分配用户使用，只是用来进行实验和科学研究。E类地址如图5.8所示。

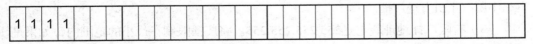

图5.8　E类地址

表5.1列出了IPv4地址范围和格式，这里重点关注A类、B类和C类地址。

表5.1　IP地址的范围和格式

类别	地址范围	主机数量	适合网络规模
A	1～126	16 777 214	大型网络
B	128～191	65 534	中型网络
C	192～223	254	小型网络

5.2.5　特殊的IP地址

在互联网中出于特殊需要，也就产生了一些特殊的地址，如网络地址、广播地址、回环测试地址等。

（1）网络地址。一个有效的不变的网络号和一个二进制全"0"的主机号。在互联网中会常常使用网络地址，网络地址标识在同一个物理网络上的所有主机。IP地址方案规划中规定，一个IP地址中所有的主机号为零，那么这个地址就称为本网络中的网络地址。比如，IP地址为：

110. 8. 8. 8

那么它的网络地址是：

110. 0. 0. 0（这个地址代表着所有第一字节以110开头的主机）

另外，还有一种特殊的网络地址，就是所有二进制位都为0（0.0.0.0），这样的地址它也是网络地址，它所代表的是全网，在路由器中代表默认路由，本章后面会做介绍。

（2）直接广播地址。一个有效的不变的网络号和一个二进制全"1"的主机号。广播就是向有效范围内的所有用户发送信息的地址，可以把它认定为最大的组播范围。它主要就是为了使一定范围内的设备都能收到一个相同的广播，因而就必须采用一个特别的IP地址，这个地址被定义为广播地址，通常是把主机号为二进制全"1"的地址叫做广播地址。

比如，IP地址是：

110. 8. 8. 8

那么它的广播地址就是：

110. 255. 255. 255

如果发送的数据包的目的地址是110. 255. 255. 255的话，代表着向以110开头的网络中所有主机发送广播。

（3）有限广播地址。它是255.255.255.255。将广播限制在最小的范围内，如果是标准的IP编址，广播将被限制在本网络之中；如果是子网编址，广播被限制在本子网之中。发送有限广播前不需要知道网络号。

（4）回环测试地址。前面讨论的IP地址分类中少了127开头的地址，这类地址就是为了回环测试使用的地址，比如：

127.0.0.1

这样的地址发送出去的数据不会发送到交换机，更不会发送到互联网，只会在本机内部传送，适合网络编程开发人员使用，当然用来测试网络程序也十分方便。

（5）私有地址。私有地址（Private address）属于非注册地址，专门供组织机构内部使用，如学校的机房里、企业内部网络等。这些地址不能存在于互联网上，但可以在被各地组织机构在内部通信中重复使用，这样可以有效地节约公网地址。私有地址包括：

A类：10.0.0.0～10.255.255.255　　（1个A类地址）

B类：172.16.0.0～172.31.255.255　（16个B类地址）

C类：192.168.0.0～192.168.255.255（256个C类地址）

当网络中的DHCP服务器（自动给主机分配IP地址的服务器，在后面章节详细介绍）有故障或者地址分配完时，或者DHCP客户机联系不上DHCP服务器时，DHCP客户机会自动使用一个169.254.0.1～169.254.255. 254的地址中选择一个地址配置给网卡，这类地址即称为"Microsoft自动私有地址"。

5.2.6　子网的划分

为什么还要对网络进行子网划分呢？这是因为在当今巨大的互联网中，出于网络安全、地址充分使用等原因需要对原来的IP地址按照一定的规则进行划分，这就是子网划分技术。

如图5.9所示，将原来主机号做进一步划分为子网络号和主机号，就是借用了一部分主机号作为子网络号使用。

网络号	主机号

标准IP地址结构

网络号	子网络号（从主机号取前一部分）	主机号

带有子网的IP的地址结构

图5.9　子网图例

在原有的IP地址模式中，只用网络号就可以区分一个单独的物理网络，在使用了子网划分技术后，网络号就变成了由原来的网络号再加上子网络号，这样才是一个真正的网络号，很明显使用了这样的技术后原来的网络数量会增加，但主机数量减少了，正好可以在一定程度上避免IP地址的浪费，另外也可以减少广播风暴并增强网络的安全性，便于网络的管理。

例如，某大学4号学生宿舍楼一楼有30个寝室，每个寝室有6位同学，管理员给这一层楼分配IP地址，如果按照正常IP划分的话，每个寝室是一个独立单元应该最起码分配一个C类地址，一层楼就需要30个C类地址（如192.168.1.0~192.168.30.0），特别浪费，如果采用子网划分的话，管理员只需要给这一层楼一个C类地址（192.168.1.0）就可以了。怎样才能让这一个C类网络地址分给30个寝室使用而且每个寝室是独立单元呢，下面具体说明。

先把C类网络地址192.168.1.0的前3个字节网络部分用十进制表示，最后一个字节主机部分用二进制表示。

192.168.1	0	0	0	0	0	0	0	0

主机部分有8二进制数，这8位中，借用前面几位表示子网，剩下几位表示主机呢？ 30个寝室相当于30个子网，子网位要≥30种可能，6个同学，正常最多有6台计算机，相当于每个子网里至少有6个主机。

正常情况下，应该先考虑主机位需要几位二进制数可以满足寝室条件，每个子网6个主机，$2^3 - 2 \geq 6$，所以取后三位表示主机（主机位不能为全"0"或全"1"，所以减2），$2^5 \geq 30$，原主机位中剩下的前5位表示子网。

192.168.1	0	0	0	0	0	0	0	0
网络部分		子网部分					主机部分	

从小到大开始分配IP地址（阴影部分代表子网）。

第1个寝室可以分配：

192.168.1	0	0	0	0	0	0	0	1	到	192.168.1	0	0	0	0	0	1	1	0

即192.168.0.1~192.168.0.6。

第2个寝室可以分配：

192.168.1	0	0	0	0	1	0	0	1	到	192.168.1	0	0	0	0	1	1	1	0

即192.168.0.9~192.168.0.14。

第3个寝室可以分配：

192.168.1	0	0	0	1	0	0	0	1	到	192.168.1	0	0	0	1	0	1	1	0

即192.168.0.17~192.168.0.22。

第4个寝室可以分配：

192.168.1	0	0	0	1	1	0	0	1	到	192.168.1	0	0	0	1	1	1	1	0

即192.168.0.25~192.168.0.30。

……

第30个寝室可以分配：

192.168.1	1	1	1	0	1	0	0	1	到	192.168.1	1	1	1	0	1	1	1	0

即192.168.0.233~192.168.0.238。

通过子网划分，可以把标准IP中的主机位（n位）根据实际需求划分为子网和主机二部分，子网位最少占一位，剩下的$n-1$位留给主机，子网位最多占$n-2$位，剩下2位留给主机（主机不能只留一位，因为主机位不能是全"0"或全"1"，因为全"0"的主机位表示网络地址，全"1"的主机位表示直接广播地址）。

以上划分方法为人为思考分析的结果，如何让计算机也能识别子网划分呢？这就需要用到子网掩码了。

先来了解子网掩码：

子网掩码一般与IP地址成对出现才有具体意义，它的格式与IP地址一样，也是由32位的二进制数组成，其中网络部分用二进制"1"表示（如果带有子网，子网也要用二进制"1"表示），主机部分用二进制"0"表示。人们为了使用方便也把它用点分十进制的方式表示。在A、B、C三类IP地址中它们都有自己默认的子网掩码。

A类主类（即不带子网的情况下）子网掩码：

1	1	1	1	1	1	1	1	0	0	0	0	0	0	0	0	0	0	0	0	0	0	0	0	0	0	0	0	0	0	0	0

即255.0.0.0也可表示为/8（代表网络位有8位）。

B类主类（即不带子网的情况下）子网掩码：

1	1	1	1	1	1	1	1	1	1	1	1	1	1	1	1	0	0	0	0	0	0	0	0	0	0	0	0	0	0	0	0

即255.255.0.0也可表示为/16（代表网络位有16位）。

C类主类（即不带子网的情况下）子网掩码：

1	1	1	1	1	1	1	1	1	1	1	1	1	1	1	1	1	1	1	1	1	1	1	1	0	0	0	0	0	0	0	0

即255.255.255.0也可表示为/24（代表网络位有24位）。

子网掩码的规则定义如下。

（1）对应IP地址网络号部分（可能包括子网）所有位都为"1"，并且所有的"1"必须连续，中间不得出现"0"。

（2）对应IP地址主机号部分所有位都为"0"，同样所有的"0"必须连续，中间也不得出现"1"，当然"0"后也不能有"1"。

利用以上的规则可以很方便地根据需求计算出某IP地址的网络部分、子网部分和主机部分各占几位。

例如，IP：199.15.19.65/26（/26即掩码为255.255.255.192）。

第一步，通过IP地址第一字节值判断该IP属于A类、B类还是C类。第一字节199属于C类地址。

第二步，分析标准C类IP特性。

C类地址前三字节（24位）表示网络，最后一个字节（8位）表示主机。

199	15	19	65
网络部分			主机部分

第三步，根据子网掩码定义，结合题目给出的子网掩码判断网络部分、子网部分和主机部分。

在子网掩码定义中，网络和子网都是用"1"表示的，题目给出网络部分有26位，代表前24位是网络部分，多出来2位肯定代表子网部分，还剩下6位表示主机位。

199.15.19	0	1	0	0	0	0	0	1
网络部分	子网部分		主机部分					

一旦算出某特定IP的网络、子网和主机部分，就可以引申出如下内容。

（1）该IP所在网络的网络地址为199.15.19.64/26（有效的网络部分+有效的子网部分+全"0"的主机部分）。

199.15.19	0	1	0	0	0	0	0	0
网络部分	子网部分		全"0"的主机部分					

（2）该IP所在网络的直接广播地址为199.15.19.127/26（有效的网络部分+有效的子网部分+全"1"的主机部分）。

199.15.19	0	1	1	1	1	1	1	1
网络部分	子网部分		全"1"的主机部分					

（3）该IP所在网络的IP地址范围为199.15.19.65~199.15.19.126。

199.15.19	0	1	0	0	0	0	0	1	到	199.15.19	0	1	1	1	1	1	1	0

如果只需要求出某特定IP和掩码对应的网络地址，可以选择性使用布尔代数的"与"运算，在进行"与"运算中，只有在相"与"的两位都为"真"是结果才为"真"，否则结果为"假"。这个运算应用以IP地址和子网掩码相对应的位，如果相"与"的两位都是"1"时结果才是"1"，否则就为"0"，布尔运算规则如表5.2所示。

表5.2 布尔运算规则

运算	结果
1AND1	1
1AND0	0
0AND1	0
0AND0	0

例如，网络中有一主机的IP地址是172.16.18.26，子网掩码是255.255.240.0，那么这个地址的网络号是多少呢？要想知道结果就利用上面的知识来计算一下。首先把两个地址都换算成二进制，如表5.3所示。

表5.3 例表

172.16.18.26	10101100	00010000	00010010	00011010
AND				
255.255.240.0	11111111	11111111	11110000	00000000
结果	10101100	00010000	00010000	00000000

所得的结果换算成十进制就是：172.16.16.0。这就是它的网络号，也就是网络地址。

表5.4是C类网络子网划分关系表。

表5.4 C类网络子网划分关系表

子网位数	子网掩码	子网数	容纳的主机数
1	255.255.255.128/25	2	126
2	255.255.255.192/26	4	62
3	255.255.255.224/27	8	30
4	255.255.255.240/28	16	14
5	255.255.255.248/29	32	6
6	255.255.255.252/30	64	2

若选用B类IP地址，可以参考表5.5。

表5.5　B类网络子网划分关系表

子网位数	子网掩码	子网数	容纳的主机数
1	55.255.128.0/17	2	32 766
2	255.255.192.0/18	4	16 382
3	255.255.224.0/19	8	8 190
4	255.255.240.0/20	16	4 096
5	255.255.248.0/21	32	2 096
6	255.255.252.0/22	64	1 022
7	255.255.254.0/23	128	510
8	255.255.255.0/24	256	254
9	255.255.255.128/25	512	126
10	255.255.255.192/26	1 024	62
11	255.255.255.224/27	2 048	30
12	255.255.255.240/28/	4 096	14
13	255.255.255.248/29	8 192	6
14	255.255.255.252/30	16 384	2

在实际使用中除了要考虑主机的数量以外，还要考虑路由各通信接口等也要占用IP地址。

5.2.7　子网规划与划分实例

为了便于管理和安全的需要，通常都会用到子网，所以子网的规划和IP地址分配在网络规划中占据重要的位置，特别是校园网和企业网中的应用就更加突出。在进行子网的规划中要注意的两个条件如下。

（1）在产生的子网中要能容纳足够的主机。

（2）能够产生足够的子网号。

下面以一个实例来说明。

某公司申请了一个C类地址198.170.200.0，公司有生产部门和市场销售部门等6个部门需要划分为单独的网络，人数最多的销售部拥有28台计算机，请给出该公司每个部门所划分的IP地址范围，网络地址和直接广播地址。

规范性计算方法如下（阴影部分为思考部分，非阴影部分做题时需写出）。

第一步，通过IP地址第一字节值判断该IP属于A类、B类还是C类。第一字节198属于C类地址。

第二步，分析标准C类IP特性。

C类地址前三字节（24位）表示网络，最后一个字节（8位）表示主机。

第三步，根据子网掩码定义，结合题目给出的部门数和最大部门主机数，把标准IP地址中的主机位拆分成子网部分与主机部分，算出具体子网掩码。

先考虑主机部分，最大的部门有28台主机，2^5正好≥ 28，所以新的主机位是最后5位二进制位，剩下的前三位主机位留给子网，$2^3 \geq 6$。

198.170.200	0	0	0	0	0	0	0	0
网络部分		子网部分			主机部分			

对于子网掩码，网络位和子网位都用"1"表示，主机位用"0"表示，所以该公司子网划分采用的子网掩码是255.255.255.224，即/27。

IP地址	198.170.200	0	0	0	0	0	0	0	0
子网掩码	255.255.255	1	1	1	0	0	0	0	0
		网络部分		子网部分			主机部分		

第四步，写出各部门主机IP范围，根据网络地址和直接广播的定义出写出各部门具体网络地址和直接广播地址。

第1个部门：

主机IP范围：198.170.200.00000001～198.170.200.00011110　掩码：255.255.255.224
即198.170.200.1～198.170.200.30 /27

网络地址：198.170.200.0　直接广播地址：198.17.200.31

第2个部门：

主机IP范围：198.170.200.00100001～198.170.200.00111110　掩码：255.255.255.224
即198.170.200.33～198.170.200.62 /27

网络地址：198.170.200.32　直接广播地址：198.17.200.63

第3个部门：

主机IP范围：198.170.200.01000001～198.170.200.01011110　掩码：255.255.255.224
即198.170.200.65～198.170.200.94 /27

网络地址：198.170.200.64　直接广播地址：198.17.200.95

第4个部门：

主机IP范围：198.170.200.01100001～198.170.200.01111110　掩码：255.255.255.224
即198.170.200.97～198.170.200.126 /27

网络地址：198.170.200.96　直接广播地址：198.17.200.127

第5个部门：

主机IP范围：198.170.200.10000001~198.170.200.10011110　掩码：255.255.255.224

即198.170.200.129~198.170.200.158 /27

网络地址：198.170.200.128　直接广播地址：198.17.200.159

第6个部门：

主机IP范围：198.170.200.10100001~198.170.200.10111110　掩码：255.255.255.224

即198.170.200.161~198.170.200.190 /27

网络地址：198.170.200.160　直接广播地址：198.17.200.191

5.2.8　IPv6地址概述

现在使用的互联网IPv4技术，核心技术属于美国。它的最大问题是IP地址资源非常有限，从理论上来计算，IPv4技术可使用的IP地址有43亿个，其中北美洲占有3/4，约30亿个，而人口最多的亚洲只有不到4亿个，中国只有3 000多万个，和美国麻省理工学院的数量相当，再加上当今互联网主机数量以级数式的增长，给IP地址的资源更是带来极大的挑战。经有关部门统计，目前IPv4所能使用的地址，到2015年将会全部消耗用光，那没有地址的计算机将上不了互联网，另外，由于IPv4本身的设计缺陷，如安全等问题，为了解决这样那样的问题人们想出了各种办法，比如使用代理或者是NAT，但这都不能根本上解决问题，最终发布了IPv6标准，这一标准的地址长度将从IPv4的32位扩展到128位，总容量达到2的128次方个IP地址，足以让地球上每个人拥有1 600万个地址，巨大的网络地址空间将从根本上解决网络地址枯竭的问题，而且版本的升级并非仅仅是地址位数的升级，还包括新的特性。

32位IPv4地址由4个点分8位字段组成，而IPv6 地址有128位，因其太大，故需要不同的表示方法。IPv6 地址使用冒号来隔开一系列16位十六制项。例如，2031:0000:130F:0000:0000:09C0:876A:130B。该IPv6地址还可以进一步简化表示，如图5.10所示。

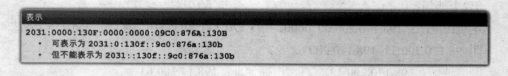

图5.10　IPv6地址的简化表示

与IPV4相比，IPv6具有以下几个优势。

（1）IPv6具有丰富的地址资源空间。IPv4中规定IP地址长度为32，即有$2^{32}-1$个地址；而IPv6中IP地址的长度为128，即有$2^{128}-1$个地址，让每一个家电都拥有一个IP地址，这让全球数字化家庭的方案实施变成了可能。

（2）IPv6使用更小的路由表。IPv6的地址分配一开始就遵循聚类的原则，这使得路由器能在路由表中用一条记录表示一片子网，大大减小了路由器中路由表的长度，提高了路由器转发数据包的速度，提高了效率。

（3）IPv6报头更加简单而且增加了增强的组播支持以及对流的支持。这使得网络上的多媒体应用有了长足发展的机会，为服务质量控制提供了良好的网络平台，如图5.11所示。

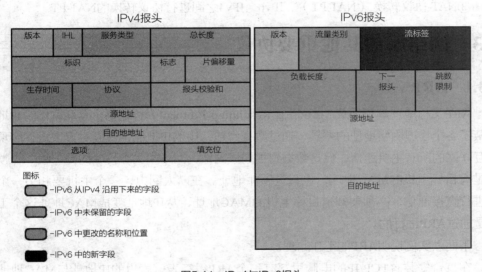

图5.11 IPv4与IPv6报头

（4）IPv6全新的地址配置方式。为了简化主机地址配置，IPv6除了支持手工地址配置和有状态自动地址配置（利用专用的地址分配服务动态分配地址如DHCP）外，还支持一种无状态地址配置技术。在无状态地址配置中，网络上的主机能自动给自己配置IPv6地址。在同一链路上，所有的主机不用人工干预就可以通信。

（5）IPv6具有更高的安全性。在使用IPv6网络中用户可以对网络层的数据进行加密并对IP报文进行校验，极大地增强了网络的安全性。

IPv4到IPv6的过渡策略，如图5.12所示，从IPv4过渡时，并不要求同时升级所有节点。

图5.12 IPv4到IPv6的过渡策略

①双协议栈。是一种集成方法，利用该方法，节点既能实施和连接IPv4网络，也能实施和连接 IPv6 网络。

②隧道。手动 IPv6-over-IPv4 隧道——IPv6 数据包被封装在IPv4中。动态6to4隧道——通过IPv4网络（通常是 Internet）自动建立各IPv6岛的连接。

③NAT-协议转换（NAT-PT）。IPv6与IPv4之间进行协议转换的NAT-PT。

5.3 网络层的其他重要协议

5.3.1 ARP

ARP又称地址解析协议（Address Resolution Protocol），在整个互联网中，IP地址屏蔽了各个物理网络地址的差异，通过数据"包"中的IP地址，找到对方主机，实现全球互联网的所有主机通信，但是数据到了局域网中，网络中实际传输的是"帧"，帧里面是有目标主机的MAC地址，也就是硬件地址。在以太网中，一个主机要和另一个主机进行直接通信，必须要知道目标主机的MAC地址，从IP地址变成MAC地址这个工作就是通过ARP进行的。

下面以实例说明ARP的工作原理：

在每台安装有TCP/IP的电脑里都有一个ARP缓存表，表里的IP地址与MAC地址是一一对应的，如图5.13所示。

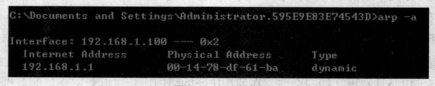

图5.13 ARP例图

比如有主机A（192.168.0.8）向主机B（192.168.0.1）发送数据为，当发送数据时，主机A会在自己的ARP缓存表中寻找是否有目标IP地址。如果找到了，也就知道了目标MAC地址，直接把目标MAC地址写入帧里面发送就可以了；如果在ARP缓存表中没有找到相对应的IP地址，主机A就会在网络上发送一个广播，向同一网段内的所有主机发出这样的询问："192.168.0.1的MAC地址是什么？"网络上其他主机并不响应ARP询间，只有主机B接收到这个帧时，才向主机A做出这样的回应："192.168.0.1的MAC地址是00-aa-00-62-c6-09"。这样，主机A就知道了主机B的MAC地址，它就可以向主机B发送信息了。同时它还更新了自己的ARP缓存表，下次再向主机B发送信息时，直接从ARP缓存表里查找就可以了。ARP缓存表采用了生存周期机制，在一定的时间内如果表中的某一组没有使用，就会被删除，这样可以大大减少ARP缓存表的长度，加快查询速度。常用ARP命令参数如下。

（1）-a。显示当前 ARP 表项。如果指定了网卡地址，则只显示指定计算机的 IP 地址和网卡地址。

（2）-s。添加相应的ARP表项，这种由人为指定添加的ARP表项，称静态ARP表，除此外产生的称为动态ARP表项。

（3）-d。删除指定的ARP表项。

5.3.2 RARP

RARP（Reverse Address Resolution Protocol，逆地址解析协议），从名字可以知道它的主要作用是把原有的硬件地址解析为IP地址，当然也是应用到局域网中。什么情况下会用到这种协议呢？

有种计算机叫做无盘工作站，它自己没有硬盘，其他什么都有，当然也就操作系统更没有IP地址，在它启动时只有硬件地址，计算机想要工作是要操作系统的，所以它利用RARP向服务器申请一个IP地址，这个过程也就是RARP的解析过程。无盘工作站是典型的RARP应用，在一个G的硬盘要千元的年代它的应用更是让人兴奋不已，大大地节约了实际硬件成本，今天依然广泛使用在金融和证券机构，以保持数据的安全与可靠。

5.3.3 ICMP

ICMP（Internet Control Message Protocol，Internet 控制消息协议）是TCP/IP协议簇的一个子协议，用于在IP主机、路由器之间传递控制消息，包括差错信息及其他需要注意的信息。调试控制消息是指网络通不通、主机是否可达、路由是否可用等网络本身的消息。这些控制消息虽然并不传输用户数据，但是对于用户数据的传递起着重要的作用。

5.4 路由器

5.4.1 路由器简介

1. 路由器的基本概念

由于当前社会信息化的不断推进，人们对数据通信的需求日益增加。自TCP/IP体系结构于20世纪70年代中期推出以来，现已发展成为网络层通信协议的事实标准，基于TCP/IP的互联网络也成为最大、最重要的网络。路由器作为TCP/IP网络的核心设备已经得到空前广泛的应用，其技术已成为当前信息产业的关键技术，其设备本身在数据通信中起到越来越重要的作用，如图5.14所示。同时由于路由器设备功能强大，且技术复杂，各厂家对路由器的实现有太多的选择性。

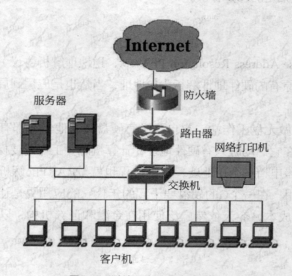

图5.14 路由器在网络中的位置

要了解路由器，首先要知道什么是路由选择，路由选择指网络中的节点根据通信网络的情况（可用的数据链路、各条链路中的信息流量等），按照一定的策略（传输时间、传输路径最短），选择一条可用的传输路径，把信息发往目的地。路由器就是具有路由选择功能的设备。它工作于网络层，从事不同网络之间的数据包（Packet）的存储和分组转发，是用于连接多个逻辑上分开的网络（所谓逻辑网络是代表一个单独的网络或者一个子网）的网络设备。

2. 路由器的功能与分类

路由器作为互联网上的重要设备，有着许多功能，主要包括以下几个方面。

（1）接口功能。用作将路由器连接到网络。可以分为局域网接口及广域网接口两种。局域网接口主要包括以太网、FDDI等网络接口。广域网主要包括E1/T1、E3/T3、DS3、通用串行口等网络接口。

（2）通信协议功能。该功能负责处理通信协议，可以包括TCP/IP、PPP、X.25、帧中继等协议。

（3）数据包转发功能。该功能主要负责按照路由表内容在不同路由器各端口（包括逻辑端口）间转发数据包并且改写链路层数据包头信息。

（4）路由信息维护功能。该功能负责运行路由协议并维护路由表。路由协议可包括RIP、OSPF、BGP等协议。

（5）管理控制功能。路由器管理控制功能包括5个功能：SNMP（简单网络管理协议）代理功能、Telnet服务器功能、本地管理、远端监控和RMON（远程监视）功能。通过5种不同的途径对路由器进行控制管理，并且允许记录日志。

（6）安全功能。该功能用于完成数据包过滤、地址转换、访问控制、数据加密、防火墙以及地址分配等。

当前路由器分类方法有许多种，各种分类方法存在一些联系，但是并不完全一致。具体如下。

（1）从结构上分，路由器可分为模块化结构与非模块化结构，通常中高端路由器为模块化结构可以根据需要添加各种功能模块，低端路由器为非模块化结构。

（2）从网络位置划分，路由器可分为核心路由器与接入路由器。核心路由器位于网络中心，通常使用高端路由器，要求快速的包交换能力与高速的网络接口，通常是模块化结构；接入路由器位于网络边缘，通常使用中低端路由器，要求相对低速的端口以及较强的接入控制能力，通常是非模块化结构。

（3）从功能上划分，路由器可分为"骨干级路由器"、"企业级路由器"和"接入级路由器"。"骨干级路由器"是实现企业级网络互连的关键设备，它数据吞吐量较大，非常重要。"企业级路由器"连接许多终端系统，连接对象较多，但系统相对简单，且数据流量较小，对这类路由器的要求是以尽量便宜的方法实现尽可能多的端点互连，同时还要求能够支持不同的服务质量。"接入级路由器"主要应用于连接家庭或ISP内的小型企业客户群体。

3. 路由器的结构

目前市场上路由器的种类很多。尽管不同类型的路由器在处理能力和所支持的接口数上有所不同，但它们核心的部件却是一样的。例如，都有CPU、ROM、RAM、I/O等硬件，只是在类型、大小以及 I/O 端口的数目上根据产品的不同各有相应的变化。其硬件和计算机类似，实际上就是一种特殊用途的计算机。接口除了提供固定的以太网口和广域网口以外，还有配置口（Console口）、备份口（AUX口）及其他接口。

路由器的软件是系统平台，华为公司的软件系统是 VRP（Versatile Routing Platform，通用路由平台），其体系结构实现了数据链路层、网络层和应用层多种协议，由实时操作系统内核、IP引擎、路由处理和配置功能模块等基本组件构成。

Cisco公司的软件系统是Cisco互联网络操作系统（IOS），被用来传送网络服务，并启用网络应用程序。IOS令行界面用来配置 Cisco IOS路由器。

路由器的形状如图5.15所示。

图5.15　思科2811路由器图例

5.4.2　路由器的基本原理

在现实生活中的寄信。邮局负责接收所有本地信件，然后根据它们的目的地将它们送往不同的目的城市。再由目的城市的邮局将它送到收信人的邮箱。信件的传递过程如图5.16所示。

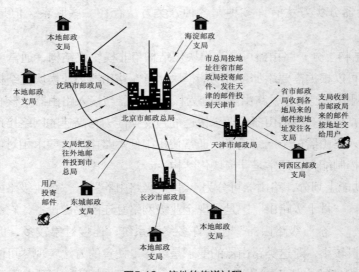

图5.16　信件的传递过程

而在互联网络中，路由器的功能就类似邮局。它负责接收本地网络的所有IP数据报，然后再根据它们的目的IP地址，将它们转发到目的网络。当到达目的网络后，再由目的网络传输给目的主机，如图5.17所示。

图5.17　路由器的功能

1. 路由表

前面已讨论了什么是路由选择，而路由器利用路由选择进行IP数据报转发时，一般采用表驱动的路由选择算法。

交换机是根据地址映射表来决定将帧转发到哪个端口，如图5.18所示。

地址映射表		
端口	MAC地址	计时
1	00-30-80-7C-F1-21（节点A）	…
4	52-54-4C-19-3D-03（节点B）	…
4	00-50-BA-27-5D-A1（节点C）	…
5	00-D0-09-F0F33F71（节点D）	…
6	00-00-B4-BF-1B-77（节点E）	…

图5.18　地址映射表

与交换机类似，路由器当中也有一张非常重要的表——路由表。路由表用来存放目的地址以及如何到达目的地址的信息。这里要特别注意一个问题，互联网包含成千上万台计算机，如果每张路由表都存放到达所有目的主机的信息，不但需要巨大的内存资源，而且需要很长的路由表查询时间，这显然是不可能的。所以路由表中存放的不是目的主机的IP地址，而是目的网络的网络地址。当IP数据报到达目的网络后，再由目的网络传输给目的主机。

一个通用的IP路由表通常包含许多（N，M，R）三元组，N表示目的网络地址（注意是网络地址，不是网络上普通主机的IP地址），M表示子网掩码，R表示到网络N路径上的"下一个"路由器的IP地址。

如图5.19所示显示了用3台路由器互连4个子网的简单实例，表5.6给出了其中一个路由器R2的路由表，表5.7给出了其中一个路由器R3的路由表。

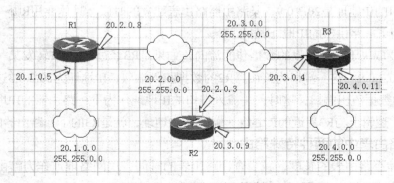

图5.19　3台路由器连4个子网

表5.6　路由器R2路由表

路由器R2的路由表		
要到达的网络N	子网掩码M	下一路由器R
20.2.0.0	255.255.0.0	直接投递
20.3.0.0	255.255.0.0	直接投递
20.1.0.0	255.255.0.0	20.2.0.8
20.4.0.0	255.255.0.0	20.3.0.4

表5.7　路由器R3路由表

路由器R3的路由表		
子网掩码（M）	目的网络	下一路由器（R）
255.255.0.0	20.3.0.0	直接投递
255.255.0.0	20.4.0.0	直接投递
255.255.0.0	20.2.0.0	20.3.0.9
255.255.0.0	20.1.0.0	20.3.0.9

在表5.6中，如果路由器R2收到一个目的地址为20.1.0.28的IP数据报，它在进行路由选择时，首先将IP地址与自己路由表的第一个表项的子网掩码进行"与"操作，由于得到的结果20.1.0.0与本表项的网络地址20.2.0.0不同，说明路由选择不成功，需要与下一表项在进行运算操作，直到进行到第三个表项，得到相同的网络地址20.1.0.0，说明路由选择成功。于是，R2将IP数据报转发给指定的下一路由器20.2.0.8。

如果路由器R3收到某一数据报，其转发原理与R2类似，也需要查看自己的路由表决定数据报去向。

这里还需要说明一个问题，在图5.19中，路由器R2的一个端口IP地址是20.2.0.3，另一个端口的IP地址是20.3.0.9，某路由器路由表建立的时候，具体要用R哪一个端口的IP地址作为下一路由器的IP地址呢？

这主要取决于需要转发的数据包的流向，如果是R3经过R2向R1转发某一数据报，IP地址为20.3.0.9的这一端口为路由器R2的数据流入端口，IP地址为20.2.0.3这一端口为路由器R的数据流出端口，这时，用流入端口的IP地址作为下一路由器的IP地址。也可以这么说，逻辑上与R3更近的R2的某一端口的IP地址，就是R3的下一路由器的IP地址。

2. 路由表中的两种特殊路由

为了缩小路由表的长度，减少查询路由表的时间，用网络地址作为路由表中下一路由器的地址，但也有两种特殊情况。

（1）默认路由。默认路由指在路由选择中，在没明确指出某一数据报的转发路径时，为进行数据转发的路由设备设置一个默认路径。也就是说，如果有数据报需要其转发，则直接转发到默认路径的下一跳地址。这样做的好处是可以更好地隐藏互联网细节，进一步缩小路由表的长度。在路由选择算法中，默认路由的子网掩码是0.0.0.0，目的网络是0.0.0.0，下一路由器地址就是要进行数据转发的第一个路由器的IP地址，默认路由如图5.20所示。

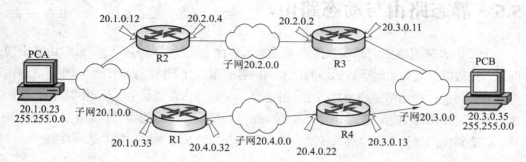

图5.20　默认路由

对于图5.20，如果给定主机A和主机B的路由表，如表5.8和表5.9所示，如果主机A想要发送数据包到主机B时，它有二条路径可以选择，从路由器R1、R4的路径转发或者从路由器R2，R3的路径转发，具体从哪里转发数据呢？这就须要看一看主机A的路由表了（这里需要补充说明一下，在网络中，任何设备如果需要进行路由选择，它就需要拥有一张存储在自己内存中的路由表），主机A的路由表有两个表项，如果数据要发送到本子网的其他主机中，则遵循第一行的表项，直接投递到本子网某一主机。如果主机A想要发送数据到主机B，通过主机A路由表第二行表项来看，主机A的默认路由是路由器R2，所以数据就会通过R2转发给主机B，而不会通过R1转发。这就是默认路由的用处。同理主机B向主机A发送数据，会通过R4转发。

表5.8　主机A路由表

主机A的路由表		
目的网络	子网掩码	下一站地址
20.1.0.0	255.255.0.0	直接投递
0.0.0.0	0.0.0.0	20.1.0.12

表5.9　主机B路由表

主机B的路由表		
目的网络	子网掩码	下一站地址
20.3.0.0	255.255.0.0	直接投递
0.0.0.0	0.0.0.0	20.3.0.13

（2）特定主机路由，是指在路由表中为某一个主机建立一个单独的路由表项，目

的地址不是网络地址，而是那个特定主机实际的IP地址，子网掩码是特定的255.255.255.255，下一路由器地址和普通路由表项相同。互联网上的某一些主机比较特殊，比如说服务器，通过设立特定主机路由表项，可以更加方便管理员对它的管理，安全性和控制性更好。

5.5 静态路由与动态路由

上节内容讲到路由的原理，路由表决定了路由选择的具体方向，如果路由表出现问题，IP数据报是无法到达目的地的。本节内容的重点介绍路由表的建立和刷新。路由可以分为两类：静态路由和动态路由，静态路由一般是由管理员手工设置的路由，而动态路由则是路由器中的动态路由协议根据网络拓扑情况和特定的要求自动生成的路由条目。静态路由的好处是网络寻址快捷，动态路由的好处是对网络变化的适应性强。

5.5.1 静态路由

静态路由是由网络管理员在路由器上手工添加路由信息来实现的路由。当网络的结构或链路的状态发生改变时，网络管理员必须手工对路由表中相关的静态路由信息进行修改。

静态路由信息在默认状态下是私有的，不会发送给其他路由器。当然，通过对路由器手工设置也可以使之成为共享的。一般的静态路由设置经过保存后重起路由器都不会消失，但相应端口关闭或失效时就会有相应的静态路由消失。静态路由的优先级很高，当静态路由和动态路由冲突时，要遵循静态路由来执行路由选择。

既然是手工设置的路由信息，那么管理员就更容易了解整个网络的拓扑结构，更容易配置路由信息，网络安全的保密性也就越高，当然这是在网络不太复杂的情况下。

如果网络结构较复杂，就没办法手工配置路由信息了，这是静态路由的一个缺点：一方面，网络管理员难以全面地了解整个网络的拓扑结构；另一方面，当网络的拓扑结构和链路状态发生变化时，路由器中的静态路由信息需要大范围地调整，这一工作的难度和复杂程度非常高；另一个缺点就是如果静态路由手工配置错误，数据将无法转发到目的地。

选择"开始"→"运行"命令，弹出"运行"对话框，在该对话框的"打开"文本框内输入CMD命令弹出的窗口里输入"route print"来查看自己主机的路由表，如图5.21所示。

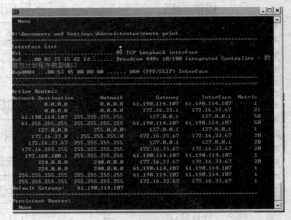

图5.21 查看路由表

在图5.21中，Network Destination是目的网络，Netmask是子网掩码，Gateway是下一路由器，Interface是下一路由的接口，Matric在动态路由中介绍。

在CMD窗口中，还可以对路由信息进行如下操作。

添加：route add 目的网络 子网掩码 下一路由

删除：route delete 目的网络

改变：route change目的网络 子网掩码 新的下一路由

5.5.2 动态路由

动态路由是指路由器能够通过一定的路由协议和算法，自动地建立自己的路由表，并且能够根据拓扑结构和实际通信量的变化适时地进行调整。

动态路由有更好的自主性和灵活性，适合于拓扑结构复杂、网络规模庞大的互联网环境。一旦网络当中的某一路径出现了问题，是数据不能在此路径上转发，动态路由可以根据实际情况更改路径。

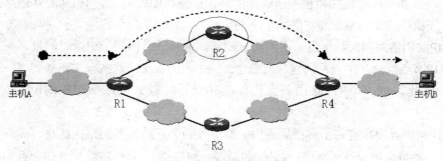

图5.22   动态路由路径

如图5.22所示，如果主机A发送数据到主机B原来是从R1—R2—R4的路径，但如果这时R2出现了故障，无法把数据转发给R4，如果是静态路由，肯定主机A—主机B的路径就会瘫痪，直到管理员手动更改路径为止。但对于动态路由而言，它可以根据一定的协议和算法自动更改路径为R1—R3—R4。

动态路由还有一个好处就是可以自动选择更优路径进行数据传递，具体怎么判定最优路径呢？这就需要有一个度量值Metric做标准，Metric的值可以由多种因素确定，比如：路径所包含的路由器节点数又叫跳数（Hop Count）、网络传输费用（Cost）、带宽（Bandwidth）、延迟（Delay）、负载（Load）、可靠性（Reliability）、最大传输单元（MTU）。

一般来说，Metric值越小，某条路径就越好。比如说如果图5.21中R1—R2—R4（Metric=5）、R1—R3—R4（Metric=10）二条路径都可以实现主机A向主机B转发数据，但R1—R2—R4这条路径Metric值更小，动态路由就会优先选择这条路径。

动态路由的缺点就是因为网络结构比较复杂，路由信息比较多，这样会占用路由设备CPU、内存等资源。

5.6 路由协议

对于动态路由来说，路由协议的选择，可以直接影响网络性能，不同类型的网络要选择不同的路由协议，路由协议分为内部网关协议和外部网关协议。应用最广泛的内部网关路由协议包括路由信息协议（RIP）和开放式最短路径优先协议（OSPF），外部网关协议是边缘网关协议BGP，本书只讨论内部网关协议。

5.6.1 路由信息协议

路由信息协议（Routing Information Protocol，RIP）是早期互联网最为流行的路由选择协议，使用向量-距离（Vector-Distance）路由选择算法，即路由器根据距离选择路由，所以也称为距离向量协议。路由器收集所有可到达目的地的不同路径，并且保存有关到达每个目的地的最少站点数的路径信息，除到达目的地的最佳路径外，任何其他信息均予以丢弃。同时路由器也把所收集的路由信息用RIP协议通知相邻的其他路由器。这样，正确的路由信息逐渐扩散到了全网。

RIP路由器每隔30秒触发一次路由表刷新。刷新计时器用于记录时间量。一旦时间到，RIP节点就会产生一系列包含自身全部路由表的报文。这些报文广播到每一个相邻节点。因此，每一个RIP路由器大约每隔30秒钟应收到从每个相邻RIP节点发来的更新。

RIP路由器要求在每个广播周期内，都能收到邻近路由器的路由信息，如果不能收到，路由器将会放弃这条路由：如果在90秒内没有收到，路由器将用其他邻近的具有相同跳跃次数（hop）的路由取代这条路由；如果在180秒内没有收到，该邻近的路由器被认为不可达。

对于图5.23中的R1来说，在初始阶段，R1的路由表里只有与之直接相连的网络的路由信息，如表5.10~表5.11所示，但经过一次R2对R1路由表的RIP刷新，情况就不一样了，R2路由表有一个关于网络30.0.0.0的表项是R1初始时不知道的，经过一次RIP刷新，R1增加了一条到网络30.0.0.0的表项，路径要从R2转发，距离增加1，如表5.22所示。R2的刷新原理和R1一样，刷新的路由表如表5.23所示。

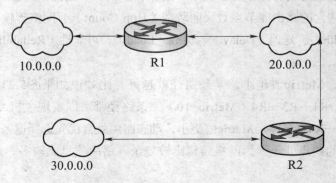

图5.23 例图

表5.10　R1初始路由表

目的网络	路径	距离
10.0.0.0	直接投递	0
20.0.0.0	直接投递	0

表5.11　R2初始路由表

目的网络	路径	距离
30.0.0.0	直接投递	0
20.0.0.0	直接投递	0

表5.12　R1刷新后的路由表

目的网络	路径	距离
10.0.0.0	直接投递	0
20.0.0.0	直接投递	0
30.0.0.0	R2	1

表5.13　R2刷新后的路由表

目的网络	路径	距离
30.0.0.0	直接投递	0
20.0.0.0	直接投递	0
10.0.0.0	R1	1

RIP使用非常广泛，它简单、可靠，便于配置。但是RIP只适用于小型的同构网络，因为它允许的最大站点数为15，任何超过15个站点的目的地均被标记为不可达。而且RIP每隔30秒一次的路由信息广播也是造成网络的广播风暴的重要原因之一。

5.6.2　开放式最短路径优先协议

在众多的路由技术中，开放式最短路径优先协议（Open Shortest Path First，OSPF）协议已成为目前Internet广域网和Intranet企业网采用最多、应用最广泛的路由技术之一。OSPF是基于链路–状态（link-status）算法的路由选择协议，它克服了RIP的许多缺陷，是一个重要的路由协议。

1. 链路-状态算法

要了解开放式最短路径优先协议OSPF，必须先理解它采用的链路一状态算法（也叫做最短路径优先SPF算法），其基本思想是将每一个路由器作为根（Root）来计算其到每一个目的地路由器的距离，每一个路由器根据一个统一的数据库计算出路由区域的拓扑结构图，该结构图类似于一棵树，在SPF算法中，被称为最短路径树。

图5.24是一个由4个路由器和4个子网组成的一个网络（Metric度量值已标明），结构如图所示，R1、R2、R3、R4会相互之间广播报文，通知其他路由器自己与相邻路由器之间的连接关系，利用这些关系，每一个路由器都可以生成一张拓扑结构图（见图5.25），根据这张图R1可以根据最短路径优先算法计算出自己的最短路径树（图5.26所示是R1的最短路径树，注意这个树里不包含R2、R3，这是因为R1要到达4个网络中的任何一个，不需要经过R2、R3，还有一点需要注意的是，R1到达net4是通过net2到达而没有通过net1到达，这是由于通过net2的路径的度量值比通过net1的路径要小）。表5.14是R1根据最短路径树生成的路由表。

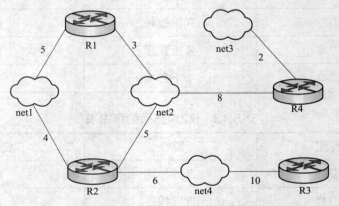

图5.24　4个路由器和4个网络组成的网络

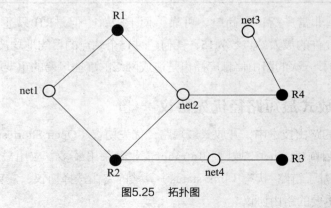

图5.25　拓扑图

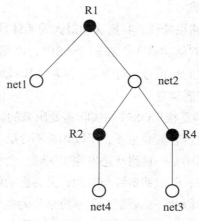

图5.26　R1的最短路径树

表5.14　R1的路由表

R1的路由表		
目的网络	下一路由	开销
Net1	直接投递	5
Net2	直接投递	3
Net4	R2	14
Net3	R4	13

链路—状态算法具体可分为以下3个过程。

（1）在路由器刚开启初始化或者网络的结构发生变化时，路由器会生成链路状态广播数据包LSA（Link-State Advertisement，链路状态数据库中每个条目），该数据包里包含于此路由器相连的所有端口的状态信息，网络结构的变化，比如说有路由器的增减，链路状态的变化等。

（2）接着各个路由器通过刷新Flooding的方式来交换各自知道的路由状态信息。刷新是指某路由器将自己生成的LSA数据包发送给所有与之相邻的执行OSPF协议的路由器，这些相邻的路由器根据收到的刷新信息更新自己的数据库，并将该链路状态信息转发给与之相邻的其他路由器，直至达到一个相对平静的过程。

（3）当整个区域的网络相对平静下来，或者说OSPF路由协议收敛起来，区域里所有的路由器会根据自己的链路状态数据库计算出自己的路由表。收敛指当一个网络中的所有路由器都运行着相同的、精确的、足以反映当前网络拓扑结构的路由信息。

在整个过程完成后，网络上数据包就根据各个路由器生成的路由表转发。这时，网络中传递的链路状态信息很少，达到了一个相对稳定的状态，直到网络结构再次发生较大变化。这是链路—状态算法的一个特性，也是区别于距离—矢量算法的重要标志。

2. OSPF的分区概念

OSPF是一种分层次的路由协议，其层次中最大的实体是自治系统AS（即遵循共同路由策略管理下的一部分网络实体）。在一个AS中，网络被划分为若干个不同的区域，每个区域都有自己特定的标识号。对于主干区域（Backbone Area，一般是Area 0），负责在区域之间分发链路状态信息。

这种分层次的网络结构是根据OSPF的实际需要出来的。当网络中自治系统非常大时，网络拓扑数据库的信息内容就非常多，所以如果不分层次的话，一方面容易造成数据库溢出，另一方面当网络中某一链路状态发生变化时，会引起整个网络中每个节点都重新计算一遍自己的路由表，既浪费资源与时间，又会影响路由协议的性能（如聚合速度、稳定性、灵活性等）。因此，需要把自治系统划分为多个区域，每个域内部维持本区域一张唯一的拓扑结构图，且各区域根据自己的拓扑图各自计算路由，区域边界路由器把各个区域的内部路由总结后在区域间扩散。

这样，当网络中的某条链路状态发生变化时，此链路所在的区域中的每个路由器重新计算本区域路由表，而其他区域中路由器只需修改其路由表中的相应条目而无须重新计算整个路由表，节省了计算路由表的时间。

如图5.27所示，整个图中所有设备组成一个AS，area 0是主干区域，其他所有区域必须逻辑上与区0相邻接，这样才能与主干区域交换信息。第2行的4个路由器是区域边界路由器。

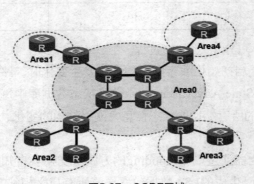

图5.27　OSPF区域

3. OSPF路由表的计算

路由表的计算是OSPF的重要内容，通过下面4步计算，就可以得到一个完整的OSPF路由表［步骤（3）、（4）涉及更深层次，内容本书不做讨论］。

（1）保存当前路由表，如果当前存在的路由表为无效的，必须从头开始重新建立路由表。

（2）区域内路由的计算，通过链路状态算法建立最短路径树，从而计算区域内路由。

（3）区域间路由的计算，通过检查主链路状态通告Summary-LSA，来计算区域间路由，若该路由器连到多个区域，则只检查主干区域的Summary-LSA。

（4）查看Summary-LSA：在连到一个或多个传输域的域边界路由器中，通过检查该域内的Summary-LSA，来检查是否有比第（2）、（3）步更好的路径。

OPSF作为一种重要的内部网关协议的普遍应用，极大地增强了网络的可扩展性和稳定性，同时也反映出了动态路由协议的强大功能，适合在大规模的网络中使用。但是其在计算过程中，比较耗费路由器的CPU资源，而且有一定带宽要求。

本章小结

网络层是整个网络的核心层，它的主要功能就是寻址和路由，利用相邻两层提供的服务实现数据的通信，把数据从源发送到目的网络。

IP地址：是网络层十分重要的地址，路由器通过它才能实现寻址和转发。

子网划分：子网在实际组网中十分常见，它的应用对网络的安全和方便管理起到了非常重要的作用。

IP：是互联网中一个重要的协议，负责IP寻址、路由选择、分段及包重组。

路由器：计算机网络中的重要通信设备，实现路由选择。

路由表：用来存放目的地址以及如何到达目的地址的信息。

静态路由与动态路由：静态路由是管理员手工添加路由信息；动态路由是路由器根据一定的算法和路由协议自动生成路由表。

RIP：使用向量–距离（Vector-Distance）路由选择算法，即路由器根据距离（跳数）选择路由，所以也称为距离向量协议。

OSPF：使用链路–状态（Link-Status）路由选择算法，主要依据带宽确定度量值大小，一般用于同一个AS内。

实训1 子网规划与划分

1．实训目的

掌握IP地址的分配和划分子网的方法。

2．实训环境

用以太网交换机连接起来的Windows 2003操作系统计算机或者模拟器。

3．实训内容

实验内容包括IP地址分配和划分子网。

（1）子网规划。IP地址分配前需进行子网规划，选择的子网号部分应能产生足够的子网数，选择的主机号部分应能容纳足够的主机，路由器需要占用有效的IP地址。

（2）在局域网上划分子网。子网编址的初衷是为了避免小型或微型网络浪费IP地址；将一个大规模的物理网络划分成几个小规模的子网，各个子网在逻辑上独立，没有路由器的转发，子网之间的主机不能相互通信。

192．168．1．0划分子网实例如下。

① 子网地址分配表（见表5.15）。

子网号：借4位　　　2^4-2=14

主机号：余4位　　　2^4-2=14

子网掩码：255.255.255.240

1	1	1	1	0	0	0	0

表5.15　192.168.1.0在掩码为255.255.255.240时的地址分配表

子网	子网掩码	IP 地址范围	子网地址	直接广播	有限广播
1	255.255.255.240	192.168.1.17～.30	192.168.1.16	192.168.1.31	255.255.255.255
2	255.255.255.240	192.168.1.33～.46	192.168.1.32	192.168.1.47	255.255.255.255
3	255.255.255.240	192.168.1.49～.62	192.168.1.48	192.168.1.63	255.255.255.255
4	255.255.255.240	192.168.165～.78	192.168.1.64	192.168.1.79	255.255.255.255
5	255.255.255.240	192.168.1.81～.94	192.168.1.80	192.168.1.95	255.255.255.255
6	255.255.255.240	192.168.1.97～.110	192.168.1.96	192.168.1.111	255.255.255.255
7	255.255.255.240	192.168.1.113～.126	192.168.112	192.168.1.127	255.255.255.255
8	255.255.255.240	192.168.1.129～.142	192.168.1.128	192.168.1.143	255.255.255.255
9	255.255.255.240	192.168.1.145～.158	192.168.1.144	192.168.1.159	255.255.255.255
10	255.255.255.240	192.168.1.161～.174	192.168.1.160	192.168.1.175	255.255.255.255
11	255.255.255.240	192.168.1.177～.190	192.168.1.176	192.168.1.191	255.255.255.255
12	255.255.255.240	192.168.1.193～.206	192.168.1.192	192.168.1.207	255.255.255.255
13	255.255.255.240	192.168.1.209～.222	192.168.1.208	192.168.1.223	255.255.255.255
14	255.255.255.240	192.168.1.225～.238	192.168.1.224	192.168.1.239	255.255.255.255

② 子网划分拓扑图如图5.28所示。

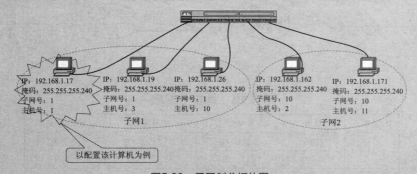

图5.28　子网划分拓扑图

③ 配置计算机的IP地址和子网掩码。

④ 测试子网划分、IP分配和计算机配置是否正确。

A.处于同一子网的计算机是否能够通信？（利用ping命令，观察ping命令输出结果，如利用IP地址为192.168.1.17的计算机去ping IP地址为192.168.1.19的计算机）

B.处于不同子网的计算机是否能够通信？ 利用ping命令，观察ping命令输出结果。（如利用IP地址为192.168.1.17的计算机去ping IP地址为192.168.1.162的计算机）

4．实训思考

（1）进一步理解了IP地址的含义。

（2）掌握了利用IP地址的设置来划分子网的方法。

实训2 路由器的基本配置

1．实训目的

掌握路由器的基本配置命令。

2．实训环境

Cisco Packet Tracer模拟软件。

3．实训内容

实验内容包括：连接网络线缆、配置路由器基本信息、配置路由器相应的端口。实训过程如图5.29与表5.16所示。

192.168.1.0/24　　　　192.168.2.0/24　　　　192.168.3.0/24

图5.29　拓扑图

表5.16　地址分配表

设备	接口	IP 地址	子网掩码	默认网关
R1	Fa0/0	192.168.1.1	255.255.255.0	不适用
	S0/0/0	192.168.2.1	255.255.255.0	不适用
R2	Fa0/0	192.168.3.1	255.255.255.0	不适用
	S0/0/0	192.168.2.2	255.255.255.0	不适用
PC1	不适用	192.168.1.10	255.255.255.0	192.168.1.1
PC2	不适用	192.168.3.10	255.255.255.0	192.168.3.1

任务1　对路由器 R1 进行基本配置。

步骤1：建立与路由器 R1 的 Hyper Terminal 会话。

步骤2：进入特权执行模式。

Router>enable

Router#

步骤3：进入全局配置模式。

Router#configure terminal

Router（config）#

步骤4：将路由器名称配置为 R1。

Router（config）#hostname R1

R1（config）#

步骤5：禁用 DNS 查找。

R1（config）#no ip domain-lookup（思考在实验环境中禁用DNS查找的原因）

步骤6：配置执行模式口令。

使用 enable secret密码 命令配置执行模式口令。

R1（config）#enable secret hello（思考enable secret和enable password的区别）

步骤7：在路由器上配置控制台口令。

使用 cisco 作为口令。配置完成后，退出线路配置模式。

R1（config）#line console 0

R1（config-line）#password cisco

R1（config-line）#login

R1（config-line）#exit

步骤8：为虚拟终端线路配置口令。

使用 cisco 作为口令。配置完成后，退出线路配置模式。

R1（config）#line vty 0 4

R1（config-line）#password cisco

R1（config-line）#login

R1（config-line）#exit

任务2 对路由器 R1 进行端口配置。

步骤1：配置 FastEthernet0/0 接口。

使用 IP 地址 192.168.1.1/24 配置 FastEthernet0/0 接口。

R1（config）#interface fastethernet 0/0

R1（config-if）#ip address 192.168.1.1 255.255.255.0

R1（config-if）#no shutdown

步骤2：配置 Serial0/0/0 接口。

使用 IP 地址 192.168.2.1/24 配置 Serial0/0/0 接口。将时钟频率设置为 64 000。

R1（config-if）#interface serial 0/0/0

R1（config-if）#ip address 192.168.2.1 255.255.255.0

R1（config-if）#clock rate 64000

R1（config-if）#no shutdown

注意：配置并激活 R2 上的串行接口后，此接口才会激活。

步骤3：返回特权执行模式。

R1（config-if）#end

R1#

步骤4：保存 R1 配置。

R1#copy running-config startup-config

任务3 对路由器 R2进行配置。

　　　按照实验拓扑图和地址分配表对R2进行相应配置。

任务4 对PC1和PC2进行配置。

　　　按照实验拓扑图和地址分配表对PC1和PC2进行相应配置。

任务5 查看相应配置。

　　　在R1路由器上的特权模式下输入以下命令以查看相应信息。

（1）show running-config 查看路由器基本配置信息。

（2）show ip route 查看路由表表项。

（3）show ip interface brief 查看路由器各端口简要信息。

4．实训思考

（1）掌握路由器的基本配置命令。

（2）学会利用路由器端口配置命令进行路由器端口配置。

实训3 静态路由与动态路由

1．实训目的

掌握路由器静态路由和动态路由RIP的配置命令。

2．实训环境

Cisco Packet Tracer模拟软件。

3．实训内容

实训内容包括：配置路由器基本信息、配置路由器静态路由、配置路由器动态路由RIP。

实训过程如下。

图5.30 拓扑图

表5.17 地址分配表

设备	接口	IP 地址	子网掩码	默认网关
R1	Fa0/0	192.168.1.1	255.255.255.0	不适用
	S0/0/0	192.168.2.1	255.255.255.0	不适用
R2	Fa0/0	192.168.3.1	255.255.255.0	不适用
	S0/0/0	192.168.2.2	255.255.255.0	不适用
PC1	不适用	192.168.1.10	255.255.255.0	192.168.1.1
PC2	不适用	192.168.3.10	255.255.255.0	192.168.3.1

任务1 配置路由器基本信息。

按照实训："路由器的基本配置"配置相应路由器及PC信息。

任务2 配置路由器静态路由。

方法一：

R1（config）#ip route 192.168.3.0 255.255.255.0 192.168.2.2 R1静态路由设置

R1（config）#end

R1#show ip route 查看路由表

R2（config）#ip route 192.168.1.0 255.255.255.0 192.168.2.1

R2（config）#end

R2#show ip route 查看路由表

PC1ping PC2 测试网络的连通性

方法二：

先删除方法一的配置。

R1（config）#no ip route 192.168.3.0 255.255.255.0

R2（config）#no ip route 192.168.1.0 255.255.255.0

R1（config）#ip route 192.168.3.0 255.255.255.0 s0/0/0 R1 静态路由设置

R1（config）#end

R1#show ip route 查看路由表

R2（config）#ip route 192.168.1.0 255.255.255.0 s0/0/0

R2（config）#end

R2#show ip route 查看路由表

PC1ping PC2 测试网络的连通性

任务3 配置路由器动态路由RIP。

进行动态路由协议中RIP协议的设置，删除静态路由配置。

R1（config）#no ip route 192.168.3.0 255.255.255.0

R2（config）#no ip route 192.168.1.0 255.255.255.0

R1（config）#router rip

R1（config）#network 192.168.1.0

R1（config）#network 192.168.2.0

R2（config）#router rip

R2（config）#network 192.168.2.0

R2（config）#network 192.168.3.0

R1（config）#end

R1#show ip route 查看路由表

R2（config）#end

R2#show ip route 查看路由表

PC1ping PC2 测试网络的连通性

4．实训思考

（1）掌握了路由器静态路由配置命令。

（2）能够利用动态路由RIP配置命令进行路由器配置。

习 题

1．选择题

（1）网络层的主要功能是（   ）。

A.差错控制　　　　　B.数据压缩　　　　　　C.数据加密　　　　　D.路由选择

（2）IP地址共分（   ）类。

A.两类　　　　　　　B.三类　　　　　　　　C.五类　　　　　　　D.六类

（3）常用的IP地址类型有（   ）。

A.A、B、C　　　　B.C、D、E　　　　　C.A、D、E　　　D.B、C、E

（4）子网掩码255.255.192.0的二进制表示为（　　　）。

A. 11111111 11110000 00000000 00000000

B. 11111111 11111111 00001111 00000000

C. 11111111 11111111 11000000 00000000

D. 11111111 11111111 11111111 00000000

（5）IP地址190.233.27.13/16所在的网段的网络地址是（　　　）。

A. 190.0.0.0　　　　　　　　　　B. 190.233.0.0

C. 190.233.27.0　　　　　　　　　D. 190.233.27.1

（6）某公司申请到一个C类IP地址，但要连接6个的子公司，最大的一个子公司有26台计算机，每个子公司在一个网段中，则子网掩码应设为（　　　）。

A.255.255.255.0　　　　　　　　B.255.255.255.128

C.255.255.255.192　　　　　　　D.255.255.255.224

（7）一个B类IP地址最多可用（　　　）位来划分子网。

A.8　　　　　　B.14　　　　　　C.16　　　　　　D.22

（8）假定有IP地址：190.5.6.1，子网掩码255.255.252.0，那么，这个IP地址所在的网络号是（　　　），子网广播地址是（　　　）。

A.190.5.4.0 190.5.7.255

B.190.5.4.0 190.5.4.255

C.190.5.4.0 190.5.4.254

D.190.5.1.0 190.5.1.255

（9）网段175.25.8.0/19的子网掩码是（　　　）。

A.255.255.0.0

B.255.255.224.0

C.255.255.24.0

D.依赖于地址类型

（10）RARP的典型应用是（　　　）。

A.笔记本电脑　　　B.服务器　　　　　C.无盘工作站　　　D.台式机

（11）子网络号是从（　　　）中划分来的。

A.网络号　　　　　B.主机号　　　　　C.本来就有的　　　D.没有正确答案

（12）一般路由表的目的地址是（　　　）。

A.目的主机IP地址　　　　　　　　B.目的网络的网络地址

C.MAC地址　　　　　　　　　　　D.路由器的IP地址

（13）下面说法中正确的是（　　　）。

A.OSPF、RIP都适合静态的、小规模的网络

B.OSPF、RIP都适合动态的、大规模的网络

C.OSPF都适合动态的、小规模的网络；RIP都适合静态的、小规模的网络

D.OSPF都适合动态的、大规模的网络；RIP都适合动态的、小规模的网络

（14）OSPF的主干区域一般用（　　　　）表示。

A.Area1　　　　　　B.Area2　　　　　　C.Area3　　　　　　D.Area0

2．填空题

（1）路由器具有_____、_____、_____、_____、_____、_____功能。

（2）ARP的功能是_____。

（3）子网掩码的定义是_____。

（4）从功能上分类，路由器可分为_____、_____、_____。

（5）对于默认路由来说，子网掩码是_____，目的网络是_____，下一路由器地址是_____；对于特定主机路由来说，子网掩码是_____，目的地址是_____，下一路由器地址是_____。

3．简答题

（1）简述路由信息协议的基本思想。

（2）简述链路–状态算法的基本思想。

（3）OSPF为什么要分区？

4．应用题

（1）某公司有经理室、财务处、广告部、人事处和研发部等9个部门，人员最多的部门有10台计算机，现有IP地址段192.168.1.0，请根据需要划分出子网、计算子网号、子网掩码和每个子网的范围。

（2）图5.31是某个网络的结构图，请为这个网络中的各个设备和子网分配C类（200.1.1.0）的IP地址，并写出各个路由器的静态路由表。

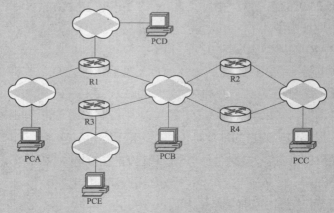

图5.31　网络结构

（3）写出图5.24中R2、R3、R4的最短路径树和各自的OSPF路由表。

PART 6

第6章
传输层

学习目标

- 理解端到端的概念、面向连接的服务和无连接服务
- 掌握端口的概念及常用的端口
- 了解掌握TCP及其工作原理
- 了解基于 UDP 的一些应用层协议
- 能够由传输层TCP、UDP及端口情况判断计算机网络工作异常状态

　　本章从分析网络层存在的问题入手，为了要克服网络层的缺陷，提供可靠的传输与不可靠的传输服务，引入了传输层的两个协议TCP与UDP，并对TCP与UDP进行了详细的分析，同时对传输层的端口，基于 TCP 与 UDP 的常用的应用协议进行了较详细的介绍。

6.1 传输层简介

6.1.1 问题的提出

传输层是OSI参考模型的第4层，其下一层是IP层。由于分层功能的划分，IP协议只是负责实现对数据进行分段、重组，在多种网络中传送，其他功能就无法实现，存在着以下问题。

● IP包在网络层传送过程中由于网络硬件损坏、网络负荷过重、目的网络、目的主机、目标端口不可达等原因，导致IP包被丢弃或损坏。

● 由于IP包的体积是有限的，而应用系统之间交换的数据往往会超过这个限制，因此，必须有一套机制将应用系统送来的数据进行划分，以符合IP包的传送要求。

● 由于IP包路由的复杂性及不可预测性，IP 包的抵达通常是不按顺序的，必须对IP包进行组装和控制。

● 主机上同时可能有多个应用系统之间需要进行通信的情况，需要标示；需要一套传输控制机制，以更可靠、更方便和有效的传送数据，且将这种机制与应用程序分离开，并向应用程序提供一致的数据流传送接口。

传送层就是应上述要求而产生的。

传输层的目的是在网络层提供主机之间通信服务的基础上，向主机上应用进程之间的提供可靠（如果需要的话）的数据通信服务；接收由上层协议传来的数据，并以IP包可以接受的格式进行"封装"工作；通过IP层提供的服务进行数据的传送和回应的确认，以及处理数据流的错误检测、组装和控制。

6.1.2 传输层的两个协议

TCP/IP 传输层的两个协议TCP和UDP都是Internet的正式标准。

1.TCP

TCP（Transfer Control Protocol，传输控制协议）提供面向连接（Connection Oriented）的、全双工的、可靠传输服务，它有以下主要特点。

（1）提供数据包的错误检测、回应确认、流量控制和数据包顺序控制等机制。

（2）面向连接（采用虚电路技术）的服务，需要建/拆链。

（3）全双工字符流通信。

（4）支持报文分组。

（5）提供包的差错控制、顺序控制、应答与重传机制。

（6）提供流量控制。

（7）保证发送方不会"淹没"接收方。

（8）提供报文拥塞控制。

（9）保证发送方不会"淹没"网络中的路由器。

2.UDP

UDP（User Datagram Protocol，用户数据报协议）是一个无连接（Connectionless）的非可靠传输协议，只提供一种基本的、低延迟的数据报通信服务，有以下主要特点。

（1）没有确认机制来保证数据是否正确地被接收。

（2）不需要重传遗失的数据。

（3）数据的接收可不必按顺序进行。

（4）没有控制数据流速度的机制。

（5）适合信息量较大、时效性大于可靠性的传输。

6.1.3 传输层的主要任务

OSI参考模型下三层的主要任务是数据通信，上三层的任务是数据处理，而传输层是OSI模型的第四层。因此该项层是通信子网和资源子网的接口和桥梁，起到承上启下的作用。

传输层的主要任务是向用户提供可靠的端到端的差错和流量控制，以保证报文的正确传输，即：

（1）连接管理，提供建立、维护拆除传输层的连接；

（2）流量控制，差错检测，提供端到端的错误恢复和流控制；

（3）对用户请求的响应，向会话层提供独立于网络层的传送服务和可靠的透明数据传送。

6.2 传输层端口

6.2.1 什么是端口

主机上可能有多个进程同时运行，发送端如何将数据包发给指定进程呢？当数据包抵达目的地后，接收端又如何将它交给正确的服务进程处理呢？

TCP与UDP都是使用与应用层接口处的端口与上层的应用进程进行通信。

端口是个非常重要的概念。在网络技术中，端口（Port）有好几种意思。集线器、交换机、路由器的端口指的是连接其他网络设备的接口，如 RJ45 端口、Serial 端口等。这里所指的端口不是指物理意义上的端口，而是特指 TCP/IP 中的端口，是逻辑意义上的端口，如图6.1所示。

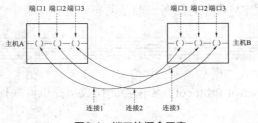

图6.1 端口的概念示意

为每个需要通信的应用程序分配一个通信端口，在TCP/IP中，其值为1~216，用于唯一地标识一个进程。

在 TCP/IP中如果把 IP 地址比作一间房子，端口就是出入这间房子的门。真正的房子只有几个门，但是一个 IP 地址的端口可以有 65 536 个。端口是通过端口号来标记的，范围是 0 ~ 65 535。

在技术上，进程使用哪一个端口并不重要，关键是能让对方知道就行，同一主机中进程的端口号必须是唯一的。

一台拥有 IP 地址的主机可以提供许多服务，比如 Web 服务、FTP 服务、SMTP 服务等，这些服务完全可以通过一个 IP 地址来实现。那么，主机是怎样区分不同的网络服务呢？显然不能只靠 IP 地址，因为 IP 地址与网络服务的关系是一对多的关系。实际上是通过"IP地址+端口号"也叫套接字（Socket）来区分不同的服务的。需要注意的是，端口并不是一一对应的，端口号只具有本地意义。比如，如果计算机作为客户机访问一台WWW服务器时，WWW 服务器使用"80"端口与这台计算机通信，该计算机则可能使用的是"3480"这样的端口。

按对应的协议类型，端口有两种：TCP 端口和UDP 端口。由于TCP 和UDP两个协议是独立的，因此各自的端口号也相互独立，比如TCP有235端口，UDP也可以有235端口，两者并不冲突。

6.2.2　端口的种类

端口号分两类。一类是由Internet指派和号码公司ICANN负责分配给一些常用的应用层程序固定使用的熟知端口（Well Known Ports），范围为 0 ~ 1023，如表 6.1 所示。

表 6.1　常用的熟知端口

应用程序	FTP	Telnet	SMTP	DNS	TFTP	HTTP	SNMP
熟知端口	20	23	25	53	69	80	161

网络服务也可以使用其他端口号，如果不是默认的端口号，则应该在地址栏上指定端口号，比如 www.cce.com.cn:8080，说明是使用"8080"作为 WWW 服务的端口。有些系统协议使用固定的端口号，它是不能被改变的，比如"139"端口专门用于NetBIOS 与TCP/IP之间的通信，不能手动改变。

另一类是动态端口（Dynamic Ports），其范围是1024 ~ 65535，之所以称为动态端口，是因为它一般不固定分配某种服务，而是动态分配。

6.3　TCP

TCP（Transfer Control Protocol，传输控制协议）提供面向连接的、全双工的、可靠的传输服务。在 TCP/IP 体系中，采用 TCP传输的协议数据单元称为 TCP 报文段，简称段（Segment），是基于字节的数据结构。

TCP 发送报文段的过程如图 6.2 所示。

图 6.2　段的传输

图6.2中只画出了一个方向的段传输，实际上，只要建立了 TCP 连接，就能支持同时双向通信的数据流，也就是说数据流是双向的。

TCP的工作主要是建立连接，然后从应用层程序中接收数据并进行传输。TCP采用虚电路连接方式进行工作，在发送数据前它需要在发送方和接收方建立一个连接，数据在发送出去后，发送方会等待接收方给出一个确认性的应答，否则发送方将认为此数据丢失，并重新发送此数据。

6.3.1　TCP 报文段的首部格式

TCP 段头总长最小为20字节，其段头结构如图 6.3 所示。

图 6.3　TCP 的报头结构

（1）源端口和目的端口。指定了发送端和接收端的端口。

（2）序列号。指明了段在即将传输的段序列中的位置。

（3）确认号。规定成功收到段的序列号，确认序号包含发送确认的一端所期望收到的下一个序号。

（4）TCP偏移量。指定了段头的长度。段头的长度还取决于段头选项字段中设置的选项。

（5）保留。指定了一个保留字段，以备将来使用。

（6）标志。具体有SYN、ACK、PSH、RST、URG、FIN。

①SYN表示同步。

②ACK表示确认。

③PSH表示尽快将数据送往接收进程。

④RST表示复位连接。

⑤URG表示紧急指针。

⑥FIN表示发送方完成数据发送。

（7）窗口。指定关于发送端能传输的下一段的大小的指令。

（8）校验和。校验和包含 TCP 段头和数据部分，用来校验段头和数据部分的可靠性。

（9）紧急指针。指明段中包含紧急信息，只有当URG标志置1时紧急指针才有效。

（10）选项。指定了公认的段大小、时间戳、选项字段的末端，以及指定了选项字段的边界选项。TCP 只规定了一种选项，即最大长度（Maximum Segment Size，MSS）。MSS 告诉对方 TCP "我的缓存所能接收的段的数据字段的最大长度是 MSS字节"，当没有使用选项时，TCP 的首部长度是 20 字节。

6.3.2　建立连接

建立连接听起来容易，但实际上却出乎意料得麻烦。初看起来一个传输实体似乎只需向目的机器发送一个连接请求，并等待对方接受连接的应答就足够了，但当网络可能丢失、存储和出现重复分组时，问题就来了。

设想一个网络，它十分拥塞，确认根本不能及时返回时，每个分组由于在规定时间内得不到确认而需要重发2次或3次，每个分组拥有不同的路由。一些分组可能会因网络内部线路拥塞，被存储在某个路由器里，需要很长一段时间才能到达。最坏的可能性是一个用户与银行之间建立了一条连接，并发送报文让银行将一笔巨款转到一个商户的账户上，然后便释放连接。不幸的是，此分组均被复制在网络节点上，有可能再次请求连接，将巨款再次转移。

问题的关键是由于网络中存在着延迟的重复分组。解决的办法是可以给每个连接一个序号，在建立连接时双方要商定初始序号。TCP每次发送的段的首部中的序号字段数值，表示该段中的数据部分的第一个字节的序号。

TCP的确认号表示接收端期望下次收到的数据中的第一个数据字节序号，即收到的最后一个字节号加1。

TCP传输的可靠是由于使用了序号和确认。当TCP发送一个段时，它同时也在自己的重传队列中存放一个副本，若收到确认，则删除此副本，若在计时器时间到之前还未收到确认，则重传此报文的副本。

由于TCP连接能提供全双工通信，因此通信中的每一方都不必专门发送确认段，而可以在传送数据时顺便把确认信息捎带传送，以提高效率。

TCP的连接建立采用客户/服务器方式。服务器端运行服务器进程，使服务器端被动打开，处于"侦听"状态，TCP准备接收客户进程的请求。客户端运行客户端进程，使TCP主动打开，准备向某个IP地址的某个端口建立连接。整个连接过程分三次发收，叫做三次握手，如图6.4所示。

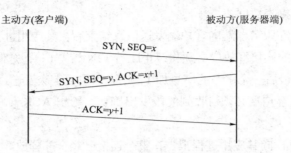

图 6.4　三次握手建立连接

第一次握手：客户端的TCP向服务器端的TCP发出连接请求段，其首部中的同步比特SYN 置置"1"，同时选定序号 x 即 SEQ=x，表明在后续传送的数据第一个数据字节的序号是x。

第二次握手：服务器端的TCP收到连接请求段后，如同意，则发回确认，同步SYN置1，其确认号为 $x+1$ 即ACK=$x+1$，同时也为自己选择一个序号y。

第三次握手：客户端收到此段后，还要向服务器端给出确认，其确认号为$y+1$即ACK=$y+1$。

客户端的TCP通知上层应用进程，连接已经建立。服务器端收到确认后，也通知上层应用进程，连接已经建立。

6.3.3　释放连接

连接的释放要比建立更容易些。

在实际应用时，人们在解决释放连接问题往往采用四次握手。

在数据传输结束后，通信的双方都可以发出释放连接的请求，如图6.5所示。

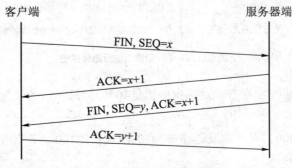

图 6.5　释放连接的四次握手

比如说，客户端的应用进程先向其 TCP 发出连接释放请求，并且不再发送数据。TCP通知对方要释放从客户端到服务器端方向的连接。

第一次握手：将发往服务器端的段首部终止比特 FIN 置"1"，其序号 x 等于前面已传送过的数据的最后一个字节的序号加1。

第二次握手：服务器端的 TCP 收到释放连接通知后即发出确认，其序号为 $x+1$，同时通知高层应用进程。这样，从客户端到服务器端的连接就释放了，连接处于半关闭状态，客户端仍可接收数据。

第三次握手：在服务器端向客户端发送信息结束后，其应用进程就通知TCP释放连接，服务器端发出的连接释放段必须将终止比特 FIN 置"1"，并使其序号 y 等于前面已传送过的数据的最后一个字节的序号加 1，还必须重复上次发送过的ACK=$x+1$。

第四次握手：客户端必须对收到的段发出确认，给出 ACK=$y+1$，从而释放由服务器端方向的连接。

客户端的 TCP 再向其应用进程报告，整个连接已经全部释放。

6.3.4 滑动窗口

为了提高段的传输效率，TCP采用大小可变的滑动窗口进行流量控制。窗口大小的单位是字节。在TCP 段首部的窗口字段写入的数值就是当前给对方设置的发送窗口数值的上限。发送窗口在连接建立时由双方商定。但在通信的过程中，接收端可根据自己的资源情况随时动态地调整对方的发送窗口上限值。

下面通过例子说明利用可变窗口大小进行流量控制，如图6.6所示。

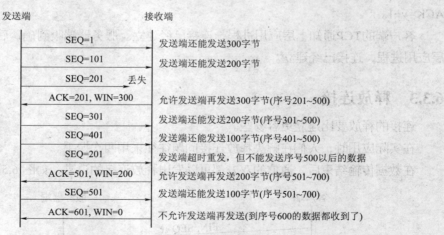

图 6.6 利用可变窗口进行流量控制

假设发送端和接收端双方确定的窗口值是400，而每一段的长为100 字节，序号的初始值为1。

因为窗口值是400，发送端发送序号为1的段包含的100个字节后，还能再发送以序号101 开始的下一个段，因为距离400 的窗口还有300字节的距离，依次发送。在发送到序号为201开始的段时，接到接收端发来的应答，ACK=201，窗口WIN=300，即接收端希望收到的下一段开始序号为201，说明上一发送段已丢失，并调整窗口为300。

发送端依此窗口发送并重发因超时而丢失的以201开始的段。发送端收到接收端的应答，ACK=501，窗口WIN=200，即接收端希望收到的下一段开始序号为501，并调整窗口为200。

发送端发送以501 开始的段后收到接收端的应答，ACK=601，窗口WIN=0，即接收端希望收到的下一段开始序号为601，并调整窗口为0，说明不允许发送端再发送，数据已接收完成。

6.3.5　确认机制与超时重传

1. 流量控制

流量控制可以保证数据的完整性。可以防止发送方将接收方的缓冲区溢出。

当接收方在接到一个很大或速度很快的数据时，它把来不及处理的数据先放到缓冲区里，然后再处理。缓冲区只能解决少量的数据，如果数据很多，那么后来的数据将会丢失。使用流量控制，接收方不是让缓冲区溢出，而是发送一个信息给发送方"我没有准备好，停止发送"，这时，发送方就会停止发送。当接收方能再接收数据时，就会再发送一个信息，"我准备好了，请继续发送"，那么发送方就会继续发送数据。

面向连接的通信会话可做到以下几点。

（1）根据所传送数据段的接受情况，对发送发做出确认。

（2）重传没有收到确认的数据段。

（3）对数据段进行排序，得到正确的数据。

（4）维持可管理的数据流量，避免拥塞、超载和数据丢失。

2. 拥塞控制

拥塞控制与流量控制有密切的关系。区别在于，拥塞控制是网络能够承受现有的网络负荷，是一个全局变量；而流量控制往往只是指点对点之间对通信量的控制。

6.4　UDP

UDP（User Datagram Protocol，用户数据报协议）只提供一种基本的、低延迟的被称为数据报的通信。TCP/IP 体系按UDP传输的传输协议单元称为UDP报文或用户数据报。

所谓数据报，就是一种自带寻址信息，从发送端走到接收端的数据集。UDP经常用于路由表数据交换转发和系统信息、网络监控数据等的交换。UDP没有TCP那样的三次握手并且是基于数据报，因此UDP没有TCP那样丰富的头信息，以实现诸多功能。

6.4.1 UDP 的首部格式

首部共有两个字段：数据字段和首部字段，首部字段很简单，只有8个字节，如图6.7 所示。

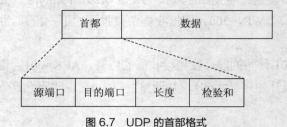

图 6.7 UDP 的首部格式

源端口：源端口号。

目的端口：目的端口号。

长度：信息长度，用来告诉接收端信息的大小。

校验和：用于接收端判断信息是否有效。

由于UDP比较简单，所以UDP连接不会像TCP连接那样可靠，它只负责尽力地转发数据包，但是却不会把错误的数据报重新发送，它会丢弃掉所有被破坏或者损坏的数据报，并且继续后面的传送，至于被丢弃的部分，发送端不知道，也不会被接收端要求重新发送。除此之外，UDP不具备把乱序到达的数据报进行重新排列的功能（因为没有TCP头中包含的TCP 序列号），这样一来，UDP 便是完全不可靠的，因为根本就无法保证所收到的数据是完整的。但是，UDP的不可靠并不代表UDP是毫无用处的，恰恰相反，没有和TCP一样的复杂头信息，各种设备处理UDP数据报的时间将会大大缩短，效率比TCP要高得多。由于UDP处理的高效性，UDP往往被用于那些数据报不断出现的应用，比如IP电话或者实时视频会议，如表6.2 所示。

表 6.2 基于 TCP 与 UDP 的常用应用协议

应用协议	应用层协议	传输层协议	应用协议	应用层协议	传输层协议
网络管理	SNMP	UDP	电子邮件	SMTP	TCP
远程文件服务	NFS	UDP	远程终端接入	TELNET	TCP
IP 电话	专用协议	UDP	超文件传输	HTTP	TCP
流媒体通信	专用协议	UDP	文件传送	FTP	TCP

6.4.2 UDP和TCP的区别

两者在如何实现信息的可靠传递方面不同。TCP中包含了专门的传递保证机制，当数据接收方收到发送方传来的信息时，会自动向发送方发出确认消息；发送方只有在接收到该确认消息之后才继续传送其他信息，否则将一直等待直到收到确认信息为止。

与TCP不同，UDP并不提供数据传送的保证机制。如果在从发送方到接收方的传递过程中出现数据报的丢失，协议本身并不能做出任何检测或提示。因此，通常人们把UDP称为不可靠的传输协议。所以此协议常用于小信息量的通信和小文件传输，如QQ软件就是一例。

相对于TCP，UDP的另外一个不同之处在于如何接收突法性的多个数据报。不同于TCP，UDP并不能确保数据的发送和接收顺序。例如，一个位于客户端的应用程序向服务器发出了以下4个数据报：D1、D22、D333、D4444；但是UDP有可能按照以下顺序将所接收的数据提交到服务端的应用：D333、D1、D4444、D22。事实上，UDP的这种乱序性基本上很少出现，通常只会在网络非常拥挤的情况下才有可能发生。

6.4.3　UDP的应用

既然UDP是一种不可靠的网络协议，那么还有什么使用价值或必要呢？其实不然，在有些情况下UDP协议可能会变得非常有用。因为UDP具有TCP所望尘莫及的速度优势。虽然TCP中植入了各种安全保障功能，但是在实际执行的过程中会占用大量的系统开销，无疑使速度受到严重的影响。反观UDP由于排除了信息可靠传递机制，将安全和排序等功能移交给上层应用来完成，极大降低了执行时间，使速度得到了保证。

关于UDP的最早规范是RFC768，1980年发布。尽管时间已经很长，但是UDP仍然继续在主流应用中发挥着作用。包括视频电话会议系统在内的许多应用都证明了UDP的存在价值。因为相对于可靠性来说，这些应用更加注重实际性能，所以为了获得更好的使用效果（如更高的画面帧刷新速率）往往可以牺牲一定的可靠性（如会面质量）。这就是UDP和TCP两种协议的权衡之处。根据不同的环境和特点，两种传输协议都将在今后的网络世界中发挥更加重要的作用。

本章小结

传输层是 OSI 参考模型的第四层，它为上一层提供了端到端的可靠的信息传递。物理层可以在各链路上透明地传输比特流。数据链路层则增强了物理层所提供的服务，它使得相邻结点所构成的链路能够传输无差错的帧。网络层又在数据链路层的基础上，提供路由选择、网络互连的功能。而对于用户进程来说，希望得到的是端到端的服务。因此传输层的主要功能有连接管理、流量控制、差错检测、对用户请求的响应。

传输服务也有两种类型，一种是面向连接的服务，另一种是无连接的服务。TCP提供面向连接的服务，UDP 提供无连接的服务。

端口有两种，熟知端口和动态端口，传输层通过端口号来区别应用层的服务。

TCP 提供的是面向连接的、全双工的、可靠的传输服务。它的传输单元叫"段"，它在建立连接时采用三次握手，释放连接时采用四次握手。它通过可变窗口大小进行流量控制。

UDP 提供一种基本的、低延迟的被称为数据报的通信，UDP传输的传输协议单元称为 UDP 报文或用户数据报，UDP 的延迟使它具有 TCP 不可替代的优点。

实训 传输层协议的应用

1. 实训目的

（1）查看分析当前计算机传输层TCP、UDP 的协议和打开的端口情况。

（2）判断计算机网络当前工作状态是否异常。

2. 实训环境

局域网连网工作情况下的计算机。

3. 实训内容

（1）引例。现在内部网络受到木马病毒的威胁越来越严重，人们使用网络时，可能发现机器工作很不正常，速度明显变慢，那么对此类状况要特别关注并怀疑该机器是否中了木马病毒。

当人们上网时就是本机和其他机器传递数据的过程，要传递数据必须要用到端口，当前最为常见的木马通常是基于TCP、UDP进行Client 端与 Server 端之间的通信的，既然利用到这两个协议，就不可避免要在Server 端（就是被种了木马的计算机）打开监听端口来等待连接。即使是有些非常高明的木马利用正常的端口传送数据也不是没有痕迹的，那么，可以利用查看本机开放端口的方法来检查自己是否被种了木马或其他 hacker 程序。

通过查看其端口情况，以便采取措施。

（2）查看端口。两种方式：一种是利用系统内置的命令"netstat -an"，可以列出系统正在开放的端口号及其状态；另一种是利用第三方端口扫描软件。

示例操作：

在 DOS 状态下输入 netstat –na。

C:\>netstat -na

Active Connections

Proto	Local Address	Foreign Address	State
TCP	0.0.0.0:135	0.0.0.0:0	LISTENING
TCP	0.0.0.0:445	0.0.0.0:0	LISTENING
TCP	192.168.133.149:139	0.0.0.0:0	LISTENING
UDP	0.0.0.0:445	*:*	
UDP	0.0.0.0:500	*:*	
UDP	0.0.0.0:1026	*:*	
UDP	0.0.0.0:1028	*:*	

显示的信息内容就是打开的服务端口，其中 Proto 代表协议，有 TCP 和 UDP 两种协议。Local Address代表本机地址，该地址冒号后的数字就是开放的端口号。Foreign Address 代表远程地址，如果和其他机器正在通信，显示的就是对方的地址，State 代表状态，显示的 LISTENING 表示处于侦听状态，就是说该端口是开放的，等待连接，但还没有被连接。就像房子的门已经敞开了，但此时还没有人进来。

TCP 0.0.0.0:135 0.0.0.0:0 LISTENING这一行的意思是本机的 135 端口正在等待连接。

说明：只有 TCP 的服务端口才能处于 LISTENING 状态。

4. 实训思考

（1）通过查看知道：本机开了哪些端口，也就是可以进入到本机的"门"有几个？都是谁开的？

（2）目前本机的端口处于什么状态，是等待连接还是已经连接？连接是个正常连接还是非正常连接（木马等）？

（3）目前本机是不是正在和其他计算机交换数据，是正常的程序访问还是访问到一个陷阱？

习　题

1. 判断题

（1）UDP支持广播发送数据。（　　　）

（2）UDP属于应用层协议。（　　　）

（3）TCP/IP的传输层协议不能提供无连接服务。（　　　）

（4）传输层用通信端口号来标识主机间通信的应用进程。（　　　）

（5）传输层的目的是在任意两台主机上的应用进程之间进行可靠数据传输。（　　　）

2. 单选题

（1）能保证数据端到端可靠传输能力的是相应OSI的（　　　）。

A.网络层　　　　　　B.传输层　　　　　　C.会话层　　　　　　D.表示层

（2）TCP和UDP的共同之处是（　　　）。

A.面向连接的协议　　　　　　　　　　B.面向非连接的协议

C.传输层协议　　　　　　　　　　　　D.以上均不对

（3）小于（　　　）的TCP/UDP端口号已保留，与现有服务一一对应，此数字以上的端口号可自由分配。

A.199　　　　　　　B.100　　　　　　　C.1024　　　　　　D.2048

（4）TCP建立连接过程需（　　　）。

A.二次握手　　　　B.三次握手　　　　C.四次握手　　　D.五次握手

（5）TCP释放连接过程需（　　　）。

A.二次握手　　　　B.三次握手　　　　C.四次握手　　　D.五次握手

（6）下列对UDP数据报描述不正确的是（　　　）。

A.是无连接的　　　B.是不可靠的　　　C.不提供确认　　D.提供消息反馈

（7）TCP是TCP/IP协议簇中的一个协议，它提供的服务是（　　　）。

A.面向连接的报文通信　　　　　　　B.面向连接的字节流通信

C.不可靠的　　　　　　　　　　　　D.无连接的

（8）滑动窗口的作用是（　　　）。

A.流量控制　　　　B.拥塞控制　　　　C.路由控制　　　D.差错控制

3. 多选题

（1）TCP/IP的传输层协议具有的功能包括（　　　）。

A.提供面向连接的服务　　　　　　　B.提供无连接的服务

C.提供流量控制机制　　　　　　　　D.提供差错控制机制

（2）下面对于网络拥塞控制的描述正确的有（　　　）。

A.拥塞控制主要用于保证网络传输数据通畅，是一种全局性的控制措施

B.拥塞控制涉及网络中所有与之相关的主机和路由器的发送和转发行为

C.拥塞控制涉及网络中端到端主机的发送和接收数据的行为

D.拥塞控制和流量控制没有任何区别

（3）在ISO/OSI参考模型中，对于传输层的描述正确的有（　　　　）。

A.为系统之间提供面向连接的和无连接的数据传输服务

B.提供路由选择、简单的拥塞控制

C.为传输数据选择数据链路层所提供的最合适的服务

D.提供端到端的差错恢复和流量控制，实现可靠的数据传输

PART 7

第7章
网络操作系统中常用服务器的配置与管理

学习目标

● 了解Internet常用服务器的作用
● 能够完成常用服务器的配置
● 学会维护常用服务器

本章主要介绍Windows Server网络操作系统中常用服务器DNS、DHCP、IIS、FTP的概念、原理、安装、配置与管理等。

7.1 DNS服务器

7.1.1 什么是DNS

Internet上计算机之间的TCP/IP通信是通过IP地址来进行的。因此，Internet上的计算机都应有一个IP地址作为它们的唯一标识。域名系统是用于注册计算机名及其IP地址。DNS是在Internet环境下研制和开发的，目的是使任何地方的主机都可以通过比较友好的计算机名字而不是它的IP地址来找到另一台计算机。DNS是一种不断向前发展的服务，该服务通过Internet工程任务组（IFTF）的草案和一种称为RFC（Request For Comment）文件的建议不断升级的。

不要混淆域名系统服务器和域名系统。域名系统服务器只是域名系统中的工具，通过它们不停地工作来实现域名系统的功能。

早在美国国防部为试验目的搭建的小型 Internet 模型的时候，DNS就已出现。通过一台中央服务器上的一个HOSTS 文件来管理网络中的主机名。哪台机器需要解析网络中的主机名，它就要把这个文件下载到本地。

随着 Internet 上主机数目的迅速增加，HOSTS文件的大小也随之变大，这将大大影响主机名解析的效率。人们越来越觉得以前的系统无法满足需求，需要一套新的主机名解析系统，来提供扩展性能好，分布式管理和支持多种数据类型等的功能。于是 Domain Name System （DNS）域名系统在 1984年应运而生。使用 DNS可使存储在数据库中的主机名数据分布在不同的服务器上，从而减少对任何一台服务器的负载，并且提供了以区域为基础的对主机名系统的分布式管理能力。

DNS支持名字继承，而且除了HOSTS文件中的主机名到IP地址的映射数据外，DNS还能注册其他不同类型的数据。由于是分布式的数据库，它的大小是无限的，而且他的性能不会因为增加更多的服务器而受到影响。最早的DNS系统是建立在RFC882（Domain names: Concepts and Facilities） 和 RFC883 （Domain Names-Implementation and Specification）国际标准上的，现在则由国际标准RFC1034 （Domain Names-Concepts and Facilities） 和RFC1035 （Domain Names-Implementation and Specification）来代替。

1. 主机名和IP地址

DNS的数据文件中存储着主机名和与之相匹配的IP地址。从某种意义上说，域名系统类似于存储用户名以及与此相匹配的电话号码的电话号码服务系统。

虽然除了主机名和IP地址外，DNS还记录了一些其他的信息，并且DNS系统本身也有一些较复杂的问题要讨论，但DNS最主要的用途和最重要的价值是，通过它可以由主机名找到与之匹配的IP地址，并且在需要时输出相应的信息。

2. 主机名的注册

主机名和IP地址必须注册。注册就是将主机名和IP地址记录在一个列表或者目录中。注册的方法可以是人工的或者自动的、静态的或者动态的。过去的DNS服务器都是通过人工的方法来进行原始的主机注册，也就是说，主机在DNS列表中的注册是要由人工从键盘输入。

最近的趋势是动态的主机注册。更新是由DHCP服务器触发完成的，或者直接由具有动态DNS更新能力的主机完成。DHCP是Dynamic Host Configuration Protocol的缩写，即动态主机配置协议。除非使用动态DNS，DNS注册通常是人工的和静态的。Windows 2003中就提供了动态DNS的功能。当主机的信息有所变化时，主机

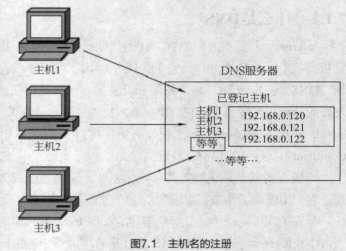

图7.1　主机名的注册

记录的更新通常由人工来完成。图7.1所示为若干主机在DNS服务器中的注册。在DNS服务器中，最主要的信息只是主机名和IP地址。

3. 主机名的解析

只要进行了注册，主机名就可以被解析。解析是一个客户端过程，目的是查找已注册的主机名或者服务器名，以便得到相应的IP地址。客户端得到了目标主机的IP地址后，就可以直接在本地网上通信，或者通过一个或几个路由器在远程网上通信。

显然，一个DNS服务器可以有许多已注册的主机。解析注册在同一台DNS服务器上的其他主机名应该是比较快的。一个具有上千台主机的企业只需要少数几台DNS服务器。图7.2所示为DNS客户机解析另一个在同一台DNS服务器注册的主机名的过程。

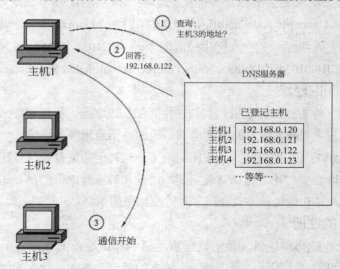

图7.2　主机名的解析

4. 主机名的分布

并不是一台单独的DNS服务器就包含了全世界的主机名，这是不可能的。如果存在这样的主DNS服务器的话，客户机和这台服务器的距离就太遥远了。同时也很难想象这样一台为整个Internet服务的DNS服务器需要多大能力和带宽。另外，如果这台主DNS服务器停机，遍布全球的Internet将陷入瘫痪！与这种设想相反，主机名分布于许多DNS服务器之中。主机名的分布解决了不只用一台DNS服务器的问题，但这对客户机又出现了另一个问题，客户机如何得知向哪一台DNS服务器查询。域名系统通过使用自顶向下的域名树来解决这个问题，每一台主机是树中某一个分支的叶子，而每个分支具有一个域名。每一台主机都和一个域相关联。那究竟总共需要多少DNS服务器呢？尽管实际的数字是不可知的，并且根据实际原因而变化，但从理论上来说，域名树的每一个分支需要一台DNS服务器。图7.3所示为域名树中主机名的分布。

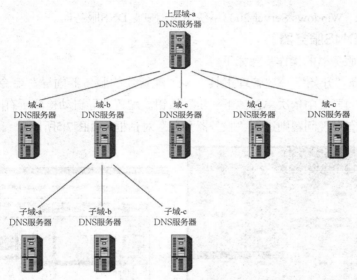

图7.3　主机名的分布

5. DNS和Internet

Internet域名系统是由 Internet 上的域名注册机构来管理的，它们负责管理向组织和国家开放的顶级域名，这些域名遵循 3166 国际标准。表7.1所示为现有的组织顶级域名和国家顶级域名的缩写。

表7.1　顶级域名的缩写

DNS顶级域名	组织类型
com	商业公司
edu	大学或学院
org	非营利机构

DNS顶级域名	组织类型
net	大的网络中心
gov	政府组织
mil	军事机构
num	电话号码簿
arpa	反向DNS
xx	两个字母的国家代码

7.1.2 安装DNS服务器

默认情况下Windows Server 2003系统中没有安装DNS服务器。

1. 安装DNS服务器

安装DNS服务器的操作步骤如下。

（1）选择"开始"→"管理工具"→"配置您的服务器向导"命令，如图7.4所示，在打开的向导页中依次单击"下一步"按钮。配置向导自动检测所有网络连接的设置情况，若没有发现问题则进入"服务器角色"对话框，如图7.5所示。

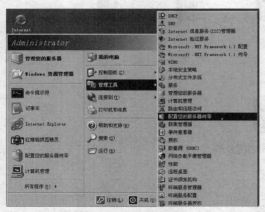

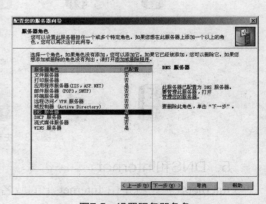

图7.4　选择"配置您的服务器向导"命令　　　　图7.5　设置服务器角色

小提示：如果是第一次使用配置向导，则会弹出"配置选项"对话框，选中"自定义配置"单选按钮即可。

（2）在"服务器角色"列表框中选择"DNS服务器"选项，单击"下一步"按钮，打开选择总结对话框，如果列表框中显示"安装DNS服务器"和"运行配置DNS服务器向导来配置DNS"，则直接单击"下一步"按钮。否则单击"上一步"按钮重新配置（见图7.6）。

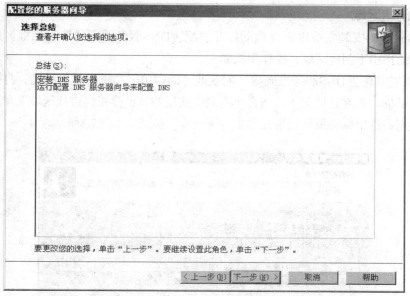

图7.6 选择总结

（3）向导开始安装DNS服务器在此过程中会提示插入Windows Server操作系统的安装光盘或指定安装源文件（见图7.7）。

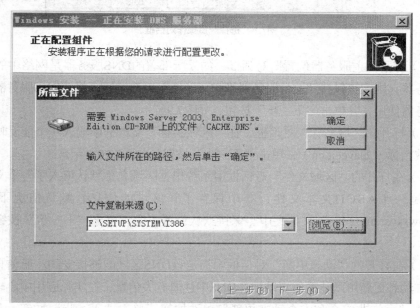

图7.7 指定系统安装盘或安装源文件

小提示：如果该服务器当前配置为自动获取IP地址，则会弹出Windows组件向导的"正在配置组件"对话框，提示用户使用静态IP地址配置DNS服务器。

2. 创建区域

DNS服务器安装完成以后会自动打开"配置DNS服务器向导"对话框。用户可以在该向导的指引下创建区域；操作步骤如下。

（1）在"配置DNS服务器向导"的欢迎界面中单击"下一步"按钮，打开选择配置操作对话框。在默认情况下，适合小型网络使用的"创建正向查找区域"单选按钮处于选中状态。这里保持默认设置并单击"下一步"按钮，如图7.8所示。

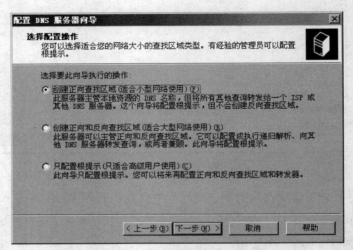

图7.8　选择配置操作对话框

（2）打开"主服务器位置"对话框，如果所部署的DNS服务器是网络中的第一台DNS服务器，则应该保持"这台服务器维护该区域"单选按钮，将该DNS服务器作为主DNS服务器使用，并单击"下一步"按钮，如图7.9所示。

（3）打开"区域名称"对话框，在"区域名称"文本框中输入一个能反映单位信息的区域名称（如avceit.cn），单击"下一步"按钮，如图7.10所示。

（4）在打开的"区域文件"对话框中系统根据区域名称默认填入了一个文件名。该文件是一个ASCII文本文件，其中保存了该区域的信息，默认情况下保存在"windowssystem32dns"文件夹中。保持默认设置不变，单击"下一步"按钮，如图7.11所示。

（5）在打开的"动态更新"对话框中指定该DNS区域能够接受的注册信息更新类型。允许动态更新可以让系统自动地在DNS中注册有关信息，在实际应用中比较有用，因此选中"允许非安全和安全动态更新"单选按钮，单击"下一步"按钮，如图7.12所示。

（6）打开"转发器"对话框，选中"是，应当将查询转发到有下列IP地址的DNS服务器上"单选按钮，在IP地址文本框中输入ISP（或上级DNS服务器）提供的DNS服务器IP地址，单击"下一步"按钮，如图7.13所示。

小提示：通过配置转发器可以使内部用户在访问Internet上的站点时使用当地的ISP提供的DNS服务器进行域名解析。

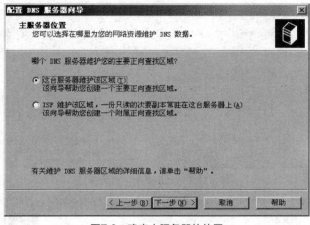

图7.9　确定主服务器的位置

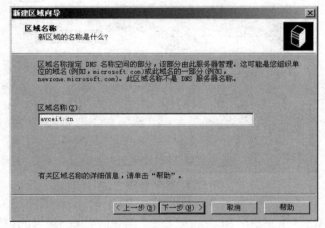

图7.10　填写区域名称

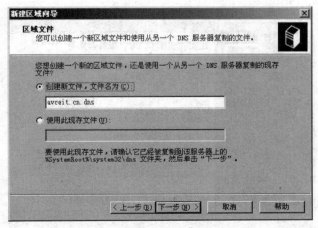

图7.11　"区域文件"对话框

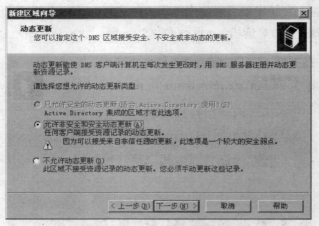

图7.12 "动态更新"对话框

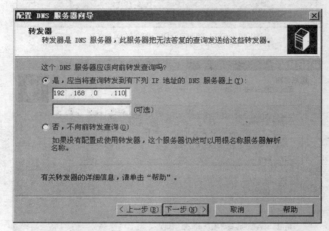

图7.13 配置DNS转发

（7）依次单击"下一步"和"完成"按钮结束avceit.cn区域的创建和DNS服务器的安装配置，如图7.14所示。

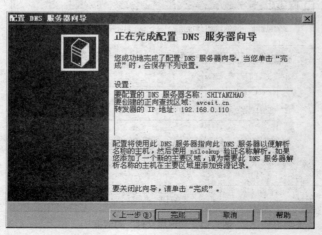

图7.14 完成配置

7.1.3　创建域名

前面利用向导成功创建了avceit.cn区域，但内部用户还不能使用这个名称来访问内部站点，因为它还不是一个合格的域名。还需要在其基础上创建指向不同主机的域名才能提供域名解析服务。下面创建一个用以访问Web站点的域名www.avceit.cn，具体操作步骤如下。

（1）选择"开始"→"管理工具"→"DNS"命令，打开dnsmgmt控制台窗口，如图7.15所示。

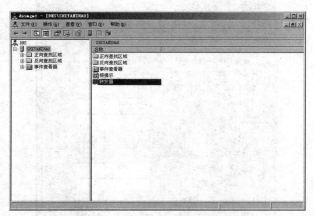

图7.15　dnsmgmt 控制台窗口

（2）在左窗格中依次展开ServerName下的"正向查找区域"目录。然后右击avceit.cn区域，选择快捷菜单中的"新建主机"命令。

（3）打开"新建主机"对话框，在"名称"文本框中输入一个能代表该主机所提供服务的名称（本例输入www）。在"IP地址"文本框中输入该主机的IP地址（如"192.168.0.110"），单击"添加主机"按钮，如图7.16所示，系统会提示已经成功创建了主机记录。

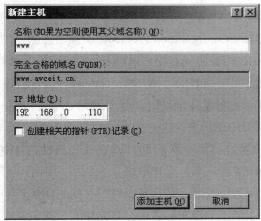

图7.16　"创建主机"对话框

（4）单击"完成"按钮结束创建。

7.1.4 设置DNS客户端

尽管DNS服务器已经创建成功，并且创建了合适的域名，但在客户机的浏览器中却无法使用www. avceit.cn这样的域名访问网站。这是因为虽然已经创建了DNS服务器，但客户机并不知道DNS服务器在哪里，因此不能识别用户输入的域名。用户必须手动设置DNS服务器的IP地址。可在客户机"Internet协议（TCP/IP）属性"对话框中的"首选DNS服务器"文本框中输入刚刚部署的DNS服务器的IP地址，如图7.17所示。

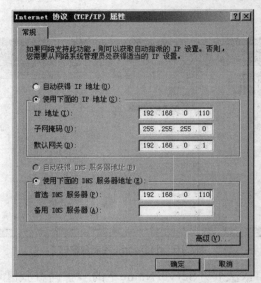

图7.17　设置客户端DNS服务器IP地址

7.2　DHCP服务器

7.2.1　DHCP概述

1. DHCP的基本概念

DHCP（Dynamic Host Configuration Protocol，动态主机配置协议）是一个简化主机IP地址分配管理的TCP/IP 标准协议。用户可以利用DHCP服务器管理动态的IP地址分配及其他相关的环境配置工作（如DNS、WINS、Gateway的设置）。

要使用DHCP方式动态分配IP地址时，整个网络必须至少有一台安装了DHCP服务的服务器。其他要使用DHCP功能的客户端也必须要有支持自动向DHCP服务器索取IP地址的功能。当DHCP客户端第一次启动时，它就会自动与DHCP服务器通信，并由DHCP服务器分配给DHCP客户端一个IP地址，直到租约到期（并非每次关机释放），这个地址就会由DHCP服务器收回，并将其提供给其他的DHCP客户端使用。

与手动分配IP地址相比，DHCP动态进行TCP/IP的配置主要有以下优点。

（1）安全而可靠的配置。DHCP避免了因手工设置IP地址及子网掩码所产生的错误，同时也避免了把一个IP地址分配给多台工作站所造成的地址冲突。

（2）降低了管理IP地址设置的负担。使用DHCP服务器大大缩短了配置或重新配置网络中工作站所花费的时间，同时通过对DHCP服务器的设置可灵活地设置地址的租约。

（3）DHCP地址租约的更新过程将有助于用户确定哪个客户的设置需要经常更新（如使用便携机的客户经常更换地点），且这些变更由客户端与DHCP服务器自动完成，无需网络管理员干涉。

DHCP服务器使用租约生成过程在指定时间段内为客户端分配IP地址。IP地址租用通常是临时的，所以DHCP客户端必须定期向DHCP服务器更新租约。DHCP租约生成和更新是DHCP的两个主要工作过程。

2．DHCP租约生成过程

当DHCP客户端第一次登录网络时，通过4个步骤向DHCP服务器租用IP地址。

①DHCPDISCOVER（IP租约发现）。

②DHCPOFFER（IP租约提供）。

③DHCPREQUEST（IP租约请求）。

④DHCPACK（IP租约确认）。

如图7.18所示，租约生成过程开始于客户端第一次启动或初始化TCP/IP时，另外当DHCP客户端续订租约失败，终止使用其租约时（如客户端移动到另一个网络时）也会产生这个过程，此过程如下。

（1）IP租约发现。DHCP客户端在本地子网中先发送一条DHCPDISCOVER消息。此时客户端还没有IP地址，所以它使用0.0.0.0作为源地址。由于客户端不知道DHCP服务器地址，它用255.255.255.255作为目标地址，也就是以广播的形式发送此消息。在此消息中还包括了客户端网卡的MAC地址和计算机名，以表明申请IP地址的客户机。

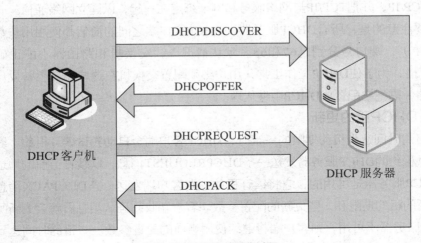

图7.18　DHCP的工作过程

（2）IP租约提供。在DHCP服务器收到DHCP客户端广播的DHCPDISCOVER消息后，如果在这个网段中有可以分配的IP地址，则它以广播方式向DHCP客户端发送DHCPOFFER消息进行响应。在这个消息中包含以下信息。

- 客户端的MAC地址。
- 提供的IP地址。
- 子网掩码。
- 租约的有效时间。
- 服务器标识即提供IP地址的DHCP服务器。
- 广播以255.255.255.255作为目标地址。

每个应答的DHCP服务器都会保留所提供的IP地址，在客户进行选择之前不会分配给其他的DHCP客户端。DHCP客户会等待1s来接受租约，如果1s内没有收到任何响应，它将重新广播4次请求，分别以2s、4s、8s和16s（随机加上一个0~1000ms延时）为时间间隔。如果经过4次广播仍没有收到提供的租约，则客户会从保留的专用IP地址169.254.0.1~169.254.255.254中选择一个地址，即启用自动配置IP地址（APIPA），可以让所有没有找到DHCP服务器的客户位于同一个子网并可以相互通信。每隔5分钟查找一次DHCP服务器。如果找到可用的DHCP服务器，则客户可以从服务器上得到IP地址。

（3）IP租约请求。DHCP客户如果收到提供的租约（如果网络中有多个DHCP服务器，客户可能会收到多个响应），则会通过广播DHCPREQUEST消息来响应并接受得到的第一个租约，进行IP租约的选择。此时之所以采用广播方式，是为了通知其他未被接受的DHCP服务器收回提供的IP地址并将其留给其他IP租约请求。

（4）IP租约确认。当DHCP服务器收到DHCP客户发出的DHCPREQUEST请求消息后，它便向DHCP客户发送一个包含它所提供的IP地址和其他设置的DHCPACK确认消息，告诉DHCP客户端可以使用它所提供的IP地址。然后DHCP客户端使用这些信息来配置其TCP/IP，并把TCP/IP与网络服务和网卡绑定在一起，以建立网络通信。

需要注意的是，所有DHCP服务器和DHCP客户端之间的通信都使用用户数据报协议（UDP），端口号分别是67和68。默认情况下，交换机和路由器不能正确地转发DHCP广播，为了使DHCP工作正常，用户必须配置交换机在这些端口上转发广播，对于路由器，需把它配置成DHCP中继代理。

3. DHCP租约更新

当租用时间达到租约期限的一半时，DHCP客户端会自动尝试续订租约。客户端直接向提供租约的DHCP服务器发送一条DHCPREQUEST消息，以续订当前的地址租约。如果DHCP服务器是可用的，它将续订租约并向客户端发送一条DHCPACK消息，此消息包含新的租约期限和一些更新的配置参数。客户端收到确认消息后就会更新配置。如果DHCP服务器不可用，则客户端将继续使用当前的配置参数。当租约时间达到租约期限的7/8时，客户端会广播一条DHCPDISCOVER消息来更新IP地址租约。这个阶段，

DHCP客户端会接受从任何DHCP服务器发出的租约。如果租约到期客户仍未成功续订租约，则客户端必须立即中止使用其IP地址，然后客户端重新尝试得到一个新的IP地址租约。

需要注意的是，重新启动DHCP客户端时，客户端自动尝试续订关闭时的IP地址租约。如果续订请求失败，客户端将尝试连接配置的默认网关。如果默认网关响应，表明此客户端还在原来的网络中，这时客户端可以继续使用此IP地址到租约到期。如果不能进行续订或与默认网关无法通信，则立即停止使用此IP地址，从169.254.0.1~169.254.255.254中选择一个IP地址使用，并每隔5min尝试连接DHCP服务器。

如果需要立即更新DHCP配置信息，用户可以手动续订IP租约。例如，新安装了一台路由器，需要用户立即更改IP地址配置时，可以在路由器的命令行使用ipconfig/renew来续订租约。还可以使用ipconfig/release命令来释放租约，释放租约后，客户端就无法再使用TCP/IP在网络中通信。运行Windows 9X的客户端可以使用winipcfg释放IP租约。

7.2.2 安装与设置DHCP服务器

1. 对DHCP服务器和客户端的要求

（1）对Windows DHCP服务器的要求：运行Windows Server系列中任何操作系统的服务器都可以作为DHCP服务器。DHCP服务器需要具备以下条件。

①DHCP服务器本身需要静态IP地址、子网掩码和默认网关。

②包含可分配多个DHCP客户端的一组合法的IP地址。

③添加并启动DHCP服务。

（2）DHCP客户端，运行某些操作系统的计算机都可作为DHCP服务器的客户端，具体如下。

①Windows Professional、Windows Server和Windows XP。

②Windows NT Workstation （all released versions）、Windows NT Server （all released versions）。

③安装有TCP/IP-32的Windows for Workgroups version 3.11。

④支持TCP/IP的Microsoft Network Client version 3.0 for MS-DOS。

⑤LAN Manager version 2.2c。

⑥其他非微软操作系统和网络设备。

（3）启用DHCP客户端。打开"Internet协议（TCP/IP）属性"对话框，选中"自动获得IP地址"，单击"确定"按钮，此计算机就成为DHCP客户端，如图7.19所示。

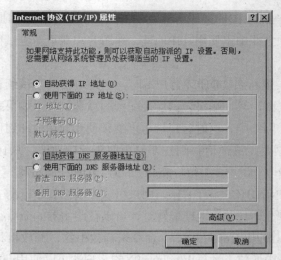

图7.19 设置CHCP客户端

（4）安装DHCP服务的步骤如下。

①在"控制面板"窗口中，双击"添加/删除程序"图标。

②在"添加/删除程序"窗口中，单击"添加/删除Windows组件"按钮。

③选中"网络服务"组件，如图7.20所示。

④单击"详细信息"按钮，打开的对话框如图7.21所示。选中"动态主机配置协议（DHCP）"复选框，单击"确定"按钮。

⑤单击"下一步"按钮，系统将添加DHCP服务。

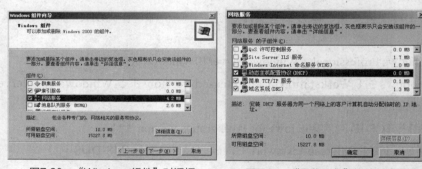

图7.20 "Windows组件"对话框　　图7.21 "网络服务"组件对话框

2. 授权DHCP服务

在Windows 2003 DHCP服务器提供动态分配IP地址之前，必须对其进行授权。通过授权能够防止未授权的DHCP服务器向客户端提供可能无效的IP地址而造成的IP地址冲突。

（1）检测未授权的DHCP服务器。当DHCP服务器启动时，DHCP服务器会向网络发DHCPINFORM广播消息。其他DHCP服务器收到该信息后将返回DHCPACK信息，并提供自己所属的域。DHCP将查看自己是否属于这个域，并验证是否在该域的授权服务器列表中。如果该服务器发现自己不能连接到目录或发现自己不在授权列表中，它将认为自己没有被授权，那么DHCP服务启动但会在系统日志中记录一条错误信息，并忽略所有客户端请求。如果发现自己在授权列表中，那么DHCP服务启动并开始向网络中的计算机提供IP地址租用。

需要注意的是，DHCP服务器会每隔5min广播一条DHCPINFORM消息，检测网络中是否有其他的DHCP服务器，这种重复的消息广播使服务器能够确定对其授权状态的更改。

（2）授权DHCP服务器。所有作为DHCP服务器运行的计算机必须是域控制器或成员服务器才能在目录服务中授权和向客户端提供DHCP服务，操作步骤如下。

①选择"开始"→"程序"→"管理工具"→"DHCP"命令，右击DHCP，选择"管理授权的服务器"命令，弹出的对话框如图7.22所示。

②在"管理授权的服务器"对话框中单击"授权"按钮，在弹出的对话框中输入DHCP服务器的主机名或IP地址，如图7.23所示，单击"确定"按钮即可。

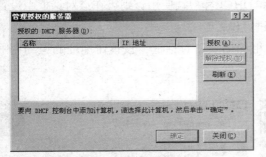

图7.22 "管理授权服务器"对话框

图7.23 "授权DHCP服务器"对话框

3. 创建和配置作用域

作用域是一个有效的IP地址范围，这个范围内的IP地址能租用或分配给某特定子网内的客户端。用户通过配置DHCP服务器上的作用域来确定服务器可分配给DHCP客户端的IP地址池。

在DHCP服务器中添加作用域的操作步骤如下。

（1）在DHCP控制台中右击要添加作用域的服务器，如图7.24所示。选择"新建作用域"命令启用新建作用域向导，弹出"欢迎使用新建作用域向导"对话框。

（2）单击"下一步"按钮，弹出"作用域名"对话框，如图7.25所示。为该域设置一个名称，还可以输入一些说明文字。

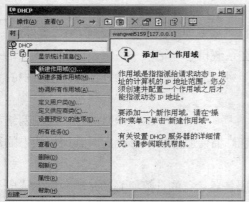

图7.24　新建作用域对话框

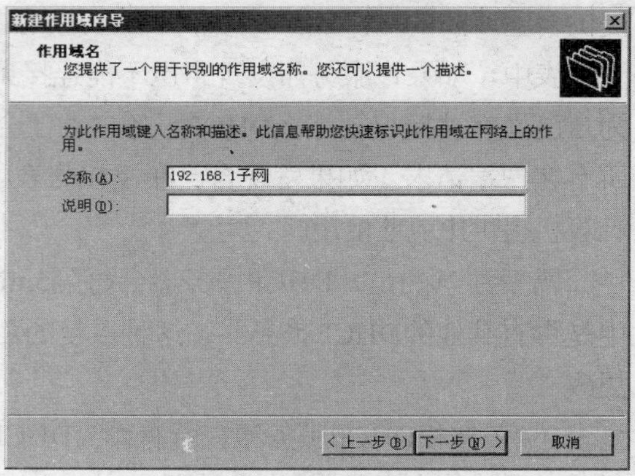

图7.25　作用域名对话框

（3）单击"下一步"按钮，弹出IP地址范围对话框，如图7.26所示。在此定义新作用域可用IP地址范围、子网掩码等信息。

（4）单击"下一步"按钮，弹出"添加排除"对话框，如图7.27所示。如果前面设置的IP作用域内有部分IP地址不想提供给DHCP客户端使用，则可在该对话框中设置需排除的地址范围，可单击"添加"按钮进行设置。

（5）单击"下一步"按钮，弹出"租约期限"对话框，设置IP地址的租约期限（默认为8天）。

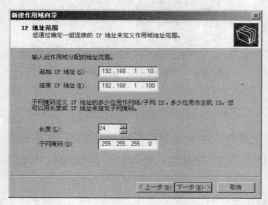

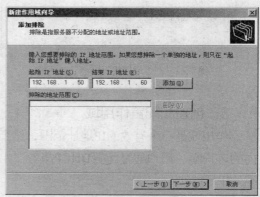

图7.26　"IP地址范围"对话框

图7.27　"添加排除"对话框

（6）单击"下一步"按钮，弹出"配置DHCP选项"对话框，如图7.28所示。如果选中"否，我想稍后配置这些选项"单选按钮，单击"下一步"按钮后，单击"完成"按钮即可完成对作用域的创建。

（7）作用域创建后，需要激活作用域才能发挥作用。选中新创建的作用域，右击，在弹出的菜单中选择"激活"命令。如图7.29所示。

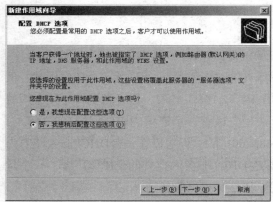
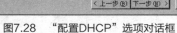

图7.28 "配置DHCP"选项对话框

图7.29 选择"激活"命令

（8）在第（6）步中，如果选中"是，我想现在配置这些选项"单选按钮，然后单击"下一步"按钮，可为这个IP作用域设置DHCP选项，分别是默认网关、DNS服务器、WINS服务器等。当DHCP服务器在给DHCP客户端分派IP地址时，会将这些DHCP选项中的服务器数据指定给客户端。

（9）单击"下一步"按钮，弹出"路由器（默认网关）"对话框，如图7.30所示。输入默认网关的IP地址，然后单击"添加"按钮。

（10）单击"下一步"按钮，弹出"域名称和DNS服务器"对话框，如图7.31所示。设置客户端的DNS域名称，输入DNS服务器的名称与IP地址，或者只输入DNS服务器的名称，然后单击"解析"按钮，系统会自动找到这台DNS服务器的IP地址。

（11）单击"下一步"按钮，弹出"WINS服务器"对话框。输入WINS服务器的名称与IP地址，或者只输入名称，单击"解析"按钮让系统自动解析。如果网络中没有WINS服务器，则可以不输入任何数据。

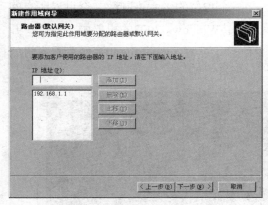

图7.30 路由器（默认网关）对话框

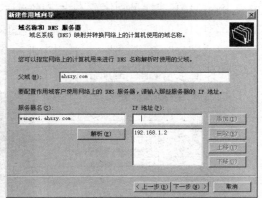

图7.31 域名称和DNS服务器对话框

（12）单击"下一步"按钮，弹出'激活作用域'对话框。选中"是，我想现在激活此作用域"单选按钮,开始激活新的作用域,然后在"完成新建作用域向导"对话框中单击"完成"按钮即可。

完成上述设置,DHCP服务器就可以开始接受DHCP客户端索取IP地址的要求。

需要注意的是,在一台DHCP服务器内,针对一个子网只能设置一个IP作用域。例如,不可以在设置一个IP作用域为192.168.1.1~192.168.1.49后,再设置另一个IP作用域为192.168.1.61~192.168.1.100;正确的方法是先设置一个连续的IP作用域192.168.1.1~192.168.1.100,然后将192.168.1.50~192.168.1.60排除。但可以在一台DHCP服务器内为不同的子网建立多个IP作用域。例如,可以在DHCP服务内建立两个IP作用域,一个是为子网192.168.1提供服务的;另一个是为子网172.17提供服务的。

4. 保留特定的IP地址

可以保留特定的IP地址给特定的客户端使用,以便该客户端每次申请IP地址时都拥有相同的IP地址。可以通过此功能逐一为用户设置固定的IP地址,避免用户随意更改IP地址,这就是所谓的IP-MAC绑定。这会给维护工作减少不少工作量。

保留特定的IP地址的操作步骤如下。

(1)启动DHCP管理器,在DHCP服务器窗口列表框中选择一个IP范围,右击,选择"保留"→"新建保留"命令,弹出"新建保留"对话框,如图7.32所示。

(2)在"保留名称"文本框中输入用来标识DHCP客户端的名称,该名称只是一般的说明文字,并非用户账号的名称,例如,可以输入计算机名称。但并不一定需要输入客户端的真正计算机名称,因为该名称只在管理DHCP服务器中的数据时使用。在"IP地址"文本框中输入一个保留的IP地址,可以指定任何一个保留的未使用的IP地址。如果输入重复或非保留地址,DHCP管理器将发生警告信息。在"MAC地址"文本框中输入上述IP地址要保留给的客户端的网卡号。在"说明"文本框中输入描述客户的说明文字,该项内容可选。

网卡MAC地址是固化在网卡里的编号,是一个12位的十六进制数。全世界所有的网卡都有自己的唯一标号,是不会重复的。在安装Windows 2003的机器中,通过"开始"→"运行"命令,输入"cmd"进入命令窗口,可输入ipconfig/all命令查看本机的网络属性信息,如图7.33所示。

图7.32 "新建保留"对话框

图7.33 cmd命令窗口

（3）在"新建保留"对话框中，单击"添加"按钮，将保留的IP地址添加到DHCP服务器的数据库中。可以按照以上操作继续添加保留地址，添加完所有保留地址后，单击"关闭"按钮。

可以通过单击DHCP管理器中的"地址租约"查看目前有哪些IP地址已被租用或用作保留。

5. 配置作用域选项

要改变作用域在建立租约时提供的网络参数（如DNS服务器、默认网关、WINS服务器），需要对作用域的选项进行配置。

设置DHCP选项时，可以针对一个作用域进行设置，也可以针对该DHCP服务器内的所有作用域进行设置。如果这两个地方设置了相同的选项，如都对DNS服务器、网关地址等做了设置，则作用域的设置优先级高。

例如，设置006 DNS服务器的步骤如下。

（1）在DHCP管理器中的"作用域选项"上右击，选择"配置选项"命令，弹出"作用域选项"对话框，如图7.34所示。

（2）选中"006DNS服务器"复选框，然后输入DNS服务器的IP地址，单击"添加"按钮。如果不知道DNS服务器的IP地址，可以输入DNS服务器的DNS域名，然后单击"解析"按钮让系统自动寻找相应的IP地址，完成后单击"确定"按钮。

（3）完成设置后，在DHCP管理控制台中可以看到设置的选项"006 DNS服务器"，如图7.35所示。

图7.34 作用域选项对话框

图7.35 DHCP管理控制台

DHCP服务提供的选项包括以下几项。

（1）003路由器。配置路由器的IP地址。

（2）006 DNS服务器。可以配置一个或多个DNS服务器的IP地址。

（3）015 DNS域名。通过指定客户端所属的DNS域的域名，客户端可以更新DNS

服务器上的信息，以便其他客户进行访问。

（4）044 WINS/NBNS服务器。可以指定一个或多个WINS服务器的IP地址。

（5）046 WINS/NBT节点类型。不同的NetBIOS节点类型所对应的NetBIOS名解析方法不同。通过046 WINS/NBT节点类型设置可以指定适当的NetBIOS节点类型。

DHCP的标准选项还有很多，但是大部分客户端只能识别其中的一部分。如果在客户端已经为某个选项指定了参数，则优先使用客户端的配置参数。

可以选择作用域选项是应用于所有DHCP客户端、一组客户端或者单个客户端。因此，相应地可以在4个级别上配置作用域选项：服务器、作用域、类别及保留客户端。

（1）服务器选项：服务器选项应用于所有向DHCP服务器租用IP地址的DHCP客户端。如果子网上所有客户端都需要同样的配置信息，则应配置服务器选项。例如，可能希望配置所有客户端使用同样的DNS服务器或WINS服务器。在配置服务器选项，展开需要配置的服务器，在"服务器选项"上右击，选择"配置选项"命令。

（2）作用域选项。作用域选项只对本作用域租用地址的客户端可用。例如，每个子网需要不同的作用域，并且可为每个作用域定义唯一的默认网关地址。在作用域级配置的选项优先于在服务器级配置的选项。可展开要设置选项的地址作用域，在"作用域选项"上右击，选择"配置选项"命令。

（3）类别选项。在此选项中，只对向DHCP服务器标识自己属于特定类别的客户端可用。例如，运行于Windows 2003的客户端计算机能够接受与网络上其他客户端不同的选项。在类别级配置的选项优先于在作用域或服务器级配置的选项。要在类别级配置选项，可在"服务器选项"或"作用域选项"对话框中的"高级"选项卡中选择供应商类别或用户类别，然后在"可用选项"列表框中配置适合的选项。

（4）保留客户端选项。此选项仅对特定客户端可用。例如，可以在保留客户端配置选项，从而使特定的DHCP客户端能够使用特定路由器访问子网外的资源。在保留客户端配置的选项优先于在其他级别配置的选项。在DHCP中，要在保留客户端配置选项，可在"保留"上右击，选择"新建保留"命令，将相应客户端的保留地址添加到相应DHCP服务器和作用域，然后在此客户端上右击，选择"配置选项"命令即可。

7.2.3　在路由网络中配置DHCP

在大型网络中通常会用路由器将网络划分为多个物理子网，路由器最主要的功能之一是屏蔽各子网之间的广播、减少带宽占用、提高网络性能。DHCP客户端是通过广播来获得IP地址的，因此，除非将DHCP服务器配置为在路由网络环境下工作，否则DHCP通信将限制在单个子网中。

通过以下3种方法可以在路由网络上配置DHCP功能。

（1）每个子网中至少设置一台DHCP服务器，这会增加设备费用和管理员的工作量。

（2）配置一台与RFC1542兼容的路由器，这种路由器可转发DHCP广播到不同的子网，对其他类型的广播仍不予转发。

（3）在每个子网都设置一台计算机作为DHCP中继代理。在本地子网中，DHCP中继代理截取DHCP客户端地址请求广播消息，并将它们转发给另一子网上的DHCP服务器。DHCP服务器使用定向数据包应答中继代理，然后中继代理在本地子网上广播此应答，供请求的客户端使用。

下面介绍安装与配置DHCP中继代理的方法来在路由网络中配置DHCP服务。

1. 安装DHCP中继代理

（1）选择"开始"→"程序"→"管理工具"→"路由和远程访问"命令，展开"IP路由选择"，在"常规"上右击，选择"新路由选择协议"命令。如图7.36所示。

（2）选择"DHCP中继代理程序"，单击"确定"按钮打开DHCP中继代理的属性对话框，在"服务器地址"文本框中输入DHCP服务器的IP地址，然后单击"添加"按钮。如图7.37所示。

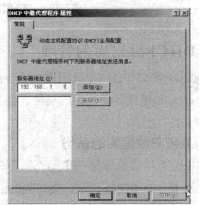

图7.36　新路由选择协议对话框　　　图7.37　DHCP中继代理程序属性对话框

2. 配置DHCP中继代理

在DHCP中继代理转发来自任意网络接口的客户端的DHCP请求之前，必须配置中继代理，以应答这些请求。启用中继代理功能时，也可为跃点计数阈值和启动阈值指定超时值。

（1）跃点计数阈值。规定了广播包最多可经过多少个子网，如广播包在规定的跳跃中仍未被响应，该广播包将被丢弃。如果此值设得过高，在中继代理设置错误时将导致网络流量过大。

（2）启动阈值。设定了DHCP中继代理将客户端请求转发到其他子网的服务器之前，等待本子网的DHCP服务器响应的时间。DHCP中继代理先将客户端的请求发送到本地的DHCP服务器，等待一段时间未得到响应后，中继代理才将请求转发给其他子网的DHCP服务器。

选择 "DHCP中继代理程序"，右击，选择 "新接口"，→ "本地连接" 命令，即可设定跃点计数阈值和启动阈值，如图7.38所示。

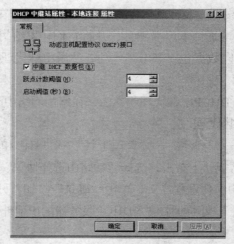

图7.38　"DHCP中继站" 属性对话框

7.2.4　DHCP数据库的管理

Windows 2003把DHCP数据库文件存放在%Systemroot%\System32\dhcp文件夹内。其中的dhcp.mdb是其存储数据的文件，而其他的文件则是辅助性的文件，注意不要随意删除这些文件。

1．DHCP数据库的备份

DHCP服务器数据库是一个动态数据库，在向客户端提供租约或客户端释放租约时它会自动更新。DHCP服务默认会每隔60min自动将DHCP数据库文件备份到数据库目录的backup\jet\new目录中。如果要想修改这个时间间隔，可以通过修改BackupInterval这个注册表参数实现，它位于注册表项HKEY_LOCAL _MACHINE\SYSTEM|CurrentControlSet\Services\DHCPserver\Parameters中。也可以先停止DHCP服务，然后直接将DHCP内的文件复制起来进行备份。

2．DHCP数据库的还原

DHCP服务在启动时，会自动检查DHCP数据库是否损坏，并自动恢复故障，还原损坏的数据库。也可以利用手动的方式来还原DHCP数据库，其方法是将注册表HKEY_LOCAL_MACHINE\SYSTEM|CurrentControlSet\Services\DHCPserver\Parameters下的参数RestoreFlag设为1，然后重新启动DHCP服务器即可。也可以直接先停止DHCP服务，然后将直接backup文件夹中备份的数据复制到DHCP文件夹。

3．IP作用域的协调

如果发现DHCP数据库中的设置与注册表中的相应设置不一致时，例如，DHCP客户端所租用的IP数据不正确或丢失时，您可以用协调的功能让二者数据一致。因为在注册表数据库内也存储着一份在IP作用域内租用数据的备份，协调时，利用存储在注册表数据库内的数据来恢复DHCP服务器数据库内的数据。方法是用鼠标右键单击相应的作用域选择"协调"。为确保数据库的正确性，定期执行协调操作是良好的习惯。

4. DHCP数据库的重整

DHCP服务器使用一段时间后，数据库内部数据必然会存在数据分布凌乱，因此为了提高DHCP服务器的运行效率，要定期重整数据库。Windows 2003系统会自动定期在后台运行重整操作，不过也可以通过手动的方式重整数据库，其效率要比自动重整更高，方法如下：进入\winnt\system32\dhcp目录下，停止DHCP服务器，运行Jetpack.exe程序完成重整数据库，再运行DHCP服务器即可。其命令操作过程下。

cd\winnt\system32\dhcp	进入DHCP数据库目录
net stop dhcpserve	停止 DHCP 服务
Jetpack dhcp.mdb temp.mdb	压缩数据库
net start dhcpserver	重新启动 DHCP 服务

5. DHCP数据库的迁移

要想将旧的DHCP服务器内的数据迁移到新的DHCP服务器内，并改由新的DHCP服务器提供服务，步骤如下。

（1）备份旧的DHCP服务器内的数据。首先停止DHCP服务器，在"DHCP管理器"右击服务器，选择"所有任务"→停止"命令，或者在命令行方式下运行"net stop dhcpserver"命令将DHCP服务器停止。然后将%systemroot%\system32\dhcp下整个文件夹复制到新的DHCP服务器内任何一个临时的文件夹中。

运行Regedt32.exe，选择注册表选项HKEY_LOCAL_MACHINE\SYSTEM|Current ControlSet\Services\DHCPserver，选择"注册表"→"保存"命令，将所有设置值保存到文件中。最后删除旧DHCP服务器内的数据库文件夹，删除DHCP服务。

（2）将备份数据还原到新的DHCP服务器。安装新的DHCP服务器，停止DHCP服务器，方法如上。将存储在临时文件内的所有数据（由旧的DHCP服务器复制来的数据），整个复制到%systemroot%\system32\dhcp文件夹中。

运行Regedt32.exe，选择注册表选项HKEY_LOCAL_MACHINE\SYSTEM\Current ControlSet\Services\DHCPserver，选择"注册表"→"还原"命令，将前面保存的旧DHCP服务器的设置还原到新的DHCP服务器。重启DHCP服务器，协调所有的作用域即可。

7.3　IIS服务器

7.3.1　IIS概述

IIS是Internet Information Server的缩写，它是微软公司主推的服务器，IIS与Window NT server完全集成在一起，因而用户能够利用Windows NT Server和NTFS（NT

File System，NT的文件系统）内置的安全特性，建立强大、灵活而安全的Internet和Intranet站点。

IIS支持HTTP（Hypertext Transfer Protocol，超文本传输协议）、FTP（Fele Transfer Protocol，文件传输协议）以及SMTP，通过使用CGI和ISAPI，IIS可以得到高度的扩展。IIS支持与语言无关的脚本编写和组件，通过IIS，开发人员就可以开发新一代动态的、富有魅力的Web站点。IIS不需要开发人员学习新的脚本语言或者编译应用程序，IIS完全支持VBScript、JavaScript开发软件以及Java，它也支持CGI和WinCGI，以及ISAPI扩展和过滤器。IIS的设计目的是建立一套集成的服务器服务，用以支持HTTP、FTP和SMTP，它能够提供快速且集成了现有产品，同时可扩展的Internet服务器。IIS相应性极高，同时系统资源的消耗也是最少，IIS的安装、管理和配置都相当简单，这是因为IIS与Windows NT Server网络操作系统紧密地集成在一起，另外，IIS还使用与Windows NT Server相同的SAM（Security Accounts Manager，安全性账号管理器），对于管理员来说，IIS使用诸如Performance Monitor和SNMP（Simple Nerwork Management Protocol，简单网络管理协议）之类的Window NT Server已有管理工具。

IIS支持ISAPI，使用ISAPI可以扩展服务器功能，而使用ISAPI过滤器可以预先处理和事后处理储存在IIS上的数据。用于32位Windows应用程序的Internet扩展可以把FTP、SMTP和HTTP置于容易使用且任务集中的界面中，这些界面将Internet应用程序的使用大大简化，IIS也支持MIME（Multipurpose Internet Mail Extensions，多用于Internet邮件扩展），它可以为Internet应用程序的访问提供一个简单的注册项。

IIS 7.0也包含在Windows Server 2003服务器的4种版本之中：数据中心版，企业版，标准版，Web版。这里有一个人们经常会问的问题是：IIS 7.0能不能在Windows XP/2000/NT上运行？答案是："不能"。

安装好Windows Server 2003后，可以立即看到Windows Server 2003和IIS 7.0的与众不同之处，其中一个关键的变化是，除了Windows Server 2003 Web版之外，Windows 2003的其余版本默认不安装IIS。按照微软过去的理念，安装操作系统的同时IIS也自动启动，为许多Web应用提供服务，Windows Server 2003的做法可谓一大突破。在Windows Server 2003中，安装IIS有3种途径：利用管理您的服务器向导，利用控制面板中添加或删除程序的添加/删除Windows组件功能，或者执行无人值守安装。

7.3.2　IIS的安装与配置

1. IIS的安装

Microsoft Internet 信息服务（IIS）是与 Windows Server 2003 集成的 Web 服务。下面介绍最常见的利用控制面板添加或删除程序中的添加/删除Windows组件功能进行安装的方法，步骤如下。

（1）选择"开始"→"控制面板"→"添加或删除程序"命令，单击该窗口中的

"添加/删除Windows组件"按钮启动安装向导。在向导中选中"应用程序服务器",再单击"详细信息"按钮,如图7.39所示,可打开组件列表对话框,其中有"Internet信息服务(IIS)"选项,还有一些选项是以前的"添加/删除Windows组件"向导没有提供的。如果在该对话框中安装IIS 7.0,最后得到的Web服务器可能只支持静态内容(除非在安装期间选中了某些扩展组件)。

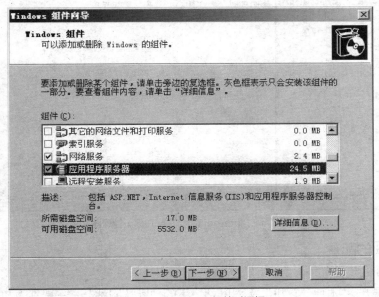

图7.39 Windows 组件对话框

(2)在"应用程序服务器"对话框中的列表框中选中"Internet 信息服务(IIS)"复选框,再单击"确定"按钮,如图7.40所示。

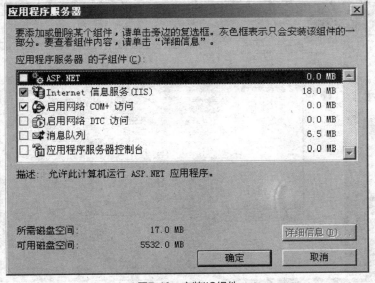

图7.40 安装IIS组件

（3）选择"开始"→"管理工具"→"Internet 信息服务（IIS）管理器"命令，打开Internet 信息服务（IIS）管理器，如图7.41所示。

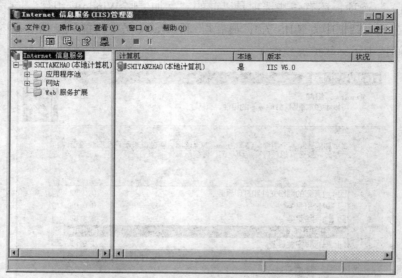

图7.41　Internet 信息服务（IIS）管理器

2. IIS 的配置

配置IIS 的步骤如下。

（1）展开"本地计算机"下"网站"下的"默认网站"。一般在本机也就是测试一个程序，没有必要新建站点。如果新建站点，新建的站点的配置需要重新设置。这里以默认站点为例进行配置。在"默认站点"上右击，选择"属性"命令，打开如图7.42所示的对话框。

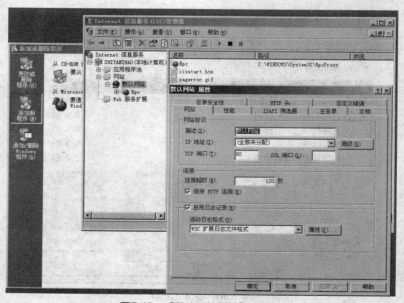

图7.42　"默认网站属性"对话框

（2）对目录的设置，单击"主目录"选项卡，在"此资源的内容来自"选项中保持默认设置。在"本地路径"文本框中输入虚拟目录路径，也可以单击后面的"浏览"按钮进行查找。选中该选项卡中的6个复选框，这样虽然不安全，但为了避免本机测试的时候遇到什么麻烦，还是全部选中。如果是购买虚拟主机，一般虚拟主机商的配置没有问题，如图7.43所示。

（3）Windows Server 2003系统默认没有打开父目录，因此需要打开父目录。有些程序不需要打开，但为了避免错误，还是将其打开。单击"主目录"选项卡中的"配置"按钮，打开图7.44所示的对话框，切换到"选项"选项卡，选中"启用父路径"复选框即可。

（4）单击"确定"按钮，然后对文档进行配置。在"文档"选项卡中选择默认内容文档，如图7.45所示。如果没有需要的文档，要以"添加"按钮添加文档。

由于刚刚安装的IIS 7.0不支持动态内容，所以出现了第二个人们经常会问的问题："为什么我的服务器不能运行ASP？"要想在IIS 7.0上运行程序，必须使用IIS 7.0的一种新特性，即Web服务扩展或Web Service Extension（这个名字似乎意味着它与XML Web服务有某种关系，实际情况却并非如此）。

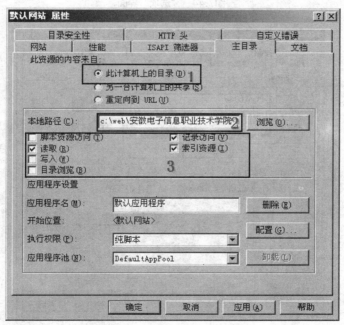

图7.43 "主目录"选项卡

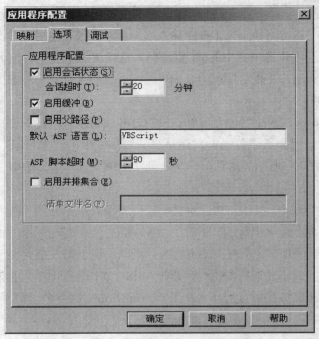

图7.44 "选项"界面

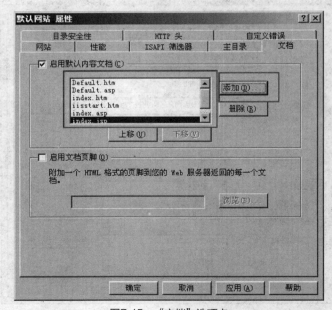

图7.45 "文档"选项卡

　　如果要为某个程序启用Web服务扩展，首先打开IIS管理器（选择"管理工具"→"Internet信息服务（IIS）管理器"命令。以前叫做Internet服务管理器或ISM），单击"添加一个新的Web服务扩展"，启动向导创建一个新的规则，为规则指定一个名字，然后找到想要启用的执行文件。另外，/system32/inetsrv下有一个iisext.vbs脚本，它也能够配置并管理运行带有IIS 7.0的Windows Server 2003的Web服务扩展、应用程序和单独的文件。管理员可以使用此脚本来启用和列出应用程序；添加和删除应用程序依赖性；启用、禁用和列出 Web 服务扩展；添加、删除、启用、禁用和列出单独文件。

注意"所有未知ISAPI扩展"和"所有未知CGI扩展"这两种Web服务扩展。默认情况下，这两种扩展是禁用的，意味着除非明确地允许一个应用在IIS 7.0上运行，否则它就不能运行。如果一个用户请求了某个没有启用的文件，IIS 7.0将向用户返回404错误，即文件或目录没有找到，同时在W3SVC日志中记录"404.2文件或目录无法找到：锁定策略禁止该请求"。在IIS 7.0中，404.2和其他子状态代码是W3SVC日志文件的一项可选功能，用于帮助排解故障、疑难（IIS 5.0和IIS 4.0中也有子状态代码，但不会在日志文件中记录，可以将它们转到定制的错误页面，便于根据子状态代码执行特殊的处理）。IIS 7.0的子状态代码很有用，它们提供了描述问题的详细信息，例如：403.20为"禁止访问：Passport登录失败"；403.18为"禁止访问：无法在当前应用程序池中执行请求的URL"；404.3为"文件或目录无法找到：MIME映射策略禁止该请求"；500.19为"服务器错误：该文件的数据在配置数据库中配置不正确"。所有这些错误和其他错误都映射到定制的错误页面，错误页面不会把子状态代码发送给用户，攻击者无法获知具体的错误信息。

Windows Server 2003系统默认没有开ASP解析。因此需要进行设置。在IIS管理器中展开"Web服务扩展"，如图7.46所示。

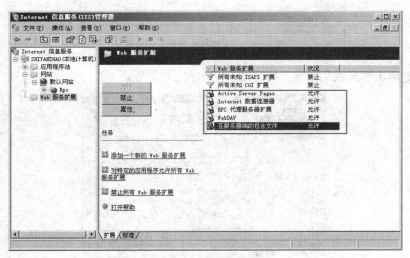

图7.46　Web服务扩展

3. IIS 的目录权限

下面配置目录权限，注意硬盘格式为NTFS。打开目录文件夹，以E盘中的Web文件夹为例进行设置，操作步骤如下。

（1）右击Web文件夹，选择"共享和安全"选项，打开图7.47所示的对话框。

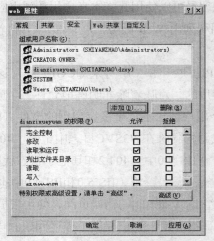

图7.47 "Web属性"对话框

（2）在该对话框中单击"添加"按钮，打开图7.48所示的对话框。

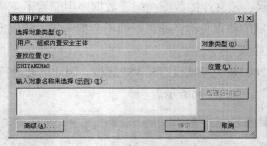

图7.48 "选择用户或组"对话框

（3）单击"高级"按钮，打开图7.49所示的对话框。

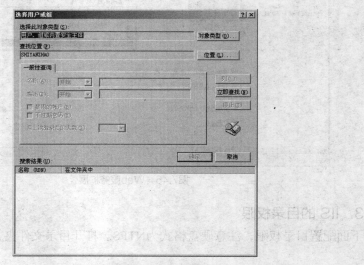

图7.49 展开后的对话框

（4）单击"立即查找"按钮，然后找到 dzxy 这个用户，单击"确定"按钮，如图7.50所示。

图7.50 选择用户

（5）返回"选择用户或组"对话框，如图7.51所示，单击"确定"按钮。

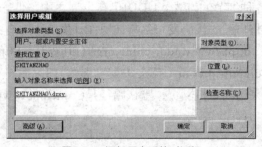

图7.51 添加用户后的对话框

（6）此时目录权限中已经添加了dianzixueyuan用户，但这并不表示已经配置完成。在如图7.52所示的对话框中，将 dianzixueyuan用户的权限全部选中。

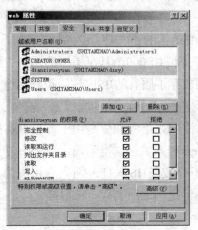

图7.52 设置用户的权限

至此，本机IIS即配置完成。IIS的大体配置就是如此。如果网页不能浏览或者出现其他错误，不一定是IIS问题，也可能是程序本身有问题。Windows XP和Windows 2000的配置与此类似。

7.3.3 IIS 7.0的新特性

自IIS 7.0发布以来，它的某些新特性一直是人们关注和议论的焦点，成为众人瞩目的明星，而另一些Internet支持服务虽然不是主要的，却同样值得关注，其中之一就是POP3服务和POP3服务Web管理器。微软没有在"应用程序服务器"组件清单中列出POP3服务，但是继SMTP服务之后（SMTP服务随同POP3服务一起安装），管理员们盼望POP3服务已经很久了，他们一直在期盼着用一个简单的POP3服务来替代庞大的Microsoft Exchange Server。

统一描述、发现和集成协议（Universal Description, Discovery, and Integration，UDDI）服务是Windows 2003提供的又一种新的功能，它也与IIS有关，但默认不安装（注意，Windows 2003 Web版不能安装UDDI）。UDDI是一种产业标准（即不是微软发明的），能够通过广告发布IIS服务器提供的Web服务。这里"广告"一词的含义与日常生活中的广告不同，它是指一种让客户程序（通常是Web浏览器）获知Web服务（通常是ASP.NET应用）各种细节的方式。UDDI仍在发展之中，但一些企业已经在内部采用UDDI，以便开发者将自己的代码发布给其他协作开发的人。有关UDDI的更多知识，可以在下列网站查看：http://www.uddi-china.org/（中文）、http://www.uddi.org（英文）、http://www.uddicentral.com（英文）。安装好IIS之后，在浏览器中就能够用127.0.0.1或者localhost来访问本机网页，默认路径是C:\Inetpub\wwwroot，这里需要更改一下路径，目的是为了方便管理。

7.3.4 全新的内核

从体系结构上看，IIS 5.0和IIS 4.0其实是一样的：它们都是在用户模式下运行的发布Web内容的应用程序，或者在Inetinfo进程之内以System账户运行，或者在Inetinfo进程之外以IWAM用户运行。虽然在较重的负载下，IIS 5.0也有相当出色的表现；不过从IIS 7.0开始，人们对IIS底层结构的看法应该改变了。为了使IIS不仅能够轻松地支持1 000个Web网站，而且能够支持10 000个甚至更多的网站，同时还要提高Web服务器的安全性和可靠性，微软公司放弃了原有的IIS内核，重新构造了一个内核。

另一个促使微软公司重新构建IIS内核的原因是，微软公司（以及其他厂商）认识到Web服务器的性能和可靠性问题绝大部分是由于质量低劣的Web应用造成的。IIS 5.0通过带缓冲池的Out of Process容器减轻这类问题。在IIS 5.0中，在Out of Process池中运行的应用一旦崩溃，一般不会波及IIS本身，因为应用程序在Inetinfo之外的进程中运行，但运行在Out of Process池之内的所有Web应用都会终止。在默认情况下，所有的应用程序都在该池之中运行。在这种情况下，排解故障很不容易，因为要确定哪一个应用程序导致了问题非常困难。而IIS 7.0将监听请求、创建和监视Web网站、运行Web服务这些不同的任务隔离开来，这一新型体系可望解决IIS 5.0存在的问题。从理论上看，新的体系将极大地改善可用性、安全和性能；从实际情况看，根据微软公司和Beta测试者的报告，新的体系使稳定性和性能有了奇迹般地提高。IIS 7.0的内核体系主要建立在3个组件之上：W3SVC，http.sys，以及W3Core。

IIS 7.0 相比IIS 5.0 有了重大的提高和改进，具有很多优秀的特性。

（1）应用程序池。IIS7.0可以将单个的 Web 应用程序或多个站点分隔到一个独立的进程（称为应用程序池）中。应用程序池以独立进程的方式极大地提高了Web服务器的安全和稳定性，该进程与操作系统内核直接通信。当在服务器上提供更多的活动空间时，此功能将增加吞吐量和应用程序的容量，从而有效地降低硬件需求。这些独立的应用程序池将阻止某个应用程序或站点破坏服务器上的 XML Web 服务或其他 Web 应用程序。

（2）IIS7.0 还提供状态监视功能以发现、恢复和防止 Web 应用程序故障。在 Windows Server 2003 中，Microsoft ASP.NET 本地使用新的 IIS 进程模型。这些高级应用程序状态和检测功能也可用于现有的在 IIS 4.0 和 IIS 5.0 下运行的应用程序，其中大多数应用程序不需要做任何修改。

（3）集成的 .NET 框架（DOTNET）。Microsoft .NET 框架是用于生成、部署和运行 Web 应用程序、智能客户应用程序和 XML Web 服务的 Microsoft .NET 连接的软件和技术的编程模型，这些应用程序和服务使用标准协议（如 SOAP、XML 和 HTTP）在网络上以编程的方式公开它们的功能。.NET 框架为将现有的投资与新一代应用程序和服务集成起来提供了高效率的基于标准的环境。

（4）连接并发数，网络流量等监控，这样可以使不同网站完全独立，不会因为某一个网站的问题而影响到其他网站。

（5）IIS7.0 提供了更好的安全性，通过将运行用户和系统用户分离的方式将IIS服务运行权限和 Web应用程序权限分开，从而保证 Web应用的安全性。这些是其他Web服务器所欠缺的。

7.4 FTP 服务器

7.4.1 FTP 服务器概述

FTP（File Transfer Protocol）是 Internet 上用来传送文件的协议（文件传输协议）。它是为了能够在 Internet 上互相传送文件而制定的的文件传送标准，规定了 Internet 上文件的传送方式。也就是说，通过 FTP可以与 Internet 上的 FTP 服务器进行文件的上传（Upload）或下载（Download）等操作。

和其他 Internet 应用一样，FTP 也是依赖于客户程序/服务器关系的概念。在 Internet 上，有一些网站依照 FTP提供服务，让用户进行文件的存取，这些网站就是 FTP 服务器。用户要连接到 FTP 服务器，就要用到 FPT 的客户端软件，通常 Windows 都有ftp命令，这实际是一个命令行的 FTP 客户程序，另外，常用的 FTP 客户程序还有 CuteFTP、Ws_FTP、FTP Explorer等。

7.4.2　FTP的工作原理

以下传文件为例，当用户启动FTP从远程计算机上复制文件时，事实上启动了两个程序：一个本地机上的FTP客户程序，它向FTP服务器提出复制文件的请求；另一个是启动在远程计算机上的FTP服务器程序，它响应用户的请求并把指定的文件传送到用户的计算机中。FTP采用客户机/服务器方式，用户端要在自己的本地计算机上安装FTP客户端程序。FTP客户程序有字符界面和图形界面两种。字符界面的FTP的命令复杂、繁多，图形界面的FTP客户程序，操作上要简洁方便得多。

要连上 FTP 服务器（即登录），必须要有该 FTP 服务器的账号。如果是该服务器主机的注册客户，用户会有一个 FTP 登录账号和密码，用这个账号、密码连接到该服务器。但 Internet 上有很大一部分 FTP 服务器被称为匿名（Anonymous）FTP 服务器。这类服务器用于向公众提供文件复制服务，因此不要求用户事先在该服务器进行登记注册。

Anonymous（匿名文件传输）能够使用户与远程主机建立连接，并以匿名身份从远程主机上复制文件，而不必是该远程主机的注册用户。用户使用特殊的用户名 anonymous和guest即可有限制地访问远程主机上公开的文件。现在许多系统要求用户将 E-mail地址作为口令，以便更好地对访问进行跟踪。出于安全的目的，大部分匿名FTP 主机一般只允许远程用户下载（download）文件，而不允许上传（upload）文件。也就是说，用户只能从匿名FTP主机复制需要的文件，而不能把文件复制到匿名FTP主机。另外，匿名FTP主机还采用了其他一些保护措施以保护自己的文件不至于被用户修改和删除，并防止计算机病毒的侵入。在具有图形用户界面的WWW环境于1995年开始普及以前，匿名FTP一直是Internet上获取信息资源的最主要方式。在Internet成千上万的匿名 FTP主机中存储着无以计数的文件，这些文件包含了各种各样的信息、数据和软件。人们只要知道特定信息资源的主机地址，就可以用匿名FTP登录获取所需的信息资料。虽然目前WWW环境已取代匿名FTP成为最主要的信息查询方式，但是匿名FTP仍是 Internet上传输分发软件的一种基本方法。

7.4.3　搭建FTP服务器

Windows 2003 Standard Edition、Windows 2003 Enterprise Edition、Windows XP Professional 、Windows 2000 Server、Windows 2000 Advanced Server 以及 Windows 2000

Professional 的默认安装都带有IIS。在系统的安装过程中，IIS是默认不安装的，在系统安装完毕后可以通过添加删除程序安装IIS。

IIS 是微软推出的架设 Web、FTP、SMTP 服务器的一套整合系统组件，捆绑在以上NT核心的服务器系统中。

1. 安装IIS中的FTP组件

由于 FTP 依赖 Microsoft Internet 信息服务（IIS），因此计算机上必须安装 IIS 和 FTP 服务。若要安装 IIS 和 FTP 服务，请按照下列步骤操作。

注意：在 Windows Server 2003 中，安装 IIS 时不会默认安装 FTP 服务。如果已在计算机上安装了 IIS，则必须使用"控制面板"中的"添加或删除程序"工具安装 FTP 服务。

（1）选择"开始"→"控制面板"→"添加或删除程序"命令。

（2）单击"添加/删除 Windows 组件"按钮。

（3）在"组件"列表框中选中"应用程序服务器"，在打开的对话框中选中"Internet 信息服务（IIS）"（但是不要选中或清除复选框），然后单击"详细信息"按钮。

（4）选中"公用文件"、"文件传输协议（FTP）服务"和"Internet 信息服务管理器"复选框（如果它们尚未被选中）。

（5）选中想要安装的任何其他的 IIS 相关服务或子组件，然后单击"确定"按钮。

（6）单击"下一步"按钮，如图7.53所示。

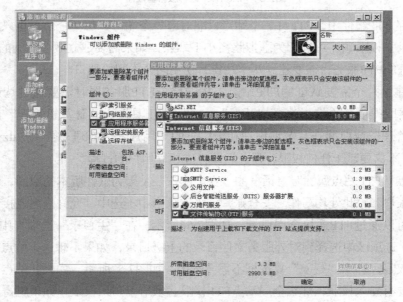

图7.53　选择需要的组件

（7）弹出系统提示框时，请将 Windows Server 2003 CD-ROM 插入计算机的 CD-ROM 或 DVD-ROM 驱动器，或提供文件所在位置的路径，然后单击"确定"按钮。

（8）单击"完成"按钮。在选定需要安装的服务后，安装向导会提示需要插入 Windows Server 2003的安装光盘，这时可插入安装盘按照提示进行安装，IIS中的FTP很快便自动安装完成。

2. 配置FTP服务器

选择"开始"→"管理工具"→"Internet 信息服务（IIS）管理器"命令，在IIS管理器窗口中展开"FTP站点"，也可以在运行中输入INETMGR进入管理器，如图7.54所示。

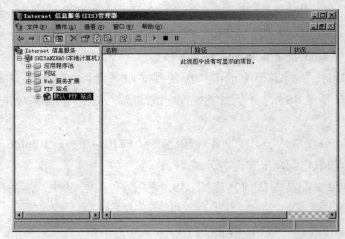

图7.54　Internet 信息服务管理器

在IIS的FTP组件中，FTP每一个站点只能对应一个端口，每一个站点也只能对应一个全局目录。权限顺序可理解为虚拟路径小于站点，如果需要建立匿名访问的FTP服务和需要认证的FTP服务，需要建立两个站点，使用两个不同的端口。

首先建立一个需要认证的FTP站点，用户登录FTP服务器时需要通过认证才能与FTP服务器取得信任连接。选择"开始"→"管理工具"→"计算机管理"命令，在"计算机管理"窗口展开"本地用户和组"下的"用户"。新建一个用户dzxy，如图7.55所示，不需要赋予任何权限，建立后即完成建立用户的过程。

在"默认FTP站点属性"对话框的"安全账户"（因为软件版本的原因，本书图中为"安全帐户"，此处均写作"安全账户"）选项卡中不选中"允许匿名连接"，否则任何人都可以通过FTP连接全局目录，如图7.56所示。在"主目录"选项卡中的"FTP站点目录"选项区中选择到对外服务文件目录的上级目录，如果不想这个站点下的子站点有写入权限，那么"写入"复选框不需要选中，如图7.57所示。如果此站点下有一个子站点需要有写入权限，那么全局站点FTP权限必须给予写入权限，如果觉得不安全，可以把FTP目录数据转移到一个空的分区或者下级目录中。例如 dzxy账号对应 E:\dzxy

目录，那么FTP全局站点目录必须为E:\。

现在，FTP服务接口已经向互联网服务，但实际上没有用户可以从此FTP服务器上获得资源。需要把刚才建立的dzxy用户对应到FTP目录。有很多读者会问，为什么微软的FTP没有可以设置账号的地方，而只可以设置匿名或非匿名。其实可以设置，不过需要一点窍门。

右击"FTP默认站点"，在弹出的快捷菜单中选择"新建"→"虚拟目录"命令，如图7.58所示，在虚拟目录别名对话框中输入dzxy，如图7.59所示，在后面的对话框（见图7.60）中选择dzxy对应的访问目录并给予权限。实际上虚拟目录别名就是用户登录名称，对应着用户表中的用户。可以通过系统建立FTP用户来对应不同站点的FTP子站点目录。当然，一个用户可以对应多个路径，这需要使用FSO权限进行控制。

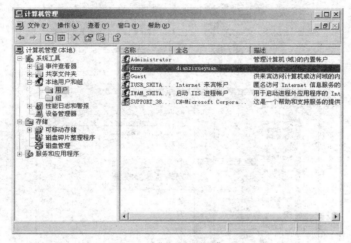

图7.55　"计算机管理"窗口

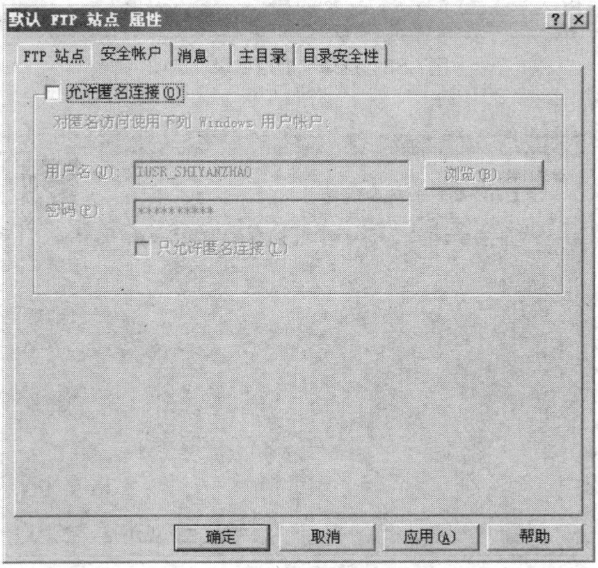

图7.56　"安全账户"选项卡

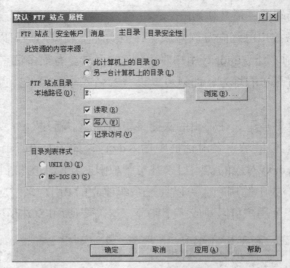

图7.57 "全目录"选项卡

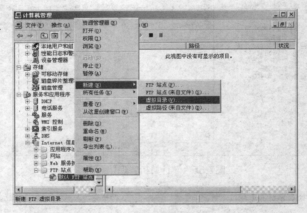

图7.58 选择"虚拟目录"选项

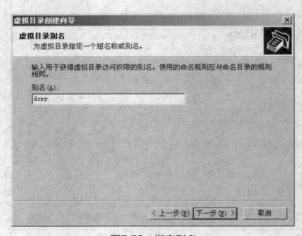

图7.59 指定别名

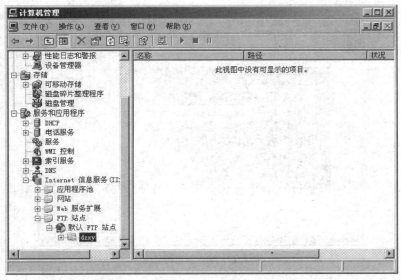

图7.60 计算机管理

下面开始测试FTP服务器，过程如图7.61所示。

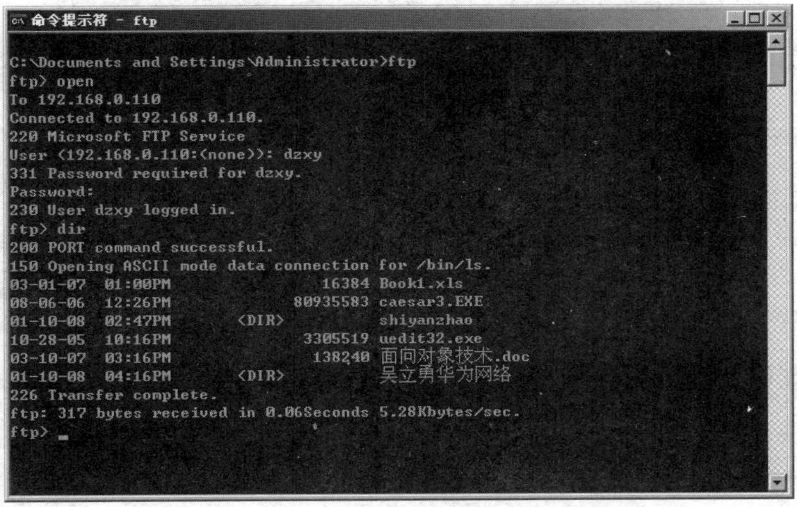

图7.61 测试FTP服务器

在测试过程中，可使用Windows Server 2003自带的FTP命令进行测试，本机的地址为192.168.0.110。

连接成功后要求输入账号密码，前面设定的账号是dzxy，密码是123456，如图7.62所示。输入完后可以使用dir查询文件夹的内容，如图7.63所示。

测试成功后，互联网上的用户就可以直接在IE浏览器里面输入ftp://192.168.0.110访问该ftp。如果本机设定了DNS服务，也可用域名来访问ftp文件夹。

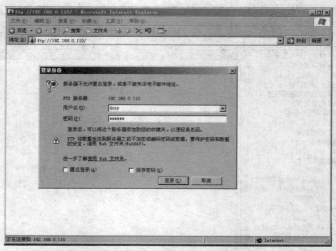

图7.62　输入账号和密码

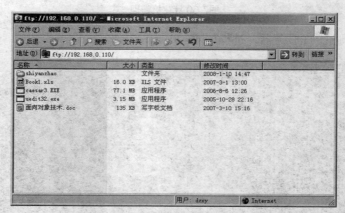

图7.63　查看文件夹的内容

本章小结

本章主要介绍了Windows 2003网络中几个常用服务器DNS、DHCP、IIS、FTP的概念、原理、安装、配置与管理等。

DNS（域名服务器）是一种分布式的、静态层次的、C/S模式的数据库管理系统，提供了域名地址与IP地址的转换服务，包括两种查询：正向查询将域名解析成IP地址，反向查询则将IP地址解析成域名；DHCP服务器为网络客户机分配动态的IP地址，通过在DHCP服务器与客户端两次握手实现IP租约的提供；IIS7.0为用户提供了一个集成性、稳定性、扩展性、安全及可管理性的Internet服务器平台,可为用户创建和管理Web和FTP站点，Web服务是Internet上实现信息资源共享的最广泛应用，而使用FTP服务是在Internet上传输文件最有效的方法之一。

实训 Web服务器的配置

1．实训目的

（1）Internet信息服务及安装方法。

（2）掌握虚拟目录的概念及设置。

（3）掌握Web站点的创建及属性设置。

（4）测试Web站点。

2．实训环境

安装好Windows Server的服务器（IP地址为172.168.0.121）与一台安装好Windows XP的客户机组成的局域网。

3．实训步骤

（1）安装Internet信息服务（IIS）。

①"开始"→"设置"→"控制面板"→双击"添加／删除程序"→"添加／删除Windows组件"，打开"Windows组件向导"对话框。

②选择"Internet信息服务（IIS）"→单击"详细信息"→选择要安装的服务→"确定"。

（2）通过IE访问默认的Web站点。在已安装好IIS服务的计算机中打开浏览器IE，在地址栏中输入http://localhost或http://计算机名，即可浏览默认的Web站点。

（3）将d:\jsj文件夹设置名为"PowerPoint"的为Web站点，其IP地址为172.168.0.121，端口号为8080。

①"开始"→"程序"→"管理工具"→"Internet信息服务"，启动

Internet信息服务器。

②在"Internet 信息服务"窗口中右击服务器节点，在快捷菜单中选择"新建"→"Web站点"→"进入Web 站点创建向导"→"设置Web 站点说明"为PowerPoint→设置Web 站点的IP地址172.168.0.121和端口号8080→设置Web 站点主目录的路径d:\jsj→设置主目录的访问权限→完成。

（4）通过http://172.168.0.121:8080来访问该Web站点。在服务器或任何一台工作站上打开浏览器，在地址栏中输入http://172.168.0.121:8080，即可浏览该Web站点。

（5）创建了一个别名为asp的虚拟目录，其对应的路径为D:\asp。

①右击"Internet 信息服务"窗口中的"默认Web站点"→"新建"→"虚拟目录"→单击"下一步"按钮→在"别名"文本框中输入"asp"。

②单击"下一步"按钮→输入或选择目录路径"d:\asp"。

③单击"下一步"→按钮→选中"读取"和"运行脚本"复选框。

④单击"下一步"，按钮，完成虚拟目录创建。

提示：设置Web共享属性可快速创建虚拟目录。方法：资源管理器中右击"asp"文件夹→"属性"→"Web 共享"选项卡→选中"共享这个文件夹"单选按钮→打开"编辑别名"对话框→输入别名asp→"确定"。

（6）启动、停止和暂停Web服务。

①"开始"→"程序"→"管理工具"→"Internet服务管理器"，打开"Internet信息服务"管理控制台，展开"Internet信息服务"节点和服务器节点。

②右键单击默认的WEB站点→选择相应命令。

4．实训思考

如何配置DNS服务器来实现在客户端用域名访问Web站点？

习 题

1．选择题

（1）当DHCP客户计算机第一次启动或初始化IP时，将（　　）消息广播发送给本地子网。

A. DHCP DISCOVER　　　　B. DHCP REQUEST

C. DHCPOFFER　　　　　　D. DHCP PACK

（2）Internet信息服务不包含（　　）服务。

A. WWW服务　　　　　　B. FTP服务

C. SMTP服务　　　　　　D. DNS服务

（3）DHCP作用域创建后，其作用域文件夹有4个子文件夹，其中存放可供分配的IP地址的是（   ）文件夹。

A. 地址租约　　　　　　　　　B. 地址池

C. 保留　　　　　　　　　　　D. 作用域选项

（4）设置DNS服务器要经过4个环节，正确的顺序是（   ）。

（1）安装DNS服务　　　　　（2）配置DNS服务器

（3）创建区域　　　　　　　（4）添加资源记录

A.(1)(2)(3)(4)　　　　　　　　B. (1)(3)(2)(4)

C.(4)(1)(2)(3)　　　　　　　　D. (4)(3)(1)(2)

2．简答题

（1）DNS是怎样运作的？

（2）为什么要对IP进行动态管理？

（3）简述DHCP的工作原理。

（4）如何新建与配置Web服务器？

（5）在一台主机上如何建立多个Web站点？

（6）说明站点、虚拟目录、c:\intpub\wwwroot三者的关系和区别。

（7）在一台主机上如何建立多个FTP站点？

PART 8

第8章
网络安全

学习目标

- 了解网络安全的基本知识
- 掌握计算机病毒的基本知识
- 理解计算机病毒的原理和木马原理
- 掌握防火墙技术
- 掌握数字加密和数字签名原理

8.1 网络安全概述

随着计算机技术的日新月异，互联网正在以惊人的速度改变着人们的生活，从政府到商业再到个人，互联网的应用无处不在，如政府部门信息系统、电子商务、网络炒股、网上银行、网上购物等。Internet所具有的开放性、国际性和自由性在增加应用自由度的同时，也带来了许多信息安全隐患，如何保护政府、企业和个人的信息不受他人的入侵，更好地增加互联网的安全性，是一个亟待解决的重大问题。

8.1.1 网络安全隐患

由于在互联网设计初期很少考虑到网络安全方面的问题，所以实现的互联网存在着许多安全隐患可被人利用。安全隐患主要有以下几种。

（1）黑客入侵。这里的黑客（Cracker）一般指一些恶意（一般是非法地）试图破解或破坏某个程序、系统及网络安全的人。黑客入侵其他人的计算机的目的一般是获取利益或证明自己的能力，他们利用自己在计算机方面的特殊才能对网络安全造成了极大的破坏。

（2）计算机病毒的攻击。计算机病毒是对网络安全最严重的威胁。计算机病毒的种类很多，通过网络传播的速率非常快，普通家用PC基本都被病毒入侵过。

（3）陷阱和特洛伊木马。通过替换系统的合法程序，或者在合法程序中插入恶意源代码以实现非授权进程，从而达到某种特定目的。

（4）来自内部人员的攻击。内部人员攻击主要是指在信息安全处理系统范围内或对信息安全处理系统有直接访问权限的人对网络的攻击。

（5）修改或删除关键信息。通过对原始内容进行一定的修改或删除，从而达到某种破坏网络安全的目的。

（6）拒绝服务。当一个授权实体不能获得应有的对网络资源的访问或紧急操作被延迟时，就发生了拒绝服务。

（7）人为地破坏网络设施，造成网络瘫痪。人为地从物理上对网络设施进行破坏，使网络不能正常运行。

8.1.2 网络攻击

在攻击网络之前，入侵者首先要寻找网络中存在的漏洞，漏洞主要存在于操作系统和计算机网络数据库管理系统中，找到漏洞后入侵者就会发起攻击。这里的攻击是指一个网络可能受到破坏的所有行为。攻击的范围从服务器到网络互联设备，再到特定主机，方式有使其无法实现应有的功能、完全破坏、完全控制等。

网络攻击从攻击行为上可分为以下两类。

（1）被动攻击。攻击者简单地监视所有信息流以获得某些秘密。这种攻击可以基于网络或者基于系统。这种攻击是最难被检测到的，对付这类攻击的重点是预防，主要手段是数据加密。

（2）主动攻击。攻击者试图突破网络的安全防线。这种攻击涉及网络传输数据的修改或创建错误数据信息，主要攻击形式有假冒、重放、欺骗、消息篡改、拒绝服务等。这类攻击无法预防，但容易检测，所以对付这类攻击的重点是检测，而不是预防，主要手段有防火墙、入侵检测系统等。

8.1.3　网络基本安全技术

针对目前网络的安全形势，实现网络安全的基本措施主要有防火墙、数字加密、数字签名、身份认证等，这些措施在一定程度上增强了网络的安全性。

（1）防火墙。防火墙是设置在被保护的内部网络和有危险性的外部网络之间的一道屏障，系统管理员按照一定的规则控制数据包在内外网之间的进出。

（2）数字加密。数据加密是通过对传输的信息进行一定的重新组合，而使只有通信双方才能识别原有信息的一种手段。

（3）数字签名。数字签名可以被用来证明数据的真实发送者，而且，当数字签名用在存储的数据或程序时，可以用来验证其完整性。

（4）身份认证。用多种方式来验证用户的合法性，如密码技术、指纹识别、智能IC卡、网银U盾等。

8.2　计算机病毒与木马

8.2.1　计算机病毒的基本知识

计算机病毒是指编写或者在计算机程序中插入的破坏计算机功能或者数据，影响计算机使用并且能够自我复制的一组计算机指令或者程序代码。它能够通过某种途径潜伏在计算机存储介质（或程序）中，当达到某种条件时即被激活，具有对计算机资源进行破坏的作用。只要计算机接入互联网或插入移动存储设备，就有可能中计算机病毒。

1．计算机病毒的特点

（1）寄生性。计算机病毒寄生在其他程序或指令中，当执行这个程序或指令时，病毒会起破坏作用，而在未启动这个程序或指令之前，它是不易被人发觉的。

（2）传染性。计算机病毒不但本身具有破坏性，还具有传染性，一旦病毒被复制或产生变种，其速度之快令人难以预防。

（3）隐蔽性。计算机病毒具有很强的隐蔽性，有的可以通过杀毒软件查出来，有的根本查不出来，有的则时隐时现、变化无常，这类病毒处理起来通常很困难。

（4）潜伏性。病毒入侵后，一般不会立即发作，需要等待一段时间，只有在满足其特定条件时病毒才启动其表现模块，显示发作信息或对系统进行破坏。可以分为利用系统时钟提供的时间作为触发器和利用病毒体自带的计数器作为触发器两种。

（5）破坏性。计算机中毒后，凡是利用软件手段能触及计算机资源的地方均可能遭到计算机病毒的破坏。其表现为：占用CPU系统开销，从而造成进程堵塞；对数据或文件进行破坏；打乱屏幕的显示；无法正常启动系统等。

2. 计算机病毒的分类

综合病毒本身的技术特点、攻击目标、传播方式等各个方面，一般情况下，可将病毒大致分为传统病毒、宏病毒、恶意脚本、木马、黑客、蠕虫、破坏性程序。

（1）传统病毒。能够感染的程序。通过改变文件或者其他设置进行传播，通常包括感染可执行文件的文件型病毒和感染引导扇区的引导型病毒，如CIH病毒。

（2）宏病毒。（Macro）利用Word、Excel等的宏脚本功能进行传播的病毒，如著名的美丽莎（macro. melissa）。

（3）恶意脚本。（Script）：进行破坏的脚本程序，包括HTML脚本、批处理脚本、Visual Basic和Java Script脚本等，如欢乐时光（VBS. Happytime）。

（4）木马（Trojan）程序。当病毒程序被激活或启动后用户无法终止其运行。广义上说，所有的网络服务程序都是木马，判定是否是木马病毒的标准无法确定。通常的标准是在用户不知情的情况下安装，隐藏在后台，服务器端一般没有界面无法配置，如QQ盗号木马。

（5）黑客（Hack）程序。利用网络攻击其他计算机的网络工具，被运行或激活后就像其他正常程序一样提供界面。黑客程序用来攻击和破坏别人的计算机，对使用者自己的机器没有损害。

（6）蠕虫（Worm）程序。蠕虫病毒是一种可以利用操作系统的漏洞、电子邮件、P2P软件等自动传播自身的病毒，如冲击波。

（7）破坏性程序（Harm）。病毒启动后，破坏用户的计算机系统，如删除文件、格式化硬盘等。常见的是bat文件，也有一些是可执行文件，还有一部分和恶意网页结合使用。

8.2.2 计算机病毒的工作原理

1. 程序型病毒的工作原理

程序型病毒通过网络、U盘和光盘等为载体传播，主要感染.exe 和 .dll 等可执行文件和动态连接库文件，当染毒文件被运行，病毒就进入内存，并获取了内存控制权，开始感染所有之后运行的文件。比如运行了Word.exe ，则该文件被感染，病毒把自己复制一份，加在Word.EXE文件的后面，会使该文件长度增加1到几个K。随着时间的推移病毒会继续感染下面运行的程序，周而复始，时间越长，染毒文件越多。到了一定时间，病毒开始发作（根据病毒作者定义的条件，有的是时间，比如CIH，有的是感染规模等）执行病毒作者定义的操作，比如无限复制、占用系统资源、删除文件、将自己向网络传播甚至格式化磁盘等。

2. 引导型病毒的工作原理

引导型病毒感染的不是文件，而是磁盘引导区，它们把自己写入引导区，这样，只要磁盘被读写，病毒就首先被读取入内存。当计算机上启动时病毒会随计算机系统一起启动（这点和QQ开机启动原理差不多），接下来，病毒获得系统控制权，改写操作系统文件，隐藏自己，让后启动的杀毒软件难以找到自己，这样引导型病毒就可以根据自己的病毒特性进行相应的操作。

8.2.3　木马的原理

木马的全称是特洛伊木马，是一种恶意程序。它悄悄地在宿主机器上运行，可在用户毫无察觉的情况下，让攻击者获得远程访问和控制用户计算机的权限。

特洛伊木马有一些明显的特点。它的安装和操作都是在隐蔽中完成的，用户无法察觉。攻击者常把特洛伊木马隐藏在一些小软件或游戏中，诱使用户在自己的计算机上运行。最常见的情况是，用户从不正规的网站下载和运行了带恶意代码的软件、游戏，或者不小心点击了带恶意代码的邮件附件。

大部分木马包括客户端和服务器端两个部分。攻击者利用一种称为绑定程序的工具将木马服务器部分绑定到某个合法软件上，只要用户一运行该软件，特洛伊木马的服务器部分就会在用户毫无察觉的情况下完成安装。当服务器端程序在被感染的机器上成功运行以后，会通知客户端用户已被控制，攻击者就可以利用客户端与服务器端建立连接（一般这种连接大部分是TCP连接，少量木马用UDP连接）。攻击者利用客户端程序向服务器程序发送命令，并进一步控制被感染的计算机。被感染的计算机又可以作为攻击端，对网络中的其他计算机发起攻击。此过程如图8.1所示。

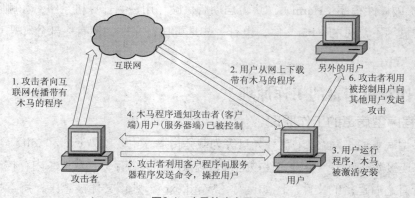

图8.1　木马的攻击原理

因为客户端和服务器端可以通过程序设计实现不同的功能，网络上的木马程序有很多种，比较著名的有冰河、灰鸽子、QQ盗号木马等。

8.2.4 常见的Autorun.inf文件

下面介绍最常见的autorun.inf文件。

autorun.inf文件本身并不是一个病毒文件，它可以实现双击盘符自动运行某个程序的功能，但是很多病毒利用这个文件的特点，自动运行一些病毒程序。当磁盘或U盘在双击时弹出图8.2所示的对话框时，有很大的可能计算机已经中毒。

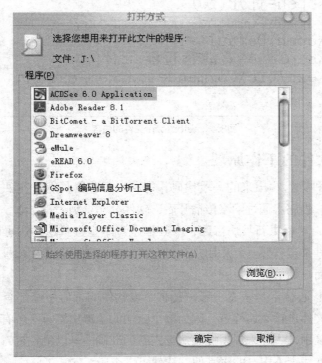

图8.2 打开方式

之所以打不开硬盘或U盘，都是因为autorun.inf文件。下面介绍一个名叫icnskem.exe的病毒的autorun.inf文件，如图8.3所示。

图8.3 autorun.inf文件图标

autorun.inf文件可以双击打开，或者把名称改为autorun.txt再打开，打开以后可以看到图8.4所示的内容。如果用双击open打开，病毒icnskem.exe会自动运行；如果在盘符上右击，选择"打开"命令，也会运行icnskem.exe；即使在盘符上右击，选择"资源管理器"命令，还是运行icnskem.exe。读者可以将这个病毒的autorun.inf文件和"熊猫烧香"病毒的autorun.inf文件进行对比。

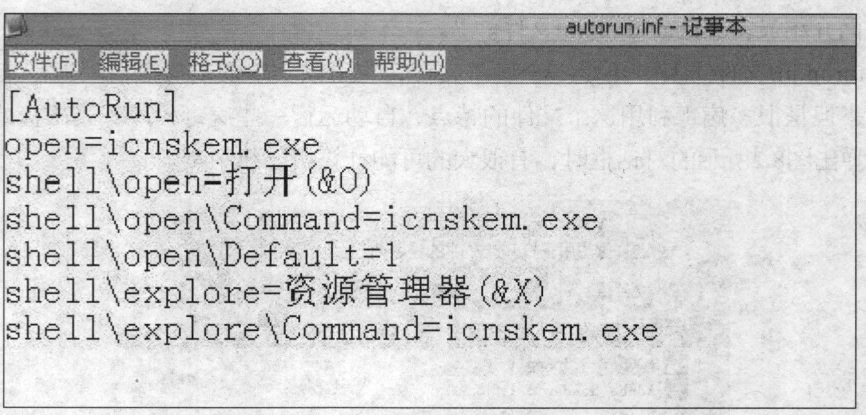

图8.4 autorun.inf文件的内容

8.2.5 杀毒软件的工作原理

病毒是用某种语言写出来的一段代码，每种病毒都会具有一些独一无二的特征，叫做病毒特征码。当病毒通过网络传播开后，软件公司得到病毒样本，开始分析样本，找到病毒特征码，然后更新其病毒库，令其在杀毒时也查找这种病毒码，然后通知用户，请他们升级其杀毒软件。然后用户升级，再杀毒，结果，该病毒被杀死，同时新的病毒被发现，周而复始。

杀毒软件的核心技术是杀毒引擎，每种杀毒软件的杀毒引擎都有自己独特的技术（算法）对磁盘文件进行高速检查，因为每个公司的杀毒引擎算法各有不同，杀毒的效果和时间也有所区别，一般来说，提高病毒判断的准确性是以牺牲查毒时间为代价的，所以，可能有的软件查不出来的毒其他的软件可以查出。

8.3 防火墙

8.3.1 防火墙的基本概念

防火墙是网络安全的保障，可以实现内部可信任网络与外部不可信任网络（互联网）之间或内部网络不同区域之间的隔离与访问控制，阻止外部网络中的恶意程序访问内部网络资源，防止更改、复制、损坏用户的重要信息。防火墙的位置如图8.5所示。

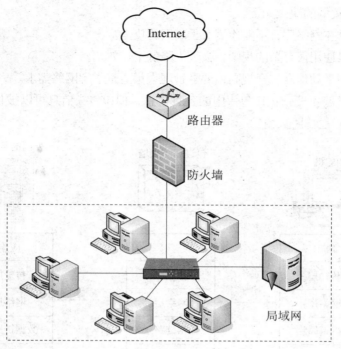

图8.5 防火墙的位置

防火墙是一种网络安全保障方式，主要目的是通过检查入、出一个网络的所有连接，来防止某个需要保护的网络遭受外部网络的干扰和破坏。从逻辑上讲，防火墙是一个分离器、限制器、分析器，可有效地检查内部网络和外部网络之间的任何活动；从物理上讲，防火墙是集成在网络特殊位置的一组硬件设备——路由器和三层交换机、PC之间。防火墙可以是一个独立的硬件系统，也可以是一个软件系统。

8.3.2 防火墙的分类

防火墙的分类方法有很多种，按照工作的网络层次和作用对象可分为4种类型。

1. 包过滤防火墙

包过滤防火墙又被称为访问控制表（Access Control List，ACL），它根据预先静态定义好的规则审查内、外网之间通信的数据包是否与自己定义的规则（分组包头源地址、目的地址端口号、协议类型等）相一致，从而决定是否转发数据包。包过滤防火墙工作于网络层和传输层，可将满足规则的数据包转发到目的端口，不满足规则的数据包则被丢弃。许多规则是可以复合定义的。包过滤防火墙如图8.6所示。

包过滤防火墙的优点如下。

（1）不用改动用户主机上的客户端程序。

（2）可以与现有设备集成，也可以通过独立的包过滤软件实现。

（3）成本低廉、速度快、效率高，可以在很大程度上满足企业的需要。

包过滤防火墙的缺点如下。

（1）工作在网络层，不能检测对于高层的攻击。

（2）如果使用很复杂的规则，会大大降低工作效率。

（3）需要手动建立安全规则，要求管理人员清楚了解网络需求。

（4）包过滤主要依据IP包头中的各种信息，但IP包头信息可以被伪造，这样就可以轻易地绕过包过滤防火墙。

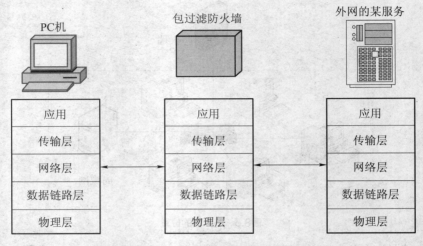

图8.6　包过滤防火墙

2. 应用程序代理防火墙

应用程序代理防火墙又称为应用网关防火墙，可在网关上执行一些特定的应用程序和服务器程序，实现协议的过滤和转发功能。它工作于应用层，掌握着应用系统中可作为安全决策的全部信息。其特点是完全阻隔了网络信息流，当一个远程用户希望和网内的用户通信时，应用网关会阻隔通信信息，然后对这个通信数据进行检查，若数据符合要求，应用网关会作为一个桥梁转发通信数据。应用代理防火墙如图8.7所示。

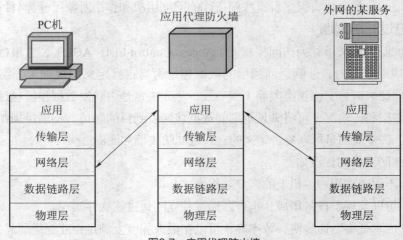

图8.7　应用代理防火墙

3．复合型防火墙

出于对更高安全性的要求，常把基于包过滤的方法与基于应用代理的方法结合起来形成复合型防火墙产品。这种结合通常是以下两种方案。

（1）屏蔽主机防火墙体系结构。在该结构中，分组过滤路由器或防火墙与Internet相连，同时一个堡垒主机安装在内部网络，通过在分组过滤路由器或防火墙上设置过滤规则，使堡垒主机成为Internet上其他节点所能到达的唯一节点，从而确保内部网络不受未授权外部用户的攻击。

（2）屏蔽子网防火墙体系结构。堡垒主机放在一个子网内形成非军事化区，两个分组过滤路由器放在该子网的两端，使该子网与Internet及内部网络分离。在屏蔽子网防火墙体系结构中，堡垒主机和分组过滤路由器共同构成了整个防火墙的安全基础。

4．个人防火墙

目前网络上有许多个人防火墙软件，很多都集成在杀毒软件当中，它是应用程序级的，在某一台计算机上运行，保护其不受外部网络的攻击。

一般的个人防火墙都具有"学习"机制，就是说一旦主机防火墙收到一种新的网络通信要求，它会询问用户是允许还是拒绝，并应用于以后该通信的要求。现在很多杀毒软件都集成相应的防火墙功能。

8.3.3　网络地址转换NAT技术

网络地址转换NAT的作用原理就是通过替换一个数据包的源地址和目的地址，来保证这个数据包能被正确识别。具体地说，通过这种地址映射技术，内部计算机上使用私有地址（10.0.0.0~10.255.255.255，172.16.0.0~172.16.255.255，192.168.0.0~192.168.255.255），当内部网络计算机通过路由器向外部网络发送数据包时，私有地址被转换成合法的IP地址（全局地址）在Internet上使用，最少只需一个合法IP，就可以实现私有地址网络内所有计算机与Internet的通信。这一个或多个合法地址，就代表整个内部网络与外部网络进行通信，如图8.8所示。

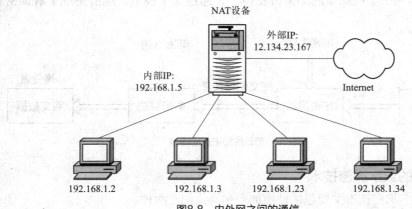

图8.8　内外网之间的通信

私有地址作为内部网络使用的IP地址，是不会在互联网上通信中使用的，所以不同的局域网在共享上网的时候可以重复使用私有地址，所以NAT技术不仅很好地解决了目前IPv4版本IP地址不足的现实问题，也因为有效的隐藏内部网络中的计算机，从而避免内部网络被外部网络攻击，提高了网络的安全性。

一般NAT技术都在路由器上实现，所以在互联网的通信中，路由器的路由表里是不可能出现私有地址的。

NAT技术的缺点是学要转换每个通信数据包包头的IP地址而增加网络延迟，而且当内部网络用户过多时，NAT的服务质量就不能保证了。

8.4 数字加密与数字签名

8.4.1 数字加密

1. 数字加密的原理

在现实的网络中，要想让其他人无法窃取某个数据是非常困难的，比较现实的一种方法就是采用数字加密技术。也就是说即使别人得到这个数据，也会因为不能对这个加过密的数据解密，而无法了解它的意思。

数据加密是指将原始的数据通过一定的加密方式加密成非授权人难以理解的数据，授权人在接收到加密数据后，会利用自己知道的解密方式把数据还原成原始数据。

下面介绍一些数据加密的常用术语。

● 明文。它是指没有加密的原始数据。
● 密文。它是指加密后的数据。
● 加密。它是指把明文转换成密文的过程。
● 解密。它是指把密文转换成明文的过程。
● 算法。它是指加密或解密过程中使用的一系列运算方式。
● 密钥。它是指用于加密或解密的一个字符串。

图8.9所示为一个最简单的加密解密模型，通过这个模型，能清楚地了解加密和解密的过程。

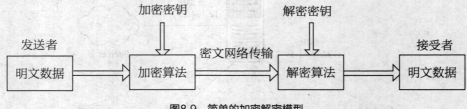

图8.9　简单的加密解密模型

2. 经典的数字加密技术

经典的数字加密技术主要包括替换加密和换位加密两种。

（1）替换加密。用某个字母替换另一个字母，替换的方式事先确定，比如替换方式是字母按顺序往后移5位，hello在网络中传输时就用mjqqt。这种加密方式比较简单，密钥就是5，接收者只要按照每个字符的ASCⅡ码值减去5，再做模26的求余运算即可得到原始数据。

（2）换位加密。按照一定的规律重新排列传输数据。比如预先设置换位的顺序是4213，明文bear在网络中传输时就是reba。这种加密方式也比较简单，曾经被大量使用，但是由于计算机的运算速率发展很快，可以利用穷举法破译。

3. 秘密密钥与公开密钥加密技术

（1）秘密密钥加密技术。秘密密钥加密技术也叫做对称密钥加密技术。在这种技术中，将算法内部的转换过程设计得非常复杂，而且有很长的密钥，密文的破解非常困难，即使被破解，也会因为没有密钥而无法解读。这种技术最大的特点就是把算法和密钥分开进行处理，密钥最为关键，而且在加密和解密过程中，使用的密钥相同。秘密密钥的加密/解密模型如图8.10所示。

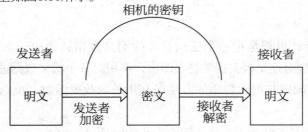

图8.10　秘密密钥的加密/解密模型

最著名的秘密密钥加密算法是数据加密标准（Data Encryption Standard，DES）。该算法的基本思想是将明文分割成64位的数据块，并在一个64位的密钥控制下，对每个64位明文块加密，最后形成整个加密密文。

（2）公开密钥加密技术。公开密钥加密技术也叫做非对称密钥加密技术。公开密钥加密技术在加密和解密的过程中使用两个不同的密钥，这两个密钥在数学上是相关的，它们成对出现，但互相不能破解。这样接收者可以公开自己的加密密钥，发送者可以利用它来进行加密，而只有拥有解密密钥的授权接收者才能把数据解密成原文。公开密钥的加密/解密模型如图8.11所示。

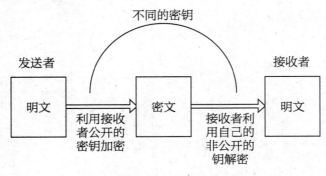

图8.11　公开密钥的加密/解密模型

最著名的公开密钥加密算法是RSA（三位发明者名字首字母组合）。该算法的基本思想是在生成的一对密钥中，任何一个都可以作为加密或解密密钥，另一个相反，一个密钥用于公开供发送者加密使用。另一个密钥严格被接收者保密，当接收者收到密文时，用于解密/加密数据。

8.4.2 数字签名

数字加密主要用于防止信息在传输过程中被其他人截取利用，而如何确定发送信息人的身份，则需要用数字签名来解决。

数字签名是指在计算机网络中，用电子签名来代替纸质文件或协议的签名，以保证信息的完整性、真实性和发送者的不可否认性。

目前使用较多的还是利用报文摘要和公开密钥加密技术相结合的方式进行数字签名。

1. 报文摘要

报文摘要的设计思想是把一个任意长度的明文数据转换成一个固定长度的比特串，在签名时，只要对这个报文摘要签名即可，不用对整个明文数据进行签名。

将明文转换为固定长度比特串的方法是利用单向散列函数，单向散列函数具有以下特性。

（1）处理任意长度的数据，生成固定大小的比特串。

（2）生成的比特串是不可预见的，看上去与原始明文没有任何联系，原始明文有任何变化，新的比特串会与原来的不同。

（3）生成的比特串具有不可逆性，不能通过它还原成原始明文。

目前，使用最多的报文摘要算法是MD 5 和SHA 1（已由中国科学家王小云破解），以后可能会使用SHA-224、SHA-256、SHA-384及SHA-512等算法。

2. 数字签名的过程

数字签名的过程如图8.12所示，具体情况如下。

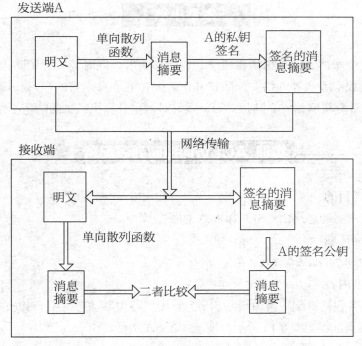

图8.12　数字签名的原理

（1）发送端把明文利用单向散列函数转换成消息摘要。

（2）发送者利用自己的私钥对消息摘要进行签名。

（3）发送端把明文和签名的消息摘要通过网络传递给接收端。

（4）接收端对明文和消息摘要分别处理，明文通过单向散列函数转换为消息摘要，签名的消息摘要被接收端用发送端的签名公钥还原成消息摘要。

（5）把最后生成的二个消息摘要进行比较，判定数据的真实性和完整性。

最后要说明一点就是数字加密和数字签名的区别，数字加密的发送者使用接收者的公钥加密，接收者使用自己的私钥解密；数字签名的发送者使用自己的私钥加密，接收者使用发送者的公钥解密。

本章小结

本章主要阐述了计算机病毒概念、特点和类型，同时简要介绍防火墙技术、数字加密和数字签名等网络安全防护知识。通过对本章内容的学习和理解，要求读者能掌握计算机网络安全防护知识，做好对常见计算机病毒的防范工作。

实训 ACL访问控制列表配置

1. 实训目的
掌握路由器动态路由 OSPF 和 ACL 的配置命令。

2. 实训环境
Cisco PacketTracer 模拟软件。

3. 实训内容
实训内容包括：配置路由器基本信息，配置路由器动态路由 OSPF，配置路由器 ACL。实训过程如图 8.13 所示，地址如表 8.1 所示。

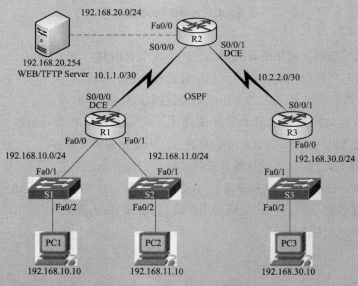

图8.13 拓扑图

表8.1 地址表

设备	接口	IP 地址	子网掩码	默认网关
	Fa0/0	192.168.10.1	255.255.255.0	不适用
R1	Fa0/1	192.168.11.1	255.255.255.0	不适用
	S0/0/0	10.1.1.1	255.255.255.252	不适用
	Fa0/0	192.168.20.1	255.255.255.0	不适用
R2	S0/0/0	10.1.1.2	255.255.255.252	不适用
	S0/0/1	10.2.2.1	255.255.255.252	不适用
	Lo0	209.165.200.225	255.255.255.224	不适用
R3	Fa0/0	192.168.30.1	255.255.255.0	不适用
	S0/0/1	10.2.2.2	255.255.255.252	不适用
PC1	网卡	192.168.10.10	255.255.255.0	192.168.10.1
PC2	网卡	192.168.11.10	255.255.255.0	192.168.11.1
PC3	网卡	192.168.30.10	255.255.255.0	192.168.30.1
Web Server	网卡	192.168.20.254	255.255.255.0	192.168.201

任务1 配置路由器基本信息。

按照拓扑图和地址表配置相应路由器端口及PC基本信息。注意配置R1的S0/0/0端口和R2的S0/0/1端口作为DCE端口,需要设置时钟频率(如clock rate 64000)。

任务2 配置路由器动态路由OSPF。

R1(config)#router ospf 1 //使用进程 ID 1在R1上为所有直连网络启用OSPF。

R1(config-router)#network 192.168.10.0 0.0.0.255 area 0 //申明直联网段192.168.10.0 在骨干区域0

R1(config-router)#network 192.168.20.0 0.0.0.255 area 0

R1(config-router)#network 10.1.1.0 0.0.0.3 area 0

R2(config)#router ospf 1

R2(config-router)#network 192.168.20.0 0.0.0.255 area 0

R2(config-router)#network 10.1.1.0 0.0.0.3 area 0

R2(config-router)#network 10.2.2.0 0.0.0.3 area 0

R3(config)#router ospf 1

R3(config-router)#network 10.2.2.0 0.0.0.3 area 0

R3(config-router)#network 192.168.30.0 0.0.0.3 area 0

任务3 配置路由器标准访问控制列表ACL。

本任务要配置一个标准 ACL，阻止来自 192.168.11.0 /24 网络的流量。 此 ACL 将应用于 R3 串行接口的入站流量。请记住，每个 ACL 都有一条隐式的 "deny all" 语句，这会导致不匹配 ACL 中任何语句的所有流量都受到阻止。因此，请在该 ACL 末尾添加 permit any 语句。

步骤1 创建ACL。

R3（config）# access-list 1 deny 192.168.11.0 0.0.0.255 //创建1号 的标准命名 ACL并拒绝源地址为 192.168.11.0/24 的任何数据包

R3（config）# access-list 1 permit any //允许所有其他流量

步骤2 应用 ACL。应用 ACL 1，过滤通过串行接口s0/0/1 进入 R3 的数据包。

R3（config）#interface serial 0/0/1

R3（config-if）#ip access-group 1 in

步骤3 测试 ACL。从 PC2 ping PC3，以此测试该 ACL。由于该 ACL 的目的是阻止源地址属于 192.168.11.0/24 网络的流量，因此 PC2（192.168.11.10）应该无法 ping 通 PC3。 在 R3 的特权执行模式下，发出 show access-lists 命令,查看标准ACL

任务4 配置路由器扩展访问控制列表ACL。

当需要更高的精度时，应该使用扩展 ACL。扩展 ACL 过滤流量的依据不仅仅限于源地址。扩展 ACL 可以根据协议、源 IP 地址、目的 IP 地址，以及源端口号和目的端口号过滤流量。

此网络的另一条策略规定，只允许 192.168.10.0/24 LAN 中的设备访问内部网络，而不允许此 LAN 中的计算机访问 Internet。因此，必须阻止这些用户访问 IP 地址 209.165.200.225。由于此要求的实施涉及源地址和目的地址，因此需要使用扩展 ACL。

本任务需要在 R1 上配置扩展 ACL，阻止 192.168.10.0/24 网络中任何设备发出的流量访问 209.165.200.225 主机。此 ACL 将应用于 R1 Serial 0/0/0 接口的出站流量。

步骤1 配置命名扩展ACL。

R1（config）#access-list 101 deny ip 192.168.10.0 0.0.0.255 host 209.165.200.225 //创建101号的命名扩展 ACL并阻止从 192.168.10.0/24 到逻辑端口loopback0（这里代表互联网端口）的流量。

前面讲过，如果没有 permit 语句，隐式 "deny all" 语句会阻止所有其他流量。因此，应添加 permit 语句，以确保其他流量不会受到阻止。

R1（config））#permit ip any any

步骤2 应用 ACL。如果是标准 ACL，最好将其应用于尽量靠近目的地址的位置。而扩展 ACL 则通常应用于靠近源地址的位置。101号ACL 将应用于串行接口并过滤出站流量。

R1（config）#interface serial 0/0/0

R1（config-if）#ip access-group 101 out

步骤 3 测试 ACL。从 PC1 ping R2 的环回接口loopback0。这些 ping 会失败，因为来自 192.168.10.0/24 网络的流量只要目的地址为 209.165.200.225，都会被过滤掉。如果 ping 任何其他目的地址，则应该成功。拿PC1 ping PC2，确认此点。

4．实训思考

（1）掌握了路由器动态路由OSPF配置命令。

（2）学会使用路由器标准ACL和扩展ACL的配置命令。

习 题

1．选择题

（1）大部分木马包括 _____ 两个部分。

A. 木马头和木马尾　　　　　　B. 客户端和服务器端

C. 源程序和木马体　　　　　　D. 数据头和据

（2）防火墙不可以位于下列（　　）设备中。

A. 路由器　　　　B. 打印机　　　　C. PC机　　　　D. 三层交换机

（3）常用的公开密钥加密算法是（　　）。

A. DES　　　　B. EDS　　　　C. RSA　　　　D. RAS

2．填空题

（1）网络基本安全技术包括 _____、_____、_____、_____。

（2）计算机病毒分为7类，分别是 _____、_____、_____、_____、_____、_____、_____。

（3）防火墙按照工作的网络层次和作用对象来分，分为 _____、_____、_____。

3．简答题

（1）网络攻击分为哪两种？其具体含义是什么？

（2）简述杀毒软件的工作原理。

（3）简述NAT技术。

PART 9

第9章
Internet接入技术

学习目标

● 了解Internet接入的基本知识
● 了解几种Internet接入技术

连入Internet的用户可以分为两大部分：占绝大多数的是最终用户，他们使用Internet上提供的各类信息服务，如浏览WWW、用E-mail进行电子邮件的收发、用FTP进行文件的传输等；另一部分是Internet服务提供商（ISP），他们通过租用高速通信线路建立服务器和路由器等设备，向用户提供Internet连接服务。

从连入Internet的技术方面，有拨号网络入网和专线入网两种基本方式，目前国内的最终用户使用得最多的是拨号网络入网。通常还可以从上网速度（即带宽）方面分为窄带接入和宽带接入。拨号上网经济实惠，适合业务量小的单位和个人使用。一般网速低于128kbit/s，属于窄带。拨号用户需要具备：一台PC机或笔记本电脑、一个Modem和一条电话线。

拨号网络入网有如下3种业务可以选择。

（1）使用公用账号信息连接，如电信使用账号名、密码、拨出电话号码均为16300；网通均为169，联通均为165。上网的电话费与使用费计入用户上网时所使用电话的话单，不用单独交费。

（2）注册用户。使用注册用户业务，单位用户需要携带单位证明及公章，个人用户需要携带身份证原件或护照到营业厅办理注册手续，注册完成后用户获得一个上网专用账号和密码，拨打网络的接入电话号码，输入专用账号和密码就能上网了。

（3）上网卡。用户可购买上网卡，通过上网卡提供的账号和密码进行拨号上网，费用会从卡上扣除。

宽带接入方式相对较多。目前宽带接入主要有 ADSL、LAN和HFC这3种方式。

选择接入方式时主要考虑的因素如下。

（1）用户对网络接入速度的要求。

（2）接入计算机或计算机网络与互联网之间的距离。

（3）接入后网间的通信量。

（4）用户希望运行的应用类型。

（5）用户所能承受的接入费用和代价。

9.1 窄带接入Internet

单机拨号入网，可以采用PPP/SLIP连接Internet，如图9.1所示。

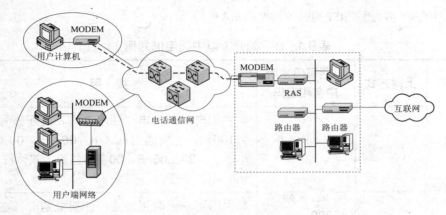

图9.1 采用PPP/SLIP连接Internet

采用ISDN设备连接示意如图9.2所示。

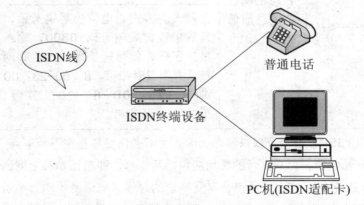

图 9.2 ISDN 设备连接示意图（ISDN 线即为普通电话线）

局域网通过Modem拨号入网连接Internet如图9.3所示。

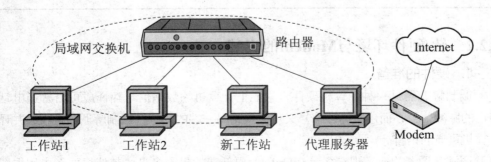

图 9.3 局域网通过 Modem 连接 Internet

9.2 拨号上网的实施

9.2.1 ISP的服务与收费

以中国电信为例的ISP的服务与收费如表9.1所示。

表9.1 ISP简介（以中国电信为例）

ISP	上网方式	电话号码、用户名和密码	费　用
中国电信	注册账号	电话号码为16300；注册用户与上网卡用户的用户名与密码在相应的注册信息或卡上	客户到电信公司申请注册开户，注册账号的费为100元，上网通信费：8：00~23：00（3元/小时）；23：00~8：00及节假日、双休日（1.5元/小时）
	公开拨号		非注册用户无需到营业厅注册或购卡，在计算机上设置上网电话号码16300、账号16300、密码16300，便可轻松地进入互联网上网通信费：0.07元/分钟
	上网卡		上网卡。客户到电信公司购卡后，在计算机拨号器中设置拨叫号码16300，输入卡上的用户名、密码，便可轻松地进入互联网，上网通信费从卡中实时扣除。8：00~23：00（0.05元/分钟）；23：00~8：00及节假日、双休日（0.025元/分钟）

注：以上提供的ISP收费情况仅供参考，因为上网通信费总是在不断下调。表中各ISP上网是指上网通信费，用户支付的费用应包括两部分，即电话费和上网通信费，电话费一般为2分钱/分钟。在上网通信费享受半价的时候，电话费也均为半价。包月可以直接在ISP的WWW上定制。公开拨号上网是先使用、后付费的上网服务，用户每月所产生的上网通信费用将随同固定电话费一同收取。ISDN如果使用双通道上网（即2B），上网通信费与电话费均为双倍。

9.2.2 软/硬件环境与Modem的安装

1. 硬件的准备

调制解调器是一种计算机硬件，它能把计算机的数字信号翻译成可沿普通电话线传送的脉冲信号，而这些脉冲信号又可被线路另一端的另一个调制解调器接收，并译成计算机可懂的语言。

调制解调器的速率现在多是56kbit/s，更低速的已不多见。其他只要考虑用内置或外置式及兼容性能。

内置和外置式调制解调器如图9.4和图9.5所示。

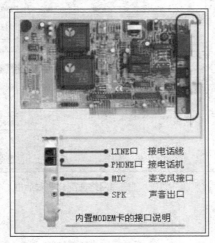

图9.4　内置调制解调器

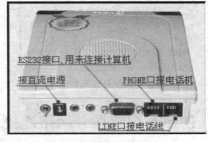

图9.5　外置调制解调器

2. 硬件的连接

连接Modem的示意图如图9.6所示。

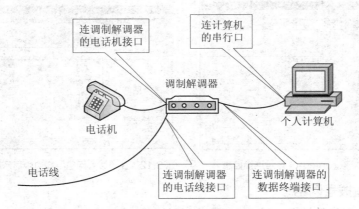

图9.6　连接Modem的示意图

3. 安装与配置调制解调器

安装与配置调制解调器的过程如图9.7~图9.10所示。

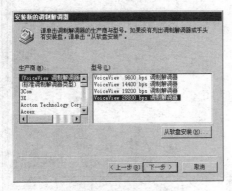

图9.7　选择调制解调器类型

图9.8　"调制解调器属性"对话框

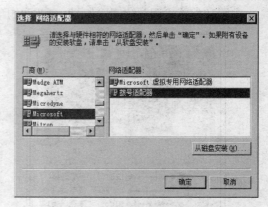

图9.9　设置调制解调器属性　　　　　图9.10　"选择网络适配器"对话框

9.2.3　创建与配置拨号网络连接

1．创建拨号网络

创建拨号网络的步骤如图9.11和图9.12所示。

图9.11　输入Internet账号连接信息　　　图9.12　在"拨号网络"窗口中显示已创建的连接

2．配置拨号网络

配置拨号网络的过程如图9.13～图9.15所示。

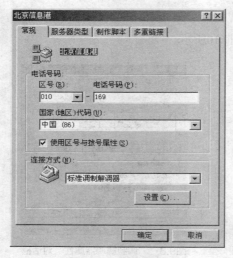

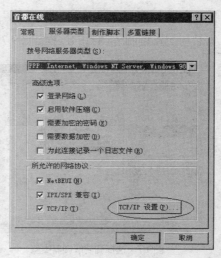

图9.13　配置对话框　　　　　　　图9.14　选中TCP/IP

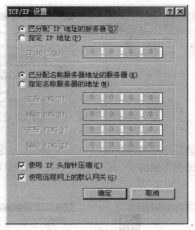

图9.15　设置TCP/IP

9.2.4　拨号连接和断开连接

拨号连接的过程如图9.16～图9.18所示。

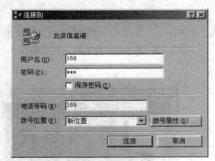

图9.16　"连接到"对话框

图9.17　正在拨号连接

图9.18　接入后的状态

9.2.5　创建ISDN拨号网络

创建ISDN拨号网络的过程如图9.19～图9.27所示。

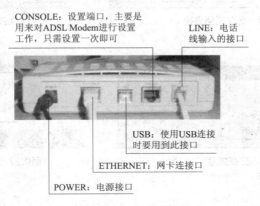

CONSOLE：设置端口，主要是用来对ADSL Modem进行设置工作，只需设置一次即可

LINE：电话线输入的接口

USB：使用USB连接时要用到此接口

ETHERNET：网卡连接口

POWER：电源接口

图9.19　Modem连接

图9.20 "网络和拨号连接"窗口

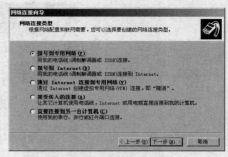

图9.21 选择网络连接类型

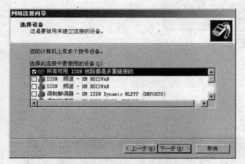

图9.22 选择与ISP建立连接的设备

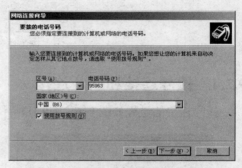

图9.23 输入ISP方的拨入电话号码

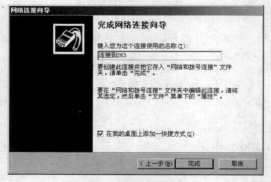

图9.24 命名网络连接

图9.25 拨号对话框

图9.26 正在拨号

图9.27 连入网络后的图标

9.3 局域网入网的实施

9.3.1 安装网卡

安装网卡的过程如图9.28～图9.31所示。

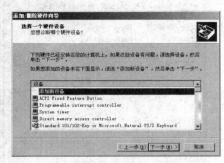

图9.28 选择一个硬件设备

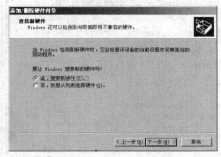

图9.29 查找新硬件

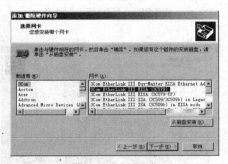

图9.30 选择网卡

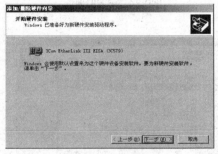

图9.31 开始安装硬件

9.3.2 安装与配置TCP/IP

安装与配置TCP/IP的过程如图9.32和图9.33所示。

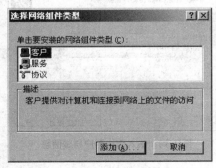

图9.32 "选择网络组件类型"对话框

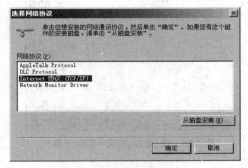

图9.33 选择要安装的网络协议

9.3.3 将计算机加入局域网

将计算机加入局域网的过程如图9.34～图9.39所示。

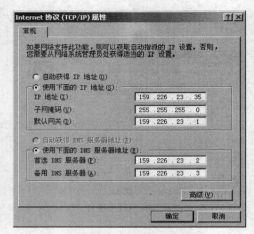

图9.34 配置IP地址

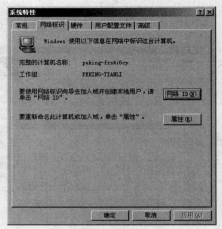

图9.35 "网络标识"选项卡

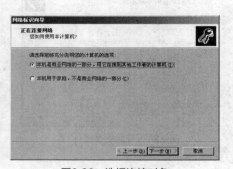

图9.36 选择连接对象

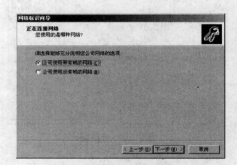

图9.37 指定要加入的网络类型

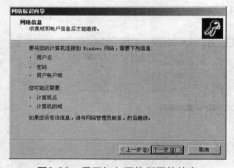

图9.38 显示加入网络所需的信息

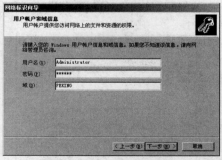

图9.39 输入用户账户与域信息

9.4 宽带接入技术

目前，用户的宽带接入主要用ADSL、LAN、HFC、PLC这4种方式来实现，而由于拥有网络的限制，任何一家宽带接入服务商为用户提供的接入方式只能是其中的一种或两种。

从实践来看，这几种方案在网络接入方式、用户负担成本、可以提供的服务内容等方面不尽相同，所适用的范围也大不一样。用户在选择宽带接入服务商时，首先考虑的是哪一种接入方式更适合自己的需求，然后再确定服务商。因此，接入市场之争，首先就是接入方式之争。

下面就比较一下这几种方案的特点、应用场合和利弊。

9.4.1 ADSL 接入方式

1. 概述

通过在现有电话线上采用ADSL（Asymmetrical Digital Subscriber Line，非对称数字用户环路）技术，用户上网的同时不影响电话的正常使用，也不需要支付电话费用。

ADSL 支持上行速率 640kbit/s 到1Mbit/s（是普通56KMODEM的140倍）、下行速率 1Mbit/s 到 8Mbit/s。这种带宽能否满足用户的需求呢？目前宽带用户占用带宽最大的需求是在线观看视频，网上一般流媒体都是以128kbit/s、256kbit/s 或 500k bit/s的速率播放，而实际ADSL下行传输速率一般为 512kbit/s，理论上可以满足各种在线播放需求，基本适合接入用户的需求。

ADSL有效的传输距离在 3～5 公里的范围，而且距离愈远，速度愈慢。所以这种方式在城镇范围相当普及。经测试，在有些靠近市区的乡村也可以接入。

2. 系统模型

ADSL接入模型如图9.40所示。

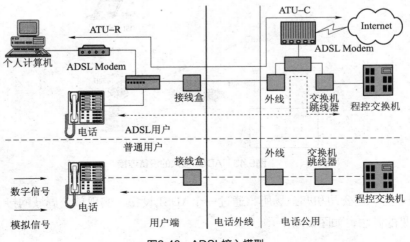

图9.40 ADSL接入模型

3. ADSL的安装

ADSL安装包括局端线路调整和用户端设备安装。在局端方面，由服务商将有的电话线中串接入ADSL局端设备，只需2~3min；用户端需要安装一个线路分离器和一个ADSL Modem，用户计算机上需要安装一块普通10M网卡。用户端的ADSL安装也非常简易方便，只要将电话线连上滤波器，滤波器与ADSL Modem之间用一条两芯电话线连接上，ADSL Modem与计算机的网卡之间用一条交叉网线连接即可完成硬件安装，再将TCP/IP协议中的IP、DNS和网关参数项设置好，便完成了安装工作。ADSL Modem的前面板与后面的接口如图9.41和图9.42所示。

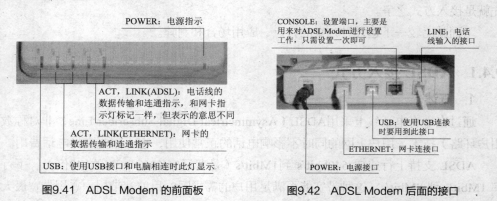

POWER：电源指示

CONSOLE：设置端口，主要是用来对ADSL Modem进行设置工作，只需设置一次即可

LINE：电话线输入的接口

ACT，LINK(ADSL)：电话线的数据传输和连通指示，和网卡指示灯标记一样，但表示的意思不同

ACT，LINK(ETHERNET)：网卡的数据传输和连通指示

USB：使用USB接口和电脑相连时此灯显示

USB：使用USB连接时要用到此接口

ETHERNET：网卡连接口

POWER：电源接口

图9.41 ADSL Modem 的前面板   图9.42 ADSL Modem 后面的接口

例如，中国电信推出的"我的e家"业务（含e6和e8两种组合套餐），实现了向家庭客户提供有线与无线捆绑的语音解决方案以及语音、互联网及增值应用、视频业务的综合信息应用解决方案，体现了这一方式的成熟发展与应用普及。

ADSL接入的设备连接如图9.43所示。

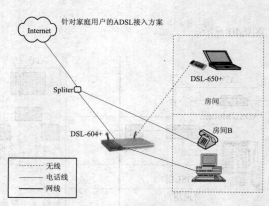

针对家庭用户的ADSL接入方案

Internet

Spliter

DSL-650+

房间

DSL-604+

房间B

----- 无线
—— 电话线
—— 网线

图9.43 ADSL接入的设备连接

在一些小型公司和办公场所，通过一个ADSL设备，实现单位局域网接入Internet也是很常见的做法，如图9.44所示。

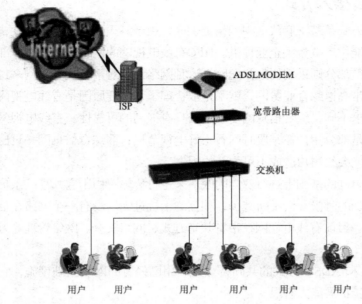

图9.44 通过ADSL设备实现的局域网接入

9.4.2 LAN 接入方式

LAN方式是采用光缆 + 双绞线的方式进行综合布线，双绞线总长度一般不超过 100 m，线路距离短，因而线路质量得到了更好的保障。采用 LAN 方式的宽带服务一般是吉比特光纤进小区，百兆光纤到楼，10/100M 到户的模式，这比拨号上网速度快 180 多倍，在传输速率上也基本可以满足用户的各种需求。

由于采用光纤接入，在抗干扰方面，LAN 方式较普通电话线上传输数据的ADSL方式优异。同时 LAN 接入的上下行速率是相同的，所以不会产生由于上行速率的限制导致干扰的情况。LAN采用以太网技术的接入方式，因而在地域上受到一定限制，只有已经铺设了LAN 的小区才能够使用这种接入方式。

局域网通过DDN专线连接Internet的示意图如图9.45所示。

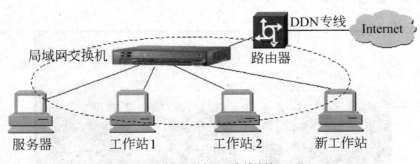

图9.45 局域网通过DDN专线连接Internet

9.4.3　HFC接入方式

　　HFC接入方式是基于有线电视网络提供的，由于其天然的行业垄断性，目前这种宽带接入方式仅能由广电相关企业提供。HFC有线电视网的网络结构在光纤部分多数采用星状网，在电缆部分则采用树形分配网。这种网络结构对于有线电视网来说是相当优越的，但对于宽带高速综合业务网，就不是很合理了，主要原因是有线电视网和综合信息网对可靠性要求不同，综合信息网要求网络具有很高的可靠性。有线电视网出了故障，造成的后果只是部分用户在某段时间看不好电视节目；而综合信息网一旦出了故障不能及时修复，可能会给用户造成不可弥补的损失。

　　HFC是在单向的基础上进行双向的改造来进行传输。由于它共享一条信道，它的带宽在用户量增加的时候，会不断减少，相互的干扰过大。没有一个网络在信道上的用户超过 5 000 个。目前有线电视网在带宽共享方式、网络安全、网络管理等方面依然存在缺陷。

　　HFC 方式和 ADSL 方式的共同特点是利用已经有的网络基础设施，它们共同的缺点是带宽进一步扩展能力有限。

　　使用HFC接入方式的示意图如图9.46所示。

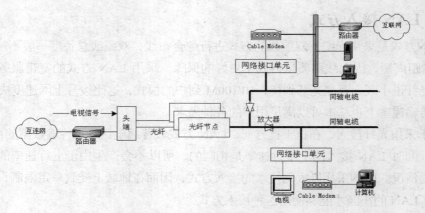

图9.46　使用HFC接入

同轴线缆超宽带调制解调器如图9.47所示。

图9.47　同轴线缆超宽带调制解调器

9.4.4 其他接入方式

1. PLC 接入方式

电力线通信技术，英文缩写PLC（Power Line Communication），是指利用电力线传输数据和话音信号的一种通信方式。该技术是把载有信息的高频加载于电流，然后用电线传输，接受信息的调制解调器再把高频从电流中分离出来，并传送到计算机或电话上，以实现信息传递。该技术在不需要重新布线的基础上，在现有电线上实现数据、语音和视频等多业务的承载，也就是实现四网合一，如图9.48所示。

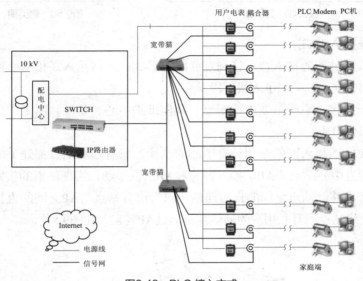

图9.48　PLC 接入方式

终端用户只要插上电源插头，就可以实现因特网接入。

PLC 利用 1.6MHz 到 30MHz 频带范围传输信号。在发送时，利用 GMSK 或 OFDM 调制技术将用户数据进行调制，然后在电力线上进行传输；在接收端，先经过滤波器将调制信号滤出，再经过解调，就可得到原通信信号。目前可达到的通信速率依具体设备不同在4.5Mbit/s～45Mbit/s 之间。PLC 设备分为局端和调制解调器，局端负责与内部PLC 调制解调器的通信和与外部网络的连接。在通信时，来自用户的数据进入调制解调器调制后，通过用户的配电线路传输到局端设备，局端将信号解调出来，再转到外部的 Internet。

自2001年沈阳开通我国第一个电力线上网小区。到目前为止，我国仅有300个左右的小区采用了电力线上网，用户也只有一万来户。对于未来，电力线上网技术将面临技术和市场的双重考虑，由于电压变化所带来的干扰影响上网质量，用电高峰时期数率波动大，PLC 芯片主要来自欧美，以及国家法律法规不明确等因素，都严重制约着电力线上网技术的良性发展。

PLC方式调制解调器如图9.49和图9.50所示。

图9.49 正面图

图9.50 侧面图

2. 无线接入方式

通过无线局域网的接入口连接到互联网的形式。无线接入是指从交换节点到用户终端之间，部分或全部采用了无线手段。

典型的无线接入系统主要由控制器、操作维护中心、基站、固定用户单元和移动终端等几个部分组成。

适合作WLAN接入网的结构是有中心的结构。所有移动站点都处于平等地位，所有移动站点通过中心站点（AP）接入，一般AP位置不动，实现站点的接入和到有线网的桥接，不考虑移动站点之间的直接通信，只考虑各站点与AP之间的直接通信，无线站点之间、无线站点到互联用户的通信都需通过AP转发，如图9.51所示。

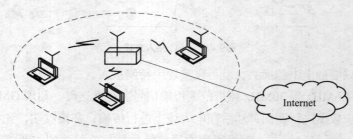

图9.51 WLAN接入网的结构

无线网络技术尚无统一的标准或规范，只有一些公司团体制定的自身产品标准。

按目前IEEE（电气和电子工程师协会）划定的无线网络技术标准，无线局域网络主要有802.11、802.11b和802.11a几类。

802.11无线局域网，使用2.4GHz频带，传送速率为1Mbit/s或2Mbit/s。

802.11b无线局域网，使用2.4GHz频带，传送速率为11Mbit/s。

802.11a无线局域网，使用5GHz频带，传送速率为54Mbit/s。

802.11b是目前在无线局域网中被最广泛使用的技术，802.11b无线网络的架设容易而且费用不高。它的缺点是：在实际应用中，802.11b无线网络的传送速率很难达到 11 Mbit/s的速度，平均带宽通常处在 7 ～ 8 Mbit/s。另外，802.11b无线网络工作在 2.4 GHz

的频带，因此容易受到来至微波炉、无绳电话和其他无线通信装置的干扰。这些干扰减少了数据传送的带宽，有时甚至可能中断连接。

802.11a很好地解决了802.11b存在的上述问题。802.11a提供更高的带宽，而且工作在一个干扰较少的频带里。802.11a的产品刚刚在市场上露面，价位较高。

人们有时也用Wi-Fi来称呼802.11b无线网络。Wi-Fi其实是指WECA（无线网络兼容联盟）对802.11b无线网络产品进行的兼容性认证。贴有Wi-Fi标识的不同品牌的802.11b产品，可以毫无问题地配合使用。

当前主要的几种无线网络技术如表9.2所示。

表9.2　当前主要的几种无线网络技术

技术名称	使用频段	特点	调制技术	最大通信速率	主要应用
OpenAir	2.4GHz	小、轻和低功耗	FH	1.6Mbit/s	移动数据通信
802.11 FH	2.4GHz	可加密	FH	2Mbit/s	无线数据网络
802.11 DS	2.4GHz		DS	2Mbit/s	
高速802.11	5GHz	宽带	DMT/OFDM	6~54Mbit/s	高速无线LANs
	2.4GHz		DS	11Mbit/s	
BRAN（HiperLANs）	5GHz	可支持语音、数据、视频等	GPSK	24Mbit/s	高速多媒体LANs
DECT	1.88~1.90GHz	语音和数据	GFSK	1.152Mbit/s	小型办公场所和家庭的语音和数据通信
SWAP	2.4GHz	低成本	FH	2Mbit/s	小型办公场所和家庭的无线通信

有线网络的传输速率较快，一般为100M、1 000M，而且也比较稳定，而无线的速率相对来说就稍微慢一些，一般为11M、54M、108M，衰减现象还比较严重。但无线接入为用户实现了随处移动上网，带来了组网灵活性和维护方便等很大的便利。

对于经由移动通信网络的接入技术，也发展迅速，如GSM接入技术、CDMA接入技术、GPRS接入技术以及3G通信技术。有些些行业部门还使用卫星接入技术，以实现远程教育等。

下面以通过手机接入上网，简介相关技术情况。

手机与计算机连接上网的基本原理就是使计算机将手机视为一个GSM（GPRS）的Modem从而实现上网。通过手机连接计算机接入互联网，是利用手机的上网服务，通过数据传输线、红外线等方式连接计算机，从而实现拨号上网、移动办公等应用。运用手机本身具有的GPRS或者WAP上网功能，并且到运营商那里开通上网或数据服务，再配合台式机或者笔记本电脑，就可以使用多种无线上网的服务，如收发E-mail、浏览网站、到论坛灌水、QQ聊天、上聊天室、下载电子图书、MP3甚至FTP文档等资料。

用手机连接计算机通常有3种连接方式。

（1）数据线连接。这种连接方式最简单，一般是通过串口或者USB接口连接，而且数据线也是目前市场上很多中高端手机的标准配置。即使单独购买，价钱也不是很贵，一般都在200元以内。这种连接方式的优点是成本低、技术成熟、安全性高，但是缺点也很明显，那就是携带不方便，不算是真正的无线上网，而且外购的数据线往往会有兼容性问题。

（2）红外线连接。目前新型的笔记本电脑和手机都配备了红外线接口，因此无需再配置任何硬件，只要把手机的红外线口对准笔记本电脑的红外线口就可以实现无线上网了，不过，它的通信距离最远大约为1m，最高速度为115.2kbit/s，而且还有方向性的限制，也就是说只能将两个设备的红外接口互相对准，不能有较大的偏差，然后点对点地进行直线传输数据，否则传送就会失败。

对那些没有红外接口的台式机，也可以用MA-600或者其他的红外套件代替，非常方便。这种连接方式的优点是成本低、技术成熟、支持的设备多，而且安全性较高，缺点是要受一定限制，因为它要求手机的红外线接口对准笔记本电脑或台式机的红外线接口，有稍大的偏移也不行，而且通信距离较短。

（3）蓝牙连接。蓝牙是爱立信公司最先开发的一种短距离无线连接技术，它可以将两台以上带有蓝牙芯片或适配器的设备进行无线连接，通信距离最长大约为10m，无方向性，可实时进行数据和语音传输，传输速率可达到1Mbit/s，不过由于受各种不同的电磁干扰，它的实际传输速度只能达到50~100kbit/s。通过蓝牙上网最大的优点是手机与计算机的对接无方向性限制，这是通过红外线上网不能做到的；另外就是它的通信距离长，可达10m；它的传输速度也要比红外线快很多。它最大的缺点是数据的保密性和安全性差。这是因为它传输数据无方向性而且通信距离长达10m，这样别人同样可以用另一台带蓝牙芯片的笔记本电脑或PDA在距离你10m的范围内复制你笔记本上的数据和共享你的上网服务。

目前市场上支持GPRS或者WAP功能的手机型号很多，在与计算机连接时会有不同的设置方法，但原理都是一样的。

9.4.5 宽带接入方式讨论

尽管每一个宽带服务商都强调自己的宽带接入方式最先进、最便捷，但还应该看到，由于受宽带接入服务商的网络规模大小、技术水平高低、从业时间长短等因素的影响，各种接入方式理论上所能达到的数值和用户的实际使用效果存在巨大差距。如LAN方式，尽管理论上用户的上网速率可以达到10Mbit/s，而实际上，当前每个接入用户的上网速率也就达到几百kbit/s。

ADSL、LAN、HFC三种主流宽带接入方式只能说各具特色，优劣势也十分明显。

对于新建的智能小区来说，以太网方式肯定是理想的选择，LAN技术成熟、成本低、结构简单、连接稳定、可扩充性好、便于网络升级，对于用户来说，上网速度较快，更重要的是符合大的技术走向，适应未来城域网把以太网作为基础的发展方向。

但是，LAN 在地域上受到极大限制，只有已经铺设了 LAN 的小区才能够使用这种接入方式，而且在接入用户室内时，还要架设网线，破坏用户室内的装潢。此外，LAN方式也面临着高端设备相对缺乏、IP 地址资源要求数量大、运营管理水平要求较高等问题。

对于特别分散的用户，ADSL 则是唯一的选择。ADSL 方式不用对网络进行大规模改造，只要在现有铜绞线的两端分别加上一个调制解调器，即可使传输速率增加几十倍。利用ADSL技术开展宽带接入业务的优势非常明显，首先可以充分利用电信网现有的铜缆资源，减少资金投入并充分发挥铜线的潜力。其次，用户随时可以上网，无须每次重新建立连接，而且不会影响电话的使用，每个用户都可以独享高速通道，没有阻塞问题。此外，ADSL接入保密性好，安全可靠。因此，ADSL成为电信运营企业的首推宽带接入服务。但是，ADSL线路上能够提供的最高速率对距离和铜线质量十分敏感，距离增加时，串音尤其是远端串音增加，将使线路品质劣化。

对于采用HFC宽带上网方式来说，最大优势是有线电视网相当普及，已经有了庞大的基础设施，无须额外过多的布线工程（但也需要进行单向改双向的改造，即在头端增加Cable Modem终接系统）。用户室内大多数都已接入了电力线及有线电视线，因此，用户无须在室内穿孔架线，故不会改动室内原有设施。

因而对于较老的小区用户以及比较分散的上网人群来说，HFC的Cable接入是最优选择。但作为一种接入方式，推广的时间较短，技术上还不完善，受干扰的因素较多，用户在使用过程中往往会出现种种缺陷。另外，有线电视电缆属于共享线路方式，如果用户非常集中，每一个Cable用户的加入都会增加噪声、占用频道、减少可靠性以及影响线路上已有的用户服务质量，最终导致宽带不宽的局面。而交换式以太网和ADSL则不会发生这种情况。

总之，目前的宽带接入方式并没有哪一种是最好的，用户真正要选择的只是最适合自己的方式。

9.5　网络连接测试

安装网络硬件和网络协议之后，一般要进行TCP/IP协议的测试工作。全面的测试应包括局域网和互联网两个方面。

在实际工作中利用命令行测试TCP/IP配置的步骤。

（1）选择"开始"→"运行"命令，输入"CMD"按回车键，打开命令提示符窗口。

（2）首先检查IP地址、子网掩码、默认网关、DNS服务器地址是否正确，输入命令ipconfig /all,按回车键。此时显示了你的网络配置，观查是否正确。

（3）输入"ping 127.0.0.1"，观查网卡是否能转发数据，如果出现"Request timed out"，表明配置差错或网络有问题。

（4）ping一个互联网地址，如ping 202.102.129.68，看是否有数据包传回，以验证与互联网的连接性。

（5）ping 一个局域网地址，观查与它的连通性。

（6）用nslookup测试DNS解析是否正确，输入如"nslookup www.51cto.com"，查看是否能解析。

如果你的计算机通过了全部测试，则说明网络正常，否则网络可能有不同程度的问题。在此不展开详述。不过，要注意，在使用 ping命令时，有些公司会在其主机设置丢弃ICMP数据包，造成你的ping命令无法正常返回数据包，不防换个网站试试。

本章小结

本章介绍了Internet接入的基础知识和接入技术，说明了Internet窄带接入技术、局域网上网技术实现方法；重点强调了几种主要Internet宽带接入方式ADSL、LAN、HFC、PLC的具体实现过程，并几种接入技术进行了分析比较，最后介绍了网络连接的测试方法。

实训 宽带接入技术应用

1．实训目的
了解掌握常用宽带接入技术的基本应用。

2．实训环境
（1）硬件：电脑为联想F40；蓝牙适配器一只，开通GPRS包月的手机（此处为索爱W800C）一部；

（2）软件：IVT 蓝牙驱动BlueSoleil（买适配器的时候带的光盘里有）。

3．实训内容
（1）安装好IVT蓝牙驱动后，打开BlueSoleil程序，双击中间那个橘色小球，搜索到手机，进行配对。

（2）双击手机图标，打开蓝牙拨号网络服务。

（3）打开动感大挪移软件，点启动服务。

（4）在BlueSoleil里点蓝牙拨号网络服务直接拨号（不需要手动输入任何数据直接拨号）。

（5）成功后屏幕右下角会有提示信息。

（6）用IE的话就用下面的注册表文件导入系统，也可以用火狐，直接改一下代理服务器为：127.0.0.1 端口：6000就可以登录网络了。

（7）QQ或者其他软件同理改代理服务器即可。

目前流行的宽带接入方式比较如表9.3所示。

表9.3 目前流行的宽带接入方式比较

项目	ADSL	LAN	HFC	PLC	WLAN
上行频带	640K～1M	10M（独享）	10M（2 000 ～ 3 000 用户共享）	4.5～45M	11Mbit/s
下行频带	1～8M	10M（独享）	38M（2 000 ～ 3 000 用户共享）	4.5～45M	11 Mbit/s

项目	ADSL	LAN	HFC	PLC	WLAN
理论最高速率	——	1 000M 以上	300M	45M	11 Mbit/s
方式	普通电话双绞线	光纤到楼网线到户	光纤到小区 同轴线到户	电力线到户	电磁波
技术	非对称数字技术	数字宽带技术	模拟宽带技术	电力线通信技术	无线网
稳定性	稳定	稳定	随电视节目多少而波动	受电线电流影响	比较稳定
移动上网	否	否	否	否	是
价格	较高	较高	较高	较高	较高

习 题

1. 填空题

（1）ADSL的"非对称"性是指 _____。

（2）HFC中的上行信号是指 _____，下行信号是指 _____。

2. 选择题

（1）选择互联网接入方式时可以不考虑（   ）。

A. 用户对网络接入速度的要求

B. 用户所能承受的接入费用和代价

C. 接入计算机或计算机网络与互联网之间的距离

D. 互联网上主机运行的操作系统类型

（2）ADSL通常使用（   ）。

A. 电话线路进行信号传输　　　　　B. ATM网进行信号传输

C. DDN网进行信号传输　　　　　　D. 有线电视网进行信号传输

（3）目前，Modem的传输速率最高为（   ）。

A. 33.6kbit/s　　　　B. 33.6Mbit/s　　　　C. 56kbit/s　　　　D. 56Mbit/s

3. 简答题

（1）计算机用户有哪些方法实现与Internet的接入？各有什么特点？

（2）在局域网接入的情况下，PC上如何进行互联网的配置？在电话拨号接入时，又应如何配置？

（3）分别说明局域网接入用户与拨号接入用户使用Internet时的网络环境结构差别。

4.练习利用 Internet 检索专业文献、学习专业知识。

通过网络查找有关"Internet接入技术"主题的科技文献，提交一份学习报告，报告内容要求：列出主要网站地址和文献出处，总结查询文献的方法，论述"Internet接入技术"的研究现状。

5.设计一个ADSL接入系统，为某单位8台PC机通过一条双绞线同时上网。以传统或当前的ADSL网络方式，画出方案示意图（自业务提供网络到用户终端），并简要说明ADSL用户端设备的安装过程。

PART 10

第10章
网络故障

学习目标

● 了解网络故障的基本知识
● 掌握网络故障的排除方法

网络建成运行后，网络故障诊断是网络管理的重要技术工作。搞好网络的运行管理和故障诊断工作，提高故障诊断水平需要注意以下几方面的问题：认真学习有关网络技术理论；清楚网络的结构设计，包括网络拓扑、设备连接、系统参数设置及软件的使用；了解网络正常运行状况、注意收集网络正常运行时的各种状态和报告输出参数；熟悉常用的诊断工具，准确地描述故障现象。更重要的是要建立一个系统化的故障处理思想并合理应用于实际中，以将一个复杂的问题隔离、分解或缩减，从而及时修复网络故障。

10.1　网络故障的成因

当今的网络互联环境是复杂的，计算机网络是由计算机集合和通信设施组成的系统，利用各种通信手段，把地理上分散的计算机连在一起，达到相互通信而且共享软件、硬件和数据等资源的系统。计算机网络的发展，导致网络之间出现了各种连接形式。采用统一的协议实现不同网络的互连，使互联网络很容易扩展。因特网就是用这种方式完成网络之间互连的网络。因特网采用**TCP/IP**协议作为通信协议，将世界范围内的计算机网络连接在一起，成为当今世界上最大的和最流行的国际性网络。因其复杂性还在日益增长，故随之而来的网络发生故障的几率也越来越高，主要原因如下。

（1）现代的Internet要求支持更广泛的应用，包括数据、语音、视频及它们的集成传输。

（2）新业务的发展使网络带宽的需求不断增长，这就要求新技术不断出现。例如，十兆以太网向百兆、吉比特以太网的演进；MPLS技术的出现；提供QoS的能力等。

（3）新技术的应用同时还要兼顾传统的技术。例如，传统的**SNA**体系结构在某些场合仍在使用，**DLSW**作为通过TCP/IP协议承载SNA的一种技术而被应用。

（4）对网络协议和技术有着深入的理解，能够正确地维护网络尽量不出现故障，并确保出现故障之后能够迅速、准确地定位问题并排除故障的网络维护和管理人才缺乏。

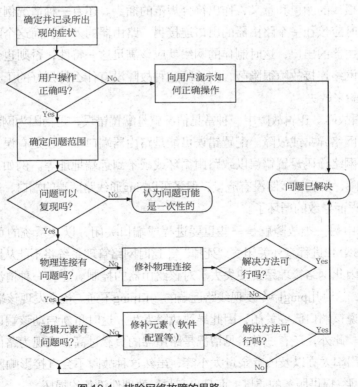

图 10.1　排除网络故障的思路

10.2　网络故障的分类

在现行的网络管理体制中，由于网络故障的多样性和复杂性，网络故障分类方法也不尽相同。根据网络故障的性质可以分为物理故障与逻辑故障，也可以根据网络故障的对象分为线路故障、路由器故障和主机故障，排除网络故障的基本思路如图10.1所示。

10.2.1　按网络故障的性质划分

（1）物理故障。物理故障是指设备或线路损坏、插头松动或线路受到严重电磁干扰等情况。例如，网络中某条线路突然中断，如已安装了网络监控软件就能够从监控界面上发现该线路流量突然下降或系统弹出报警界面，更直接的反映就是处于该线路端口上的无线电管理信息系统无法使用。可用DOS命令中的ping命令检查线路与网络管理中心服务器端口是否已连通，如果未连通，则检查端口插头是否松动，如果松动则插紧，然后再用ping命令检查；如果已连通则故障解决了。也有可能是线路远离网络管理中心端插头松动，需要检查终端设备的连接状况。如果插口没有问题，则可利用网线测试设备进行通路测试，发现问题应重新更换一条网线。

另一种常见的物理故障就是网络插头的误接。这种情况经常是因没有搞清网络插头规范或没有弄清网络拓扑结构而导致的。要熟练掌握网络插头规范，如T568A和T568B，搞清网线中每根线的颜色和意义，作出符合规范的插头。还有一种情况例如两个路由器直接连接，这时应该让一个路由器的出口连接另一路由器的入口，而这个路由器的入口连接另一个路由器的出口，这时制作的网线就应该满足这一特性，否则也会导致网络误接。不过这种网络连接故障很隐蔽，要诊断这种故障没有什么特别好的工具，只有依靠网络管理的经验来解决。

（2）逻辑故障。逻辑故障中一种常见情况就是配置错误，是指因为网络设备的配置原因而导致的网络异常或故障。配置错误可能是路由器端口参数设定有误、路由器路由配置错误或者网络掩码设置错误以致路由循环或找不到远端地址等。例如，同样是网络中某条线路故障，发现该线路没有流量，但又可以ping通线路两端的端口，这时很可能就是路由配置错误而导致的循环了。

逻辑故障中另一类故障就是一些重要进程或端口关闭，以及系统的负载过高。例如，路由器的SNMP进程意外关闭或"死掉"，这时网络管理系统将不能从路由器中采集到任何数据，因此网络管理系统便失去了对该路由器的控制。还有一种情况也是线路中断，没有流量，这时用ping命令发现线路近端的端口ping不通。检查发现该端口处于down的状态，就是说该端口已经关闭，因此导致故障发生。这时重新启动该端口就可以恢复线路的连通了。此外，还有一种常见情况是路由器的负载过高，表现为路由器CPU温度太高、CPU利用率太高以及内存余量太小等，虽然这种故障不会直接影响网络的连通，但却会影响到网络提供服务的质量，而且也容易导致硬件设备的损坏。

10.2.2　按网络故障的对象划分

（1）线路故障。最常见的情况就是线路不通，诊断这种故障可用ping检查线路远端的路由器端口是否还能响应，或检测该线路上的流量是否还存在。一旦发现远端路由器端口不通，或该线路没有流量，则该线路可能出现了故障。这时有几种处理方法。首先是ping线路两端路由器端口，检查两端的端口是否关闭了。如果其中一端端口没有响应则可能是路由器端口故障。如果是近端端口关闭，则可检查端口插头是否松动，路由器端口是否处于down的状态；如果是远端关闭，则要通知线路对方进行检查。进行这些故障处理之后，线路往往就通畅了。

如果线路仍然不通，一种可能就是线路本身的问题，看是否是线路中间被切断；另一种可能就是路由器配置出错了，例如，路由循环就是远端端口路由又指向了线路的近端，这样与线路远端连接的网络用户就不通了，这种故障可以用traceroute命令来诊断。解决路由循环的方法就是重新配置路由器端口的静态路由或动态路由。线路连接故障的诊断思路如图10.2所示。

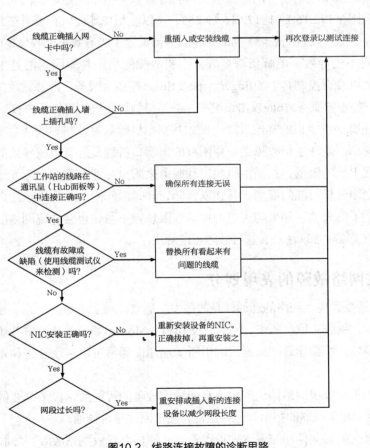

图10.2　线路连接故障的诊断思路

（2）路由器故障。事实上，线路故障中的很多情况都涉及路由器，因此，也可以把一些线路故障归结为路由器故障。但线路涉及两端的路由器，因此，在考虑线路故障时要涉及多个路由器。有些路由器故障仅仅涉及它本身，这些故障比较典型的就是路由器CPU温度过高、CPU利用率过高或路由器内存余量太小。其中最危险的是路由器CPU温度过高，因为这可能导致路由器的烧毁。而路由器CPU利用率过高和路由器内存余量太小都将直接影响到网络服务的质量，例如，路由器的丢包率会随内存余量的下降而上升。检测这种类型的故障，需要利用MIB变量浏览器，从路由器MIB变量中读出有关的数据，通常情况下网络管理系统有专门的管理进程不断地检测路由器的关键数据，并及时给出警报。要解决这种故障，只有对路由器进行升级、扩充内存，或重新规划网络的拓扑结构。

另一种路由器故障就是自身的配置错误，如配置的协议类型不对、端口不对等。这种故障比较少见，在使用初期配置好路由器基本上就不会出现这种情况了。

（3）主机故障。常见的现象就是主机的配置不当，如主机配置的IP地址与其他主机冲突，或IP地址根本就不在子网范围内，都将导致该主机不能连通。例如，某无线电管理处的网段范围是172.16.19.1~172.16.19.253，所以主机IP地址只有设置在此段区间内才有效。还有一些服务设置的故障。如E-mail服务器设置不当导致不能收发E-mail，或者域名服务器设置不当导致不能解析域名等。主机故障的另一种原因可能是主机的安全故障。例如，主机没有控制其上的finger、rpc及rlogin等多余服务，而恶意攻击者可以通过这些多余进程的正常服务或bug攻击该主机，甚至得到该主机的超级用户权限等。

另外，还有一些主机的其他故障，例如共享本机硬盘等，将导致恶意攻击者非法利用该主机的资源。发现主机故障是一件困难的事情，特别是恶意攻击导致的故障。一般可以通过监视主机的流量、扫描主机端口和服务来防止可能的漏洞。当发现主机受到攻击之后，应立即分析可能的漏洞，并加以预防，同时通知网络管理人员注意。现在，很多城市都安装了防火墙，如果防火墙的地址权限设置不当，也会造成网络的连接故障。只要在设置防火墙时加以注意，这种故障就能解决。

10.2.3　按网络故障的表现划分

（1）连通性表现。网络的连通性是故障发生后首先应当考虑的原因。连通性的问题通常涉及网卡、跳线、信息插座、网线、交换机和Modem等设备及通信介质。其中任何一个设备的损坏，都会导致网络连接的中断。连通性通常可以采用软件和硬件工具进行测试验证。

排除了由于计算机网络协议配置不当而导致故障的可能后，接下来要做的事情就复杂了。查看网卡和集线器的指示灯是否正常，测量网线是否畅通。

如果主机的配置文件和配置选项设置不当，同样会导致网络故障。如服务器的权限设置不当，会导致资源无法共享；计算机网卡配置不当，会导致无法连接网络。当网络内所有的服务都无法实现时，应当检查交换机。如果没有网络协议，则网络内的网络设备和计算机之间就无法通信，所有的硬件只不过是各自为政的单机，不可能实现资源共享。网络协议的配置并非一两句话能说得明白，需要长期的知识积累与总结。

连通性问题一般的可能原因有如下3种。

①硬件、媒介、电源故障。

②配置错误。

③不正确的相互作用。

（2）性能表现，其问题一般的可能原因有如下5种。

①网络拥塞。

②到目的地不是最佳路由。

③供电不足。

④路由环路。

⑤网络错误。

10.3 网络故障的排除方法

10.3.1 总体原则

故障处理系统化是合理地、一步一步找出故障原因并解决的总体原则。它的基本思想是将故障可能的原因所构成的一个大集合缩减（或隔离）成几个小的子集，从而使问题的复杂度降低。

在网络故障的检查与排除中，掌握合理的分析步骤及排查原则是极其重要的，这一方面能够快速地定位网络故障，找到引发相应故障的成因，从而解决问题；另一方面也会让人们在工作中事半功倍、提高效率并降低网络维护的繁杂程度，最大限度地保持网络的不间断运行。

10.3.2 网络故障解决的处理流程

在开始动手排除故障之前，最好先准备一支笔和一个记事本，然后，将故障现象认真仔细地记录下来。在观察和记录时不要忽视细节，很多时候正是一些小的细节使得整个问题变得明朗化。排除大型网络故障如此，排除十几台计算机的小型网络的故障也是如此。图10.3为网络故障解决的处理流程图。

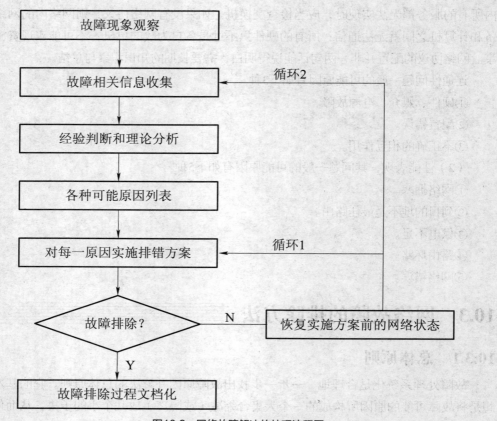

图10.3 网络故障解决的处理流程图

10.3.3 网络故障的确认与定位

确认及识别网络故障是网络维护的基础。在排除故障之前，必须清楚地知道网络上到底出了什么问题，究竟是不能共享资源，还是连接中断等。知道出了什么问题并能够及时确认、定位，是成功排除故障的最重要的步骤。要确认网络故障，首先需要清楚网络系统正常情况下的工作状态，并以此作参照，才能确认网络故障的现象，否则，对故障进行确认及定位将无从谈起。

（1）识别故障现象。在确认故障之前，应首先清楚如下几个问题。

①当被记录的故障现象发生时，正在运行什么进程（即用户正对计算机进行什么操作）。

②这个进程之前是否曾经运行过。

③以前这个进程的运行是否正常。

④这个进程最后一次成功运行是什么时候。

⑤自该进程最后一次成功运行之后，系统做了哪些改变。这包括很多方面，如是否更换了网卡、网线及系统是否新安装了某些新的应用程序等。在弄清楚这些问题的基础

上，才能对可能存在的网络故障有个整体的把握，才能对症下药排除故障。

（2）确认网络故障。在处理由用户报告的问题时，对故障现象的详细描述尤为重要，特别是在目前大部分网络用户缺乏相关知识的应用环境下，事实上，很多用户报告的故障现象甚至不能称为故障。如果仅凭他们的描述便下最终的结论很多时候显得很草率。这时就需要网络管理员亲自操作一下刚才出错的程序，并注意出错信息。

通过这些具体的信息才能最终确认是否存在相应的网络故障，这在某种程度上也是一个对网络故障现象进行具体化的必要阶段。

①收集有关故障现象的信息。

②对问题和故障现象进行详细的描述。

③注意细节。

④把所有的问题都记录下来。

⑤不要匆忙下结论。

（3）分析可能导致错误的原因。作为网络管理员应当全面地考虑问题，分析导致网络故障的各种可能，如网卡硬件故障、网络连接故障、网络设备故障及TCP／IP协议设置不当等，不要着急下结论，可以根据出错的可能性把这些原因按优先级别进行排序，然后一个个排除。

（4）定位网络故障。对所有列出的可能导致错误的原因逐一进行测试。很多人在这方面容易犯的错误是，往往根据一次测试就断定某一区域的网络运行正常或不正常，或者在认为已经确定了的第一个错误上停下来，而忽视其他故障，因为网络故障很多时候并不是由一个因素导致的，往往是多个因素综合作用而造成的，故单纯地头痛医头脚痛医脚的最大可能便是同一故障再三出现，这样会大大增加网络维护的工作量。

除了测试之外，网络管理员还要注意：千万不要忘记去看一看网卡、集线器、Modem及路由器面板上的LED指示灯。通常情况下，绿灯表示连接正常（Modem需要几个绿灯和红灯都要亮），红灯表示连接故障，不亮表示无连接或线路不通，长亮表示广播风暴，指示灯有规律地闪烁才是网络正常运行的标志。同时不要忘记记录所有观察及测试的手段和结果。

（5）隔离错误部位。经过测试后，基本上已经知道了故障的部位，对于计算机的故障，可以开始检查该计算机网卡是否安装好、TCP／IP协议是否安装并设置正确及Web浏览器的连接设置是否得当等一切与已知故障现象有关的内容。需注意的是，在打开机箱时，不要忘记静电对计算机芯片的危害，并且正确拆卸计算机部件。

（6）故障分析。处理完问题后，作为网络管理员，还必须搞清楚故障是如何发生的，是什么原因导致了故障的发生，以后如何避免类似故障的发生，拟定相应的对策，采取必要的措施并制定严格的规章制度。例如，某一故障是由于用户安装了某款垃圾软件造成的，那么就应该相应地通知用户日后对该类软件敬而远之，或者规定不准在局域网内使用。

虽然网络故障的原因千变万化，但总的来讲也就是硬件问题和软件问题，或者更准确地说就是网络连接性的问题、配置文件选项的问题及网络协议的问题。

10.4　网络故障示例

10.4.1　局域网故障实例

某单位一台联想扬天A4600R品牌机（其配置为：英特尔奔腾处理器E5300、集成吉比特网卡EthernetNICPCI网卡等设备），通过内部局域网上网时，发现突然连接不上了，不能正常登录，但机器能正常启动。

解决方法：根据故障现象，首先怀疑是计算机病毒作怪。进行杀毒处理后，未发现任何病毒，据此分析系统网络部分是否存在故障。双击"控制面板"窗口中的"网络连接"图标，查看各项参数的设置是否正确，均设置正确；再双击桌面"网上邻居"图标查找整个网络系统，发现只有本机编号。执行Ping192.168.0.1命令和"查找"命令，也找不到局域网中的主机及网内其他计算机设备，在主机上查找该计算机也未找到，于是检查该计算机的硬件设备：网卡和网络双绞线。在排除网线故障后，只需对网卡故障作进一步地分析判断。选择"控制面板"→"系统"→"设备管理器"命令，查看网卡的属性，若是此设备当前工作正常，则开机进入MS-DOS方式，用scanreg/restore命令恢复备份注册表。结果注册表编辑器RegistryChecker显示System restore failed（系统恢复失败）。

由此说明，当前系统中的设备资源状态存在冲突。但检查系统文件的完整性和其他各项功能后，除不能上网外，其他一切功能均正常。据此看来可能还是网卡故障。最后断开计算机电源，换用一块同型号的网卡，重新开机后恢复注册表，系统很快显示You have restored a good registry（你已经恢复了一个好的注册表），然后依提示重新启动计算机，双击"网上邻居"图标，局域网内各计算机便一览无遗了，最后打开浏览器，输入正确的网址，确定故障排除。

10.4.2　ADSL上网故障示例

ADSL技术简介：ADSL是一种通过现有普通电话线为家庭、办公室提供宽带数据传输服务的技术。ADSL即非对称数字信号传送，它能够在现有的铜双绞线，即普通电话线上提供高达10Mit/s的高速下行速率，远高于ISDN的速率；而上行速率有1Mbit/s，传输距离达3~5km。ADSL技术的主要特点是可以充分利用现有的铜缆网络（电话线网络），在线路两端加装ADSL设备即可为用户提供高宽带服务。ADSL的另外一个优点是它可以与普通电话共用一条电话线，在一条普通电话线上接听、拨打电话的同时进行ADSL传输而又互不影响。用户通过ADSL接入宽带多媒体信息网与Internet时，可以在收看影视节目的同时举行一个视频会议，可以很高的速率下载文件，还可以在同一条电话线上使用电话而又不影响以上所说的其他活动。

使用ADSL，用户可以免交昂贵的电话费和上网费，轻松自在地享用资源。用户接入网（从本地电话局到用户之间的部分）是通信网的重要组成部分，是通信网的窗口，也是信息高速公路的"最后一英里"。为实现用户接入网的数字化、宽带化，用光纤作为用户线是用户网今后的必然发展方向，但由于光纤用户网的成本过高，在今后的十几年甚至几十年内大多数用户网仍将继续使用现有的铜线环路，近年来人们提出了多项过渡性的宽带接入网技术，其中ADSL（不对称数字用户环路）和HFC（光纤同轴混合网）是最具有竞争力的两种。图10.4为ADSL的局端线路调整和用户端设备的安装。

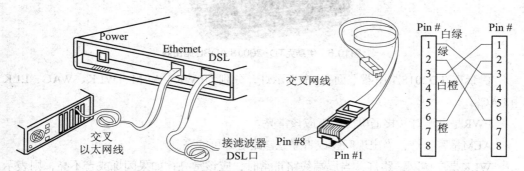

图10.4　ADSL的局端线路调整和用户端设备的安装

　　ADSL技术能利用现有的市话铜线进行信号传输，其最高速率：下行信号（从端局到用户）为9（Mbit/s），上行信号（从用户到端局）为1（Mbit/s）。现有的市话铜线网的用户数目十分庞大，而ADSL能对现有的市话铜线进行充分的利用，如图10.5所示。

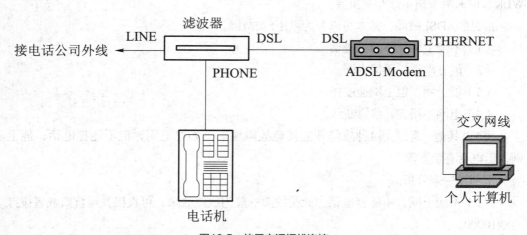

图10.5　使用市话铜线连接

　　ADSL出现故障是在所难免的，有些是电信局端的问题，这样的问题对于用户来说，只能给运营商打电话等着他们来解决。而有些问题是用户端自己的问题，这些是可以自己通过分析排除的。

首先，当遇到上不了网的时候，第一件要做的事就是：观察一下ADSL Modem指示灯的状态，虽然，不同型号的Modem指示灯并不相同，但思路是一样的。下面以伊泰克TD-20018 ADSL 路由器为例，如图10.6所示。

图10.6　伊泰克TD-20018 ADSL 路由器

伊泰克 TD2018路由器上面有6个指示灯，分别为PWR、ALM、WLK、WAC、LLK和LAC。

PWR是电源灯，接通电源后就应该常亮。

ALM是警告灯，当出现问题或者建立链路时都可能亮。

WLK是广域网链路灯，当局端线路正常时，应该常亮；如果闪烁或者不亮，则表示连接到电信局的线路有问题。

LLK是局域网链路灯，当连接网卡的链路正常时，应该常亮；如果闪烁或者不亮，则表示连接到网卡的线路有问题。

WAC、LAC分别是链路活动指示灯，当有数据通过时都是闪烁状态。可以看出来WLK和LLK两个指示灯非常重要。

常见的ADSL故障，基本可以分为以下5类故障。

（1）不能上网，不能打电话。

（2）能打电话，不能上网。

（3）能上网，但上网速度慢。

（4）上网不稳定，经常断线。

（5）其他。除上述4种故障外的其他故障现象，如可上网，但不能打电话；能上网，但电话有杂音等。

下面逐一来分析。

（1）不能上网，不能打电话。此类故障一般为线路故障，可直接找运营商或者拨打当地10000。

（2）能打电话，不能上网。此类为比较典型的故障。故障原因和宽带网络结构中的所有设备或环节都可能有关系。首先查看Modem指示灯的状态是否正常。

PWR灯不正常的话，大多是Modem电源松了或者彻底坏了。

WLK灯不亮或者闪烁表明Modem工作不正常；应重新连接电源，看能否正常工作。

如果WLK灯一直处于闪烁状态，表明ADSL线路正在连接或一直连接不上，此为线路问题，应先检查连至分离器的电话线的接触是否可靠，再检查室内的电话线接头是否接触不良，如果仍不能解决问题，直接找运营商或者拨打当地112。

LLK指示灯不亮，表明Modem与计算机网卡的连线没有连好，或者为计算机网卡的故障（网卡的两个指示灯状态是否正常，可以作为参考依据）。确认接好了连线、必要时更换网卡。

如果以上Modem的指示灯均显示正常，但上网仍有故障，基本可以判断为用户端设备问题、使用问题或上行端口问题。这时，需要检查一下计算机网卡的工作状态、物理连接以及网络配置是否正确。如果这些都正确的话，可直接找运营商或者拨打当地客服电话，如电信的10000。

（3）能上网，但上网速度慢。

造成这个问题的原因有多方面的，大致包括以下几种。

①所浏览网站的访问速度本身比较慢，如浏览一些国外的网站。

②网卡上绑定的协议太多了（如一块网卡既用来ADSL拨号又用来连接局域网）。

③由于ADSL技术对电话线路的质量要求比较高，如果用户的线路受到了干扰，ADSL便会自动调整用户的访问速度。当线路质量恢复时，访问速度也会恢复。所以一定要注意保持良好的线路质量。

④住宅离局端设备过远。

⑤用户太多，局端上连端口产生了瓶颈。

（4）上网不稳定，经常断线。这种问题一般是线路质量不好或线路过长，线路噪声过大及线路接触不好等导致高频衰减过大造成的。除此之外，可能的原因还有Modem前端安装其他语音设备；分离器安装不正确；电气设备有干扰；电话线插头接触不良，局端设备问题等。

（5）能拨号上网但打不开网页。问题可能出在软件及操作系统上。解决办法：重装拨号软件（如北京宽带通或RASPPOE）；检查计算机操作系统与拨号软件是否匹配及是否用了代理服务器软件，必要情况下，找运营商或者重新安装操作系统。

（6）ADSL数据流量一大就死机。

一般认为这是网卡的品质或者兼容性不好，特别是老的ISA总线的10M网卡，由于PPPOE是比较新的技术，这类网卡的兼容性可能会有问题，并且速度比较慢，容易造成冲突最终线路死锁甚至死机。

10.4.3　局域网无线网络故障分析

无线通信是人们梦寐以求的技术，有了它，在进行数据交换时就不会受时间和空间的限制，可以随时随地浏览Internet，再也不用为网络布线而苦恼。但是，现在相关的无线网络技术有很多，主要介绍以下几种。

（1）窄带广域网。窄带广域网包括如下3种。

①HSCSD（高速线路交换数据）。它是为无线用户提供38.3kbit/s速率传输的无线数据传输方式，它的速度比GSM通信标准的标准数据速率快4倍，可以和使用固定电话调制解调器的速率相比。

②GPRS。（多时隙通用分组无线业务）。它是一种很容易与IP接口的分组交换业务，其速率可达9.6~14kbit/s，甚至能达到115kbit/s，并且能够传送语音和数据。该技术是当前提高Internet接入速度的热门技术，而且还有可能被应用在广域网中。

③CDPD（蜂窝数字分组数据）。它采用分组数据方式，是目前公认的最佳无线公共网络数据通信规程。它是建立在TCP/IP协议基础上的一种开放系统结构，将开放式接口、高传输速度、用户单元确定、空中链路加密、空中数据加密、压缩数据纠错及重发与世界标准的IP寻址模式的无线接入有机地结合在了一起，可提供同层网络的无缝连接、多协议网络服务。

（2）宽带广域网。宽带广域网包括如下3种。

①LMDS（本地多点分配业务）。它是一种微波的宽带业务，工作在28GHz频段附近，在较近的距离可双向传输语音、数据和图像等信息。LMDS采用一种类似蜂窝的服务区结构，将一个需要提供业务的地区划分为若干个服务区，每个服务区内设基站，基站设备经点到多点的无线链路与服务区内的用户端通信。每个服务区覆盖范围为几公里至十几公里，并可相互重叠。LMDS属于无线固定接入，它最大的特点在于宽带特性，可用频谱往往达1GHz以上，一般通信速度可以达到2Mbit/s。

②SCDMA。无线用户环路系统是国际上第一套同时应用智能天线（Smart Antenna）技术，采用SWAP空间信令，利用软件无线电（Software Radio）实现的同步CDMA（Synchronous CDMA）无线通信系统。系统由基站控制器、无线基站、用户终端（多用户固定台、少用户固定台、单用户固定台及手持机）和网络管理设备等组成。单基站工作在一个给定的载波频率，占用0.5MHz带宽，主要功能是完成与基站控制器或交换机的有线连接以及与用户终端的无线连接。基站和基站控制器通过E1接口（2Mbit/s）以R2或V5接口信号接入PSTN网。基站与用户终端的空中接口使用SWAP信令，以无线方式为用户提供语音、传真和低速数据业务。多用户终端还具有内部交换功能（即同一多用户固定台的用户彼此呼叫不占用空中码道）。网络管理具有系统的配置管理、故障管理、数据维护及安全管理等功能。

③WCDMA（宽带分码多工存取）。它的全名是Wideband CDMA，它可支持384kbit/s~2Mbit/s不等的数据传输速率，在高速移动的状态下，可提供384kbit/s的传输速率，在低速移动或是室内环境下，则可提供高达2Mbit/s的传输速率。此外，在同一传输通道中，它还可以提供电路交换和分包交换的服务，因此，用户可以利用交换方式接听电话，同时以分包交换方式访问因特网。这种技术可以提高移动电话的使用效率，可以超越在同一时间只能进行语音或数据传输的服务限制。

（3）局域网。

①蓝牙Bluetooth。系统使用扩频（Spread Spectrum）技术，在携带型装置和区域网络之间提供一个快速而安全的短距离无线电连接。它提供的服务包括网际网络（Internet）、电子邮件、影像和数据传输以及语音应用，延伸容纳于3个并行传输的64kbit/s的 PCM通道中，提供1Mbit/s的流量。这一观念已被2 000多个不同的用户组织所采用，并获得了许多主要半导体制造厂家的支持。

②IEEE 802.11。IEEE 802.11是1999年最新版本的无线网络标准。IEEE 802.11无线网络标准于1997年颁布，当时规定了一些诸如介质接入控制层功能、漫游功能、自动速率选择功能、电源消耗管理功能及保密功能等。1999年无线网络国际标准的更新及完善，进一步规范了不同频点的产品及更高网络速率产品的开发和应用，除原IEEE 802.11标准的内容之外，增加了基于SNMP（简单网络管理协议）协议的管理信息库（MIB），以取代原OSI协议的管理信息库，另外还增加了高速网络的内容。IEEE 802.11标准分为IEEE 802.11a和IEEE 802.11b两部分。

A. IEEE802.11a 工作在5GHz频段上，使用OFDM调制技术可支持54Mbit/s的传输速率。IEEE 802.11a与IEEE 802.11b两个标准都存在着各自的优缺点，IEEE 802.11b的优势在于价格低廉，但速率较低（最高11Mbit/s；而IEEE 802.11的优势在于传输速率快［最高54Mbit/s］）且受干扰少，但价格相对较高。另外，IEEE 802.11a与IEEE 802.11b工作在不同的频段上，故不能工作在同一AP的网络里，因此IEEE 802.11a与IEEE 802.11b互不兼容。

B. IEEE 802.11b。1999年9月正式通过的IEEE 802.11b标准是IEEE 802.11协议标准的扩展。它可以支持最高11 Mbit/s的数据速率，运行在2.4GHz的ISM频段上，采用CCK调制技术。但是随着用户对数据速率的要求不断增长，CCK调制方式就不再是一种合适的方法了。因为对于直接序列扩频技术来说，为了取得较高的数据速率，并达到扩频的目的，选取的码片的速率就要求更高，这对于现有的码片来说比较困难；对于接收端的RAKE接收机来说，在高速数据速率的情况下，为了达到良好的时间分集效果，要求RAKE接收机有更复杂的结构，在硬件上不易实现。图10.7为IEEE标准的标志。

图 10.7 IEEE 标准的标志

C. IEEE 802.11g。为了解决上述问题，进一步推动无线局域网的发展，2003年7月IEEE 802.11工作组批准了IEEE 802.11g标准，新的标准终于浮出水面成为人们对无线局域网关注的焦点。IEEE 802.11工作组开始定义新的物理层标准IEEE 802.11g。该草案与以前的IEEE 802.11协议标准相比有以下两个特点：其在2.4GH2频段使用OFDM调制技术，使数据传输速率提高到了20 Mbit/s以上；IEEE 802.11g标准能够与IEEE 802.11b的WIFI系统互相连通，共存在同一AP的网络里，保障了后向兼容性。这样原有的WLAN系统可以平滑的向高速无线局域网过渡，延长了IEEE 802.11b产品的使用寿命，因此降低了用户的投资。

D. IEEE 802.11n。IEEE已经成立IEEE 802.11n工作小组，以制定一项新的高速无线局域网标准IEEE 802.11n。IEEE 802.11n工作小组是由高吞吐量研究小组发展而来的，由IEEE 802.11g工作小组主席Matthew B.Shoemaker担任主席一职。该工作小组计划在2003年9月召开首次会议。

IEEE 802.11n计划将WLAN的传输速率从IEEE 802.11a和IEEE 802.11g的54 Mbit/s增加至108 Mbit/s以上，最高速率可达320 Mbit/s，成为IEEE 802.11b、IEEE 802.11a和IEEE 802.11g之后的另一场重头戏。和以往的IEEE 802.11标准不同，IEEE 802.11n协议为双频工作模式（包含2.4GHz和5GHz两个工作频段）。这样IEEE 802:11n保障了与以往的IEEE 802.11a、IEEE 802.11b及IEEE 802.11g标准的兼容。IEEE 802.11n计划采用MIMO与OFDM相结合的技术，使传输速率成倍提高。另外，天线技术及传输技术使得无线局域网的传输距离大大增加，可以达到几公里［并且能够保障100 Mbit/s的传输速率］。IEEE 802.11n标准全面改进了IEEE 802.11标准，不仅涉及物理层标准，同时采用新的高性能无线传输技术提升MAC层的性能，优化数据帧结构，提高网络的吞吐性能。

③IrDA是一个制定红外线传输标准的组织。

IrDA传输标准的特点为：传输速率每秒115 kbit/s，传输角度为30°，点对点半双工传输。Serial Port须用16550 UART标准芯片，最大传输距离为1m。

不难看出，只有IEEE 802.11协议适合组建无线局域网，因为它的传输速率要远高于蓝牙。不过IrDA有被蓝牙代替的可能，因为IrDA只能点对点进行传输，而蓝牙可一点对多点，并且传输速度远高于IrDA。所以通常讨论的网络故障都是以IEEE 802.11为基础网络进行的。

大规模WLAN和宽带的普及也使得相关的故障时有发生，下面来讨论常见的无线局域网故障有哪些。

（1）故障现象：无法登录无线路由器进行设置。

分析及解决方法：硬件故障大多数是接头松动、网线断、集线器损坏和计算机系统故障等方面的问题。一般都可以通过观察指示灯来帮助定位。此外，电压不正常、温度过高及雷击等也容易造成故障。

①检查路由器上面的数据信号指示灯，电源灯间歇性闪烁为正常，如不正常首先检查接入的宽带线路，可以更换不同的网线重新插好。在计算机中检查网络连接，重新设置IP地址，如果在自动获取IP地址不成功的情况下，手动设置IP并禁用系统所用的网络防火墙功能。

②在系统IE的连接设置中选中"从不进行拨号连接复选框"，单击"确定"按钮。

进入局域网设置界面后清空所有选项。再打开IE浏览器输入路由器地址进行连接。

③将路由器恢复出厂设置，重新安装驱动、登录账号及密码。

如果上述办法仍未解决，请联系厂商并检查硬件之间的冲突问题。

（2）故障现象：能上MSN但无法打开网页。

分析及解决方法：路由器是地址转换设备，当你或与你进行通信的人位于防火墙或路由器之外时，阻止双方直接连接到 Internet 上。此时要求双方所使用的网络地址转换设备支持UPnP技术。关于路由器对该技术的支持情况可以看所用的路由器说明书，并咨询厂商寻求技术支持。

①个别路由器需要在LAN设置中将UPnP设置为Enable。

②有可能是病毒所致。可以打开资源管理器查看资源占用和CPU的使用情况，如果占用率很高，很有可能是感染了病毒，用杀毒软件进行查杀即可。

③IE文件损坏。下载新的IE程序进行安装或配合操作系统进行修复即可。

（3）故障现象：连网时断时续。

分析及解决方法：一般的无线路由器都会提供3种或3种以上的连接方式，大多无线路由器会默认设置成按需连接，在有访问数据时自动进行连接，也就是说每隔一定时间它会检测有没有线路空载，一旦连接后没有数据交互，就会自动断开连接。

① 进入无线路由器设置界面，将连接方式设为自动连接，在开机和断线后进行自动连接即可。

②检查网络是否有网络病毒攻击，很有可能是ARP网络攻击。进入网卡属性手动设置IP，更换新的IP地址，如果还掉线，可以使用专业的抗攻击软件进行防御。

（4）故障现象：网速过慢。

分析及解决方法：首先有可能是Web服务器繁忙所致，其次有可能是无线信号微弱所致。

①如果是Web服务器繁忙所致则不是人们所能够解决的，可以过一段时间再试一次。

②在企业和SOHO族使用无线局域网中，无线路由器的位置摆放经常被人们所忽略。无线路由器的位置摆放不当是造成信号微弱的直接原因。

解决办法很简单。

①放置在相对较高的位置上。

②摆放的放置与接收端不应间隔较多水泥墙壁。

③尽量放置在使用端的中心位置。

（5）故障现象：状态显示为可以发送数据包，却接收不到数据。

分析及解决办法：首先确保物理连接正确。登录路由器，用路由器ping接入提供商的DNS地址。如果能ping通，说明路由器到Internet的连接是畅通的，否则请检查路由器的配置。然后用内部网络中的任意一台PC机ping网关（即路由器内部接口地址），如果能ping通，则说明内部网络连接是畅通的，检查路由器配置和PC机配置是否正确以及是否相符合。如果上面两步均能ping通，但是还是上不了网的话，就按照以下步骤排查。

①检查内部PC的网关和DNS的配置是否正确，确定无误后进行下一步。

②检查路由器关于NAT方面的设置，看看配置是否正常。如果路由器配置检查不出错误，最好查看一下NAT的地址转换表（部分路由器可能不支持此功能）。

看看内部网络的地址转译是否有相应条目。如果没有证明NAT的配置一定有错误，将其改正即可。

10.4.4 网络故障排除方法总结

（1）故障现象描述。要想对网络故障作出准确的分析，首先应该了解故障表现出来的各种现象。

（2）收集相关信息。搜集有助于查找故障原因的详细信息。

①向受影响的用户、网络人员或其他关键人员提出问题。

②根据故障描述性质，使用各种工具搜集情况，如网络管理系统、协议分析仪、相关的ping和debug命令等。

③测试性能与网络正常情况下的记录并进行比较。

④可以向用户提问或自行收集下列相关信息。

A. 网络结构或配置最近是否修改过，即出现的问题是否与网络变化有关？

B. 是否有用户访问受影响的服务器时没有问题？

（3）经验判断和理论分析。利用前两个步骤收集到的数据，并根据自己以往的故障处理经验和所掌握的知识，确定一个排错范围。通过范围的划分，只需注意某一故障或与故障情况相关的那一部分产品、介质和主机。

（4）各种可能原因列表。该步骤列出根据经验判断和理论分析后总结的各种可能的原因。

（5）对每一原因实施排错方案。根据所列出的可能原因制定故障排查计划，分析最有可能的原因，一次只对一个变量进行操作，这种方法使你能够重现某一故障的解决办法。因为如果有多个变量同时被改变，而问题得以解决，那么将无法判断哪个变量导致了故障的发生。

（6）观察故障排查结果。对某一原因执行了排错方案后，需要对结果进行分析，判断问题是否解决了，是否引入了新的问题。如果问题解决了，那么就可以直接进入文档化过程；如果没有解决问题，那么就需要再次循环进行故障排查过程。

本章小结

计算机网络技术发展迅速，网络故障也十分复杂，本节概括介绍了常见的网络故障及其排查方法。针对具体的诊断技术，总体来说是遵循先软后硬的原则，但是具体情况要具体分析，这些经验就需要长期积累。对于网络管理人员，在网络维护中的还需要注意以下几个方面。

第一，建立完整的组网文档，以供维护时查询。如系统需求分析报告、网络设计总体思路和方案、网路拓扑结构的规划、网络设备和网线的选择、网络的布线、网络的IP分配、网络设备分布等。

第二，做好网络维护日志的良好习惯，尤其是有一些发生概率低但危害大的故障和一些概率高的故障，对每台机器都要作完备的维护文档，以有利于以后故障的排查。这也是一种经验的积累。

第三，提高网络安全防范意识，提高口令的可靠性，并为主机加装最新的操作系统的补丁程序和防火墙、防黑客程序等来防止可能出现的漏洞。

习 题

1．选择题

（1）在一个原先运行良好的网络中，有一台路由器突然不通。有一个以太网口状态灯不亮，最有可能的情况是（　　　）

A. 端口已坏　　　　B. 协议不正确　　　　C. 有病毒　　　　D. 都正确

（2）当解决了一个网络问题时，（　　　）就知道问题已经解决了。

A. 问一下用户故障的表现是否仍然存在

B. 运行原先确定问题的性质时使用的测试程序

C. 使用ping命令查询远程站点

D. 显示Run命令的结果

（3）当你进行了修改，但是网络仍然不能工作时，应该执行故障诊断过程中的（　　　）步骤。

A. 设计一个操作计划

B. 对结果进行评估

C. 重复执行原来的操作，直到问题得到解决为止

D. 对结果进行评估

（4）故障诊断过程中的步骤（　　　）需要询问用户，以便了解解决问题所需要的信息。

A. 定义问题的性质

B. 收集有关的情况，并且对问题进行分析

C. 确定问题的原因

D. 设计一个操作计划

（5）故障诊断过程中的步骤（   ）需要进行测试以便了解所做的修改是否起作用。

A. 实施操作计划

B. 对结果进行评估

C. 重复执行操作，直到问题得到解决为止

D. 将解决方案记入文档。

（6）情况收集到之后，应该执行故障诊断过程中的步骤（   ）。

A. 设计一个操作计划　　　　　　　B. 对结果进行评估

C. 确定产生问题的原因　　　　　　D. 确定问题的性质

（7）进行故障诊断时，每次只改变一个变量，下面选项中（   ）不是这样做的好处。

A. 只进行一个变量的修改可使撤销修改的工作更加容易进行

B. 这有助于将问题隔离出来

C. 它延长了解决问题所需要的时间

D. 它使你能够排除产生问题的单个原因

2．简答题

简述网络故障的几种主要的检测方法。

PART 11

第11章
网络新技术

学习目标

- 了解当前网络最新的技术FTTH、三网融合和物联网技术
- 了解3种网络的定义、特点和性能等

网络新技术层出不穷，比如，光纤通信的OTN、ASON技术，无线通信的3G技术（WCDMA、CDMA2000、TD-SCDMA、WIMAX），下一代Internet网络的IPv6技术等。当前，应用最广泛、人们最关心的网络新技术还是FTTH、三网融合和物联网技术。

11.1　FTTH

随着互联网的持续快速发展，网上新业务层出不穷，特别是网络游戏、会议电视、视频点播等业务，人们对网络接入带宽的需求持续增加，人们日益增长的通信需求对通信网络的传输和交换能力提出了新的要求。骨干网传输速率和交换能力的提高和计算机速度的提高使接入网成为整个通信网中的瓶颈。

在过去的几年中，接入网技术有了很大的发展。典型代表是ADSL：非对称数字用户线。ADSL是Asymmetric Digital Subscriber Line的缩写，它是在现有双绞电话线上以非对称上下行传输方式传送高速数字信号的技术，采用ADSL可以在现有的电话线上同时传输话音和数据。它的最大传输带宽与传输距离有关，最高可以达到8Mbit/s。VDSL（甚高速数字用户线）的最高速率可以达到50Mbit/s，但这时的传输距离只有300m。

要为未来的用户提供各种业务，尤其是高质量的视频业务，现有的接入网技术并不能满足传输带宽的要求。而FTTH被广泛认为是一种理想的最终综合接入方案。

FTTH以巨大宽带支持现在和未来的所有业务，包括传统的电信业务、传统的数据业务和传统的电视业务，以及未来的数字电视、电视点播（VoD）等。FTTH以巨大的带宽能力，赢得接入宽带网的最终解决方案，成为光纤接入网发展的最终目标。

11.1.1　FTTH的定义

FTTH（Fiber To The Home，光纤到户）是指光纤直接通达住户（家庭），定义是从电信局端一直到用户家庭全为光纤线路，没有铜线。而这里的用户，即"H"，不仅包括传统意义上的家庭，还包括家庭办公室或小型办公室，而不是只到门口，更不是到大楼（Fiber To The Biulding，FTTB）。

11.1.2　FTTH的主要性能指标

FTTH是全业务的综合接入解决方案。虽然FTTH的主要推动力是将来的宽带视频业务，但FTTH必须能够支持现有的各种窄带和宽带业务，以及将来可能出现的新业务。FTTH系统必须能够提供综合接入，使用户在同一时间能够同时享受多种服务。

FTTH所应支持的主要业务包括如下方面。

（1）视频：HDTV，采用MPEG-2标准压缩，原始图像的大小从1 080像素×1 920像素到4 320像素×7 680像素，采用杜比数码5.1声道解码器系统的多路高保真声音；标准DTV，采用MPEG-2标准压缩，原始图像的大小在640像素×720像素左右，普通单声道或立体声；各种采用MPEG-1和MPEG-4以及其他压缩技术的静止图像业务和低分辨率的监控图像业务。

（2）数据。各种码速率的数据业务，速率从几kbit/s到数十兆。

（3）语音。包括传统POTS电话和数字电话业务，多路高保真声音。

（4）多媒体。各种混合的不同质量的数据、语音和图像业务。

11.1.3　FTTH的组成方式

FTTH系统是一种接入网技术，总体上由3个部分组成：网络部分、接入部分和用户部分，如图11.1所示。网络部分的主要功能是提供到各种网络（PSTN，IP网）的接口和对各种业务的汇聚与分解。

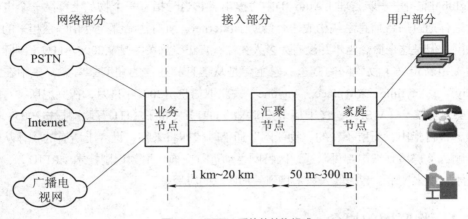

图11.1　FTTH系统的结构组成

接入部分由汇聚节点和传输线路组成。汇聚节点的作用是一方面将通过线路将来自不同的家庭的业务信号汇聚在一起，以便在综合的接入系统中传输，另一方面将来自各种网络的多用户多业务信号进行必要的分路或分解，以便向各个家庭传送。

家庭节点是对一个用户的多种业务进行汇合和分解，提供到各种不同家庭终端的接口。在通常情况下，从业务节点到汇聚节点的距离在1～20km，从汇聚节点到家庭的距离在50～300m。如果家庭到业务节点之间距离很近的情况，比如1km，则汇聚节点可以移到网络端与业务节点合并。这样，整个系统就是一个纯粹的点到点系统，不同用户之间以光纤从物理上区分开。图11.1的系统，业务节点又称为光线路终端（OLT），家庭节点又称为ONU或光网络终端（ONT）。

FTTH系统能够很好地兼容现有PSTN网络和NGN网络，可以实现在一根光纤上传送普通电话、宽带数据、模拟电视等业务，真正实现了光纤入户、三网融合。FTTH系统在小区、大楼的工程应用。

FTTH进入千家万户，对改善人民生活质量，满足社会需求具有重大意义。实现FTTH的网上购物、支付、医疗、教育等各项业务，带来巨大的经济效益和社会效益，以及能源节省、环境保护的效果。

11.2　物联网

　　物联网（The Internet Of Things，IOT）的概念是在1999年提出的，比尔·盖茨在华盛顿湖畔的智能化豪宅，联想、长虹等国内厂商推出的闪联标准，国内外运营商推出的手机支付、路灯监控等M2M应用都是物联网的雏形。

　　物联网的概念最早是从RFID（射频识别）技术这个领域来的，1999年专门做RFID的EPCglobal前身——麻省理工Auto-ID中心提出。它当时指每一个物品上都贴一个电子标签，这样通过后台信息系统构成一个借助于Internet、所有物品都能互相联系起来的一个物联网。但是这个概念当年并没有太多人关注，真正受到关注是从2005年ITU（国际电信联盟）重新定义了物联网的概念。它主要是从信息和通信的角度去考虑，集中在三个"Any"（Anytime、Anyplace、Anyone）去获取信息。2005年11月，在突尼斯举行的信息社会世界峰会（WSIS）上，国际电信联盟（ITU）发布了《ITU互联网报告2005：物联网》，报告指出，无所不在的"物联网"通信时代即将来临，世界上所有的物体从轮胎到牙刷、从房屋到纸巾都可以通过因特网主动进行交换。射频识别技术（RFID）、传感器技术、纳米技术、智能嵌入技术将到更加广泛的应用。

11.2.1　物联网的概念

　　物联网指的是将各种信息传感设备，如射频识别（RFID）装置、传感器节点、GPS、激光扫描器、嵌入式通信模块、摄像头等组成的传感网络，传感网络将所获取的物理世界的各种信息经由通信网络传输，到达集中化的信息处理与应用平台，为用户提供智能化的解决方案，以实现智能化识别、定位、跟踪、监控和管理的一种网络。物联网就是"物物相连的互联网"。这有两层意思：第一，物联网的核心和基础仍然是互联网，是在互联网基础上的延伸和扩展的网络；第二，其用户端延伸和扩展到了任何物品与物品之间，进行信息交换和通信。

　　物联网实现了人类社会与物理系统的整合，增强了社会生产生活中信息互通性和决策智能化，提高了全社会的智能化和自动化水平。

　　物联网和目前的互联网有着本质的区别。人们如果想在互联网上了解一个物品，必须要通过人去收集这个物品的相关信息，然后放到互联网上供人们浏览，人在其中要做很多的信息收集工作，且难以动态了解其变化，互联网主要是人与人沟通的虚拟平台。而物联网则不需要，它是物体自己"说话"，通过在物体上植入各种微型感应芯片、借助无线通信网络与现在的互联网相互连接，让其"开口说话"。可以说，互联网是连接的虚拟世界，物联网则是连接物理的、真实的世界，而物物相连的规模将大大超过人与人、人与物互连的互联网规模。图11.2是物联网的基本理论模型。

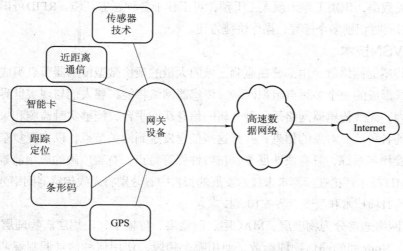

图11.2　物联网的基本理论模型

11.2.2　物联网的3个重要特征

全面感知：利用RFID、传感器、二维码，及其他各种的感知设备随时随地地采集各种动态对象，全面感知世界。

可靠的传送：利用以太网、无线网、移动网将感知的信息进行实时的传送。

智能控制：利用云计算、模糊识别等各种智能计算技术，对海量的数据和信息进行分析和处理，对物体实施智能化的控制，真正达到了人与物的沟通。

11.2.3　物联网的核心技术

物联网核心技术包括射频识别（RFID）装置、无线传感网络（WSN）、红外感应器、全球定位系统、Internet与移动网络，网络服务，行业应用软件。在这些技术当中，又以底层嵌入式设备芯片开发最为关键，引领整个行业的上游发展，以下着重介绍RFID技术和WSN技术。

1．RFID技术

RFID作为物联网中最为重要核心技术，对物联网的发展起着至为重要作用。RFID目前仍然面临着诸多问题有待解决。RFID的存在诸多国际标准，如影响力最大的EPCGlobal标准，支持各频段的ISO/IEC标准,以及日本本土制造商SONY、NEC等支持的UID标准。各国际标准间互不兼容，导致RFID应用难以大范围内推广。目前，欧盟下的GRIFS项目致力于各RFID标准开发机构间相互合作。RFID的标签成本仍然过高和中国自主制定的RFID标准推广问题都成为制约物联网问题的瓶颈之一。除此之外，目前RFID应用大中集中为闭环市场，集中于医疗，军工等，到普及的开环市场还有一段时间。

RFID射频识别是一种非接触式的自动识别技术，它通过射频信号自动识别目标对象并获取相关数据，识别工作无须人工干预，可工作于各种恶劣环境。RFID可识别高速运动物体并可同时识别多个标签，操作快捷方便。

2．WSN技术

无线传感器网络就是由部署在监测区域内大量的廉价微型传感器节点组成，通过无线通信方式形成的一个多跳自组织网络。传感器网络将能扩展人们与现实世界进行远程交互的能力。无线传感器网络是一种全新的信息获取平台，能够实时监测和采集网络分布区域内的各种检测对象的信息，并将这些信息发送到网关节点，以实现复杂的指定范围内目标检测与跟踪，具有快速展开、抗毁性强等特点，有着广阔的应用前景。美国商业周刊和MIT技术评论在预测未来技术发展的报告中，分别将无线传感器网络列为21世纪最有影响的21项技术和改变世界的10大技术之一。

WSN网络通常分为物理层、MAC层、网络层、传输层，应用层。物理层定义WSN中的Sink、Node间的通信物理参数，使用哪个频段，使用何种信号调制解调方式等。MAC层定义各节点的初始化，通过收发信号指示（Beacon）、请求（Request）、交互（Associate）等消息完成自身网络定义，同时定义的MAC帧的调试策略，避免多个收发节点间的通信冲突。在网络层，完成逻辑路由信息采集，使收发网络包裹能够按照不同策略到使用最优化路径到达目标节点。传输层提供包裹传输的可靠性，为应用层提供入口。应用层最终将收集后的节点信息整合处理，满足不同应用程序计算需要。

11.2.4　物联网发展面临的主要问题

1．技术标准问题

标准化无疑是影响物联网普及的重要因素。目前RFID，WSN等技术领域还没有一套完整的国际标准，各厂家的设备往往不能实现互操作。

2．安全与隐私问题

个人隐私与数据安全因素的考虑会影响物联网的设计，避免个人数据受窃听受破坏的威胁。除此之外，专家称物联网的发展会改变人们对于隐私的理解，以最近的网络社区流行为例，个人隐私是公众热议的话题。

3．协议问题

物联网是互联网的延伸，在物联网核心层面是基于TCP/IP，但在接入层面，协议类别五花八门，GPRS/CDMA、短信、传感器、有线等多种通道，物联网需要一个统一的协议栈。

4．IP地址问题

每个物品都需要在物联网中被寻址，就需要一个地址。物联网需要更多的IP地址，IPv4资源即将耗尽，那就需要IPv6来支撑。IPv4向IPv6过渡是一个漫长的过程，因此物联网一旦使用IPv6地址，就必然会存在与IPv4的兼容性问题。

5. 终端问题

物联网终端除具有本身功能外还拥有传感器和网络接入等功能，且不同行业需求千差万别，如何满足终端产品的多样化需求，对运营商来说是一大挑战。

11.2.5 物联网技术的应用

1. 智能家居

智能家居产品融合自动化控制系统、计算机网络系统和网络通讯技术于一体，将各种家庭设备（如音视频设备、照明系统、窗帘控制、空调控制、安防系统、数字影院系统、网络家电等）通过智能家庭网络联网实现自动化，通过中国电信的宽带、固话和3G无线网络，可以实现对家庭设备的远程操控。

与普通家居相比，智能家居不仅提供舒适宜人且高品位的家庭生活空间，实现更智能的家庭安防系统；还将家居环境由原来的被动静止结构转变为具有能动智慧的工具，提供全方位的信息交互功能。

2. 智能医疗

智能医疗系统借助简易实用的家庭医疗传感设备，对家中病人或老人的生理指标进行自测，并将生成的生理指标数据通过中国电信的固定网络或3G无线网络传送到护理人或有关医疗单位。

根据客户需求，中国电信还提供相关增值业务，如紧急呼叫救助服务、专家咨询服务、终生健康档案管理服务等。智能医疗系统真正解决了现代社会子女们因工作忙碌无暇照顾家中老人的无奈，可以随时表达孝子情怀。

3. 智能城市

智能城市产品包括对城市的数字化管理和城市安全的统一监控。前者利用"数字城市"理论，基于3S（地理信息系统GIS、全球定位系统GPS、遥感系统RS）等关键技术，深入开发和应用空间信息资源，建设服务于城市规划、城市建设和管理，服务于政府、企业、公众，服务于人口、资源环境、经济社会的可持续发展的信息基础设施和信息系统。

后者基于宽带互联网的实时远程监控、传输、存储、管理的业务，利用中国电信无处不达的宽带和3G网络，将分散、独立的图像采集点进行联网，实现对城市安全的统一监控、统一存储和统一管理、为城市管理和建设者提供一种全新、直观、视听觉范围延伸的管理工具。

4. 智能交通

智能交通系统包括公交行业无线视频监控平台、智能公交站台、电子票务、车管专家和公交手机一卡通五种业务。

5. 智能物流

智能物流打造了集信息展现、电子商务、物流配载、仓储管理、金融质押、园区安保、海关保税等功能为一体的物流园区综合信息服务平台。

信息服务平台以功能集成、效能综合为主要开发理念，以电子商务、网上交易为主要交易形式，建设了高标准、高品位的综合信息服务平台，并为金融质押、园区安保、海关保税等功能预留了接口，可以为园区客户及管理人员提供一站式综合信息服务。

11.3 三网融合

三网融合是一种广义的、社会化的说法，在现阶段它并不意味着电信网、计算机网和有线电视网三大网络的物理合一，而主要是指高层业务应用的融合。其表现为技术上趋向一致，网络层上可以实现互联互通，形成无缝覆盖，业务层上互相渗透和交叉，应用层上趋向使用统一的IP协议，在经营上互相竞争、互相合作，朝着向人类提供多样化、多媒体化、个性化服务的同一目标逐渐交汇在一起，行业管制和政策方面也逐渐趋向统一。

11.3.1 三网融合的基本概念

所谓"三网融合"，就是指电信网、广播电视网和计算机通信网的相互渗透、互相兼容、并逐步整合成为全世界统一的信息通信网络，能够提供包括语音、数据、图像等综合多媒体的通信业务。三网融合实现后，人们可以用电视遥控器打电话，在手机上看电视剧，随需选择网络和终端，只要拉一条线、接入一张网，甚至可能完全通过无线接入的方式就能搞通信、电视、上网等各种应用需求，如图11.3所示。

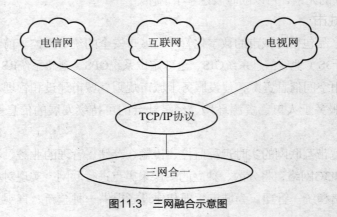

图11.3 三网融合示意图

"三网融合"是为了实现网络资源的共享，避免低水平的重复建设，形成适应性广、容易维护、费用低的高速带宽的多媒体基础平台。

11.3.2 三网各自的特点

1. 电信网

目前我国的电信网用户已超过2亿，约占全世界的1/4，成为世界第二大电信网。电信网具有覆盖面广、管理严密等特点，而且电信运营商经过长时间的发展积累了长期大型网络设计运营经验。电信网能传送多种业务，但仍然主要以传送电话业务为主，如固定电话、小灵通、移动电话业务。其网络特点是能在任意两个用户之间实现点对点、双向、实时的连接；通常使用电路交换系统和面向连接的通信协议，通信期间每个用户都独占一条通信信道；用户之间可以实时地交换话音、传真或数据等各种信息。其优点是能够保证服务质量；提供64kbit/s的恒定带宽；通信的实时性很好。但是呼叫成本基于距离和时间，通信资源的利用率很低。随着数据业务的增长，从传统的56kbit/s窄带拨号到xDSL方式，ADSL非对称数字用户线技术提供一种准宽带接入方式，它无需很大程度地改造现有的电信网络连接，只需在用户端接入ADSL-Modem，便可提供准宽带数据服务和传统语音服务，两种业务互不影响。非对称是指用户线的上行速率与下行速率不同，它可以提供上行1Mbit/s，下行8Mbit/s的速率，3~6km的有效传输距离，比较符合现阶段一般用户的互联网接入要求。对于没有综合布线的小区来讲，ADSL是一种经济便捷的接入途径。

2．有线电视网

我国的有线电视起步较晚，但发展迅速，目前我国有线电视用户约8 000万，拥有世界第一大有线电视网。在我国，有线电视网普及率高、接入带宽最宽、同时掌握着众多的的视频资源。但是网络大部分是以单向、树型网络方式连接到终端用户，用户只能在当时被动地选择是否接收此种信息。如果将有线电视网从目前的广播式网络全面改造为双向交互式网络，便可将电视与电信业务集成一体，使有线电视网成为一种新的计算机接入网。有线电视网正摆脱单一的广播业务传输网络而向综合信息网发展。在三网融合的过程中，有线电视网的策略是首先用电缆调制解调器抢占IP数据业务，再逐渐争夺语音业务和点播业务。

3．互联网

2005年，我国网民人数突破1亿人。互联网对社会发展起到了巨大的推动作用。由于互联网的飞速发展，用户对通信信道带宽能力的需求日益增长，需要建立真正的信息高速公路和高速宽带信息网络。互联网的主要特点是采用分组交换方式和面向无连接的通信协议，适用于传送数据业务，但带宽不定。在互联网中，用户之间的连接可以是一点对一点的，也可以是一点对多点的；用户之间的通信在大多数情况下是非实时的，采用的是存储转发方式；通信方式可以是双向交互式的，也可以是单向的。互连网络的结构比较简单，以前主要依靠电信网或有线电视网传输数据，现在有的经济比较发达的城市开始或已经兴建了独立的以IP为主要业务对象的新型骨干传送网。

互联网的最大优势在于TCP/IP协议是目前唯一可被三大网共同接受的通信协议，IP技术更新快、成本低。但是互联网最大的问题是缺乏大型网络与电话业务方面的技术和运营经验；由于其具有开放性的特点，缺乏对全网有效的控制能力，很难实现统一网管；还无法保证提供高质量的实时业务。

11.3.3 三网融合的技术优势

1. 数字技术

数字传输取代传统的模拟传输已是信息社会发展的必然方向。数字技术的主要优势有：信号质量好，抗干扰能力强；传输效率高，多功能复用；双向交互性，便于网络化等，得到了广泛应用。数字技术将不同的信号统一为二进制比特流，在信息的前期处理、传输、交换、接收等过程中已经实现了融合，使得语音、数据和图像信号都可以通过二进制比特流在网络间进行传输和交流，而无任何区别。

2. 光通信技术

从技术的角度看，光通信技术的发展速度大大出乎人们的预料，经过几年的发展就出现了10Gbit/s、40Gbit/sDWDM，现在又在向全光网前进。利用波分复用技术在单一光纤上传输320Gbit/s的系统已得到商用。巨大可持续发展容量的光纤传输网是三网融合传输各类业务的理想平台。光通信的快速发展使得传输成本大幅下降。因而从传输平台来说具备了三网融合的技术条件。

3. TCP/IP

TCP/IP的普遍使用，使得各种业务都可以以IP为基础实现互通。TCP/IP协议不仅成为占主导地位的通信协议，而且还为三大网络找到了统一的通信协议，从而在技术上为三网融合奠定了最坚实的联网基础。从接入网，到骨干网，整个网络将实现协议的统一，各种终端最终都能实现透明的连接。

4. 三网融合的好处

（1）信息服务将由单一业务转向文字、话音、数据、图像、视频等多媒体综合业务。

（2）有利于极大地减少基础建设投入，并简化网络管理，降低维护成本。

（3）将使网络从各自独立的专业网络向综合性网络转变，网络性能得以提升，资源利用水平进一步提高。

（4）三网融合是业务的整合，它不仅继承了原有的话音、数据和视频业务，而且通过网络的整合，衍生出了更加丰富的增值业务类型，如图文电视、VOIP、视频邮件和网络游戏等，极大地拓展了业务提供的范围。

（5）三网融合打破了电信运营商和广电运营商在视频传输领域长期的恶性竞争状态，各大运营商将在一口锅里抢饭吃，看电视、上网、打电话资费可能打包下调。

三网融合应用广泛，遍及智能交通、环境保护、政府工作、公共安全、平安家居、智能消防、工业监测、老人护理、个人健康等多个领域。以后的手机可以看电视、上网，电视可以打电话、上网，电脑也可以打电话、看电视。三者之间相互交叉，形成你中有我、我中有你的格局。

　　本章概要介绍了当前网络最新的技术FTTH、三网融合和物联网技术，了解了FTTH的定义、特点和组成方式；明确了物联网技术的定义、特定、核心技术和应用范围；认识到三网融合技术的概念、技术优势和好处。

习　题

1．填空题

（1）FTTH系统是一种接入网技术，总体上由3个部分组成：_____、_____和_____。

（2）三网融合中的三网分别为_____、_____和_____。

2．简答题

（1）简述FTTH的定义。

（2）简述物联网的定义。

（3）物联网主要采用哪些技术？

（4）三网融合的好处有哪些？

PART 12

第12章
组网方案实例

——某大学校园网组网方案

学习目标

- 了解组网方案的编写
- 了解校园的建设过程

12.1　方案的目的与需求

整个网络必须要能满足以下要求。

（1）稳定。网络必须能保证相对连续、稳定的工作。

（2）安全。整个网络有高的安全性，能够杜绝非法入侵，并且能够方便地监控网络的状态。

（3）灵活。当需求有所变化时，网络能够容易地被拓展。

（4）足够的带宽。能满足多媒体教学和高速访问Internet的需要，主干线1 000Mbit/s与Internet连接，100Mbit/s与服务器连接，10/100Mbit/s与应用终端连接。

（5）易于管理和维护。无线网络一旦投入使用，希望尽可能简化网络的管理和维护工作。

（6）在教学楼中部分地区实现无线上网。

12.2　组网方案

12.2.1　需求分析

1. 现状概述

学校所有的建筑物都已接入整个校园局域网，学校下设4个系分别为计算机科学系、电子工程系、信息工程系和经济管理系，其中软件学院归属于计算机系管理，信息节点的分布比较分散。将涉及图书馆、实验楼、教学楼、宿舍楼和办公楼等。网络的管理由网络中心统一管理，服务器位于网络中心，位置设在教学楼，其中图书馆、实验楼和教学楼为信息点密集区；教师和学生宿舍为网络利用率较高的区域。

2. 需求分析

吉比特专线接入Internet，开通WWW、FTP、E-mail、图书服务器和课程资源服务器5种服务。对外开通学校网站、FTP服务器以及远程教育视频点播多媒体教学系统，对内开通课程资源服务器供教师使用，E-mail服务器供全校师生使用，教师可使用校园网访问Internet，同时提供PPP拨号服务，使得学生和部分零散用户可以通过电话拨号接入网络，同时针对笔记本电脑在有线网络的基础上构建无线校园网络。

12.2.2　系统设计

1. 设计要求

校园网必须是一个集计算机网络技术、多项信息管理、办公自动化和信息发布等功能于一体的综合信息平台，并能够有效地促进现有的管理体制和管理方法，提高学校办公质量和效率，以促进学校整体教学水平的提高。

因此设计方案应遵循先进性、实用性、开放性和标准化的原则，在保证先进性的前提下尽量采用成熟、稳定、标准、实用的技术和产品，并努力使系统具有良好的可管理性、可维护性以及扩展性，同时要考虑投资的安全性及效益。

高校校园内的笔记本电脑的普及率非常高，针对大量的移动终端来讲，灵活的接入网络需求很强烈。通过无线网络利用教育科研信息网和互联网上的各种信息，可以实现资源共享，同时能为移动终端提供高效率的连接方式。

2. 技术选择

目前在规划校园一级的有线主干网络建设中，主要选用的技术如下。

（1）FDDI（光纤分布数据接口）。

（2）ATM（异步传输模式）。

（3）交换式快速以太网及吉比特以太网。

光纤分布数据接口（FDDI）是目前成熟的LAN技术中传输速率最高的一种。这种传输速率高达100Mbit/s的网络技术所依据的标准是ANSIX3T9.5。该网络具有定时令牌协议的特性，支持多种拓扑结构，传输媒体为光纤。使用光纤作为传输媒体具有多种优点，可防止传输过程中被分接偷听，也杜绝了辐射波的窃听，因而是最安全的传输媒体。FDDI使用双环架构，两个环上的流量在相反方向上传输。双环由主环和备用环组成。在正常情况下，主环用于数据传输，备用环闲置，使用双环的用意是能够提供较高的可靠性和健壮性，是一种比较成熟的技术，但它也是一种共享介质的技术，随着联网设备的增加，网络效率会很快下降，100Mbit/s的带宽会被所有用户平均分担，因此它不能满足网络中对于高带宽的需求，因此它不具备先进性。而且FDDI采用光纤，成本太高、耗资巨大、管理困难，而且网络扩展性差，为以后的升级带来了困难，所以不采用此方案。

ATM（Asynchronous Transfer Mode，异步传输模式）是一项数据传输技术，通常提供155 Mbit/s的带宽。它适用于局域网和广域网，它具有高速数据传输率，支持许多种类型如声音、数据、传真、实时视频、CD质量音频和图像的通信，ATM采用了虚连接技术，将逻辑子网和物理子网分离。类似于电路交换，ATM首先选择路径，在两个通信实体之间建立虚通路，将路由选择与数据转发开，使传输中间的控制较为简单，解决了路由选择的瓶颈问题。设立了虚通路和虚通道两级寻址，虚通道是由两节点间复用的一组虚通路组成的，网络的主要管理和交换功能集中在虚通道一级，降低了网管和网控的复杂性。在一条链路上可以建立多个虚通路。在一条通路上传输的数据单元均在相同的物理线路上传输，且保持其先后顺序，因此克服了分组交换中无序接收的缺点，保证了数据的连续性，更适合于多媒体数据的传输。因此对于校园网中的语音和视频点播多媒体系统来说比较适合。但是目前不同厂家的ATM产品互联还存在一些问题，而且ATM的技术不是很成熟，用于桌面级的应用成本太高，管理困难。从实用性、安全性及经济性等多个方面综合考虑，整体方案不采用ATM。不过可以考虑部分多媒体方面的应用系统使用ATM。

交换式快速以太网及千兆以太网是最近几年发展起来的先进的网络技术，随着工作站和服务器处理能力的迅速增强，缺乏足够带宽的应用数目不断增加，局域网络呈爆炸性发展，许多网络管理员正面临着一种对更大带宽和更高工作组效率的急迫需求。对更大带宽的需求是一个普遍的问题，无论该工作组是一个拥有数百个使用电子邮件和办公室日常处理应用的大型发展中的LAN，还是一个需要为电视会议、教学应用和万维网接入提供所需带宽的中等规模的LAN，或者是一组使用CAD和图形应用的用户，甚至是一群分布在很广范围内的和一个或几个中心节点共享数据的远程办公室的集合。吉比特以太网是建立在标准的以太网基础之上的一种带宽扩容解决方案。它与标准以太网及快速以太网技术一样，都使用以太网所规定的技术规范，吉比特以太网还具备易于购买、易于安装、易于使用、易于管理与维护、易于升级、易于与已有网络以及已有应用进行集成等优点，不过其设备投入也比较大。

12.2.3 系统实施

1. 网络规划

整个有线网络采用高速以太交换网体系结构、可扩展的星状拓扑结构、300m以内的建筑物采用多模光缆布线结构；300m以外的建筑物采用单模/多模混装光缆的布线结构，保障向吉比特以太网技术迁移的可能性，每条光缆有50%的冗余度。光缆敷设采用地下管道直埋式，主管道保障50%的冗余度；主建筑物与网络中心之间采用单点对单点的无中继管理模式。

整个网络的接入口采用防火墙+路由器的方式进行过滤，以保证安全；整个网络的中心设备为核心交换机，每个汇聚层交换机都必须接入核心交换机；网管区域拥有整个网络的最高访问权限，在每台交换机上配置Telnet访问方式，用以正常的维护，5台服务器使用交换机连接然后接入核心交换机；教学楼每个楼层都配备楼层主交换机，教室之间的连接采用共享式的连接，主要设备是普通交换机；实验室每层之间配备楼层交换机，各个实验室中有接入交换机，接入交换机汇总到楼层交换机，再接入核心交换机；教室宿舍采用的是校园局域网方式上网，并绑定固定寝室的IP地址，寝室楼层配备楼层交换机接入核心交换机；学生寝室划分在整个校园局域网中，但是不使用校园局域网方式上网，采用的是ADSL拨号方式上网，每个楼层由楼层交换机接入核心交换机；办公楼是整个办公区域，其中财务室使用单独的网段并配备防火墙，以保证其安全性。

无线网络需求区域分为室外区域和室内区域。室内无线上网区域主要集中在教学楼、实验楼和楼层办公室，在这些区域为了满足信号覆盖和高密度的上网用户，采用了室内型高速无线局域网AP产品，产品支持IEEE 802.12b协议，同时为了扩展性，要求可提供基于IEEE 802.12g协议下的108 Mbit/s带宽增强技术，可提供给更多的用户以不亚于有线网络的感受访问无线网络；同时，自带的智能全向天线可满足室内的信号覆盖强度。室外的无线部署主要是教学楼、办公楼前广场、马路、绿地网球场、篮球场以及学生宿舍楼前的广场区域。采用了室外无线接入点产品，产品要采用先进的双路独立的IEEE 802.12b系统设计，非常适合于室外大范围的无线覆盖和网桥，同时为了扩展性，要求可提供基于IEEE 802.12g协议下的108 Mbit/s带宽增强技术，可满足大量的并发无线用户流畅访问校园网的需求，使无线网络性能提高。考虑到整个网络呈星状拓扑结构，在每层需要进行无线覆盖的区域选择最佳地点放置无线热点AP，放置时保证无线信号覆盖的范围，力求楼层内布点最少，范围最大覆盖。每层所布置的AP通过超五类屏蔽双绞线连接到中心机房的交换机上实现集中管理。考虑到在无线网络主要设备——无线热点AP选型上，要保证AP能长时间工作；有良好的兼容性，能兼容各种无线适配器，而且最好能支持目前无线传输的主流带宽，更重要的是能保证数据的稳定性和安全性。

2. 设备选择

（1）有线网络设备。核心层采用了华为3Com公司的Quidway S8512万兆核心交换机作为整个网络的核心连接设备；教学楼、实验室、办公楼和寝室等二级连接区域采用华为3Com公司E328教育网交换机和华为3Com公司E126教育网交换机系列以太网交换机作为主接入设备，连接核心交换机；二级区域以下的对带宽要求不高的接入点采用3C16441A SuperStack 3 Baseline网络集线器连接；外网接入防火墙采用Quidway SecPath 1000F防火墙，内部对于安全性要求高的敏感区域（如财务室）采用Quidway SecPath 100SecPath 100F-E系列防火墙。

（2）无线网络设备。无线AP选择NETGEAR 12M多功能企业级无线局域网接入AP ME103，无线适配器选择12M无线CardBus笔记本电脑卡MA521。

3. 网络方案拓扑图

（1）整体框架，如图12.1所示。

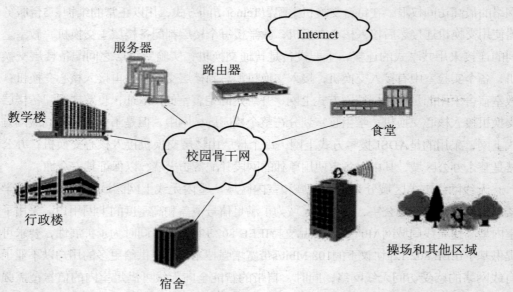

图12.1 整体框架

（2）主干部分拓扑如图12.2所示。

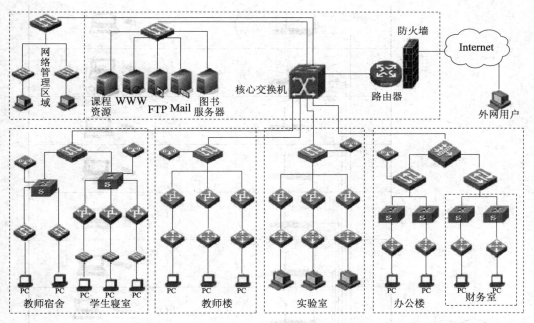

图12.2　主干部分拓扑

（3）无线网络整体结构如图12.3所示。

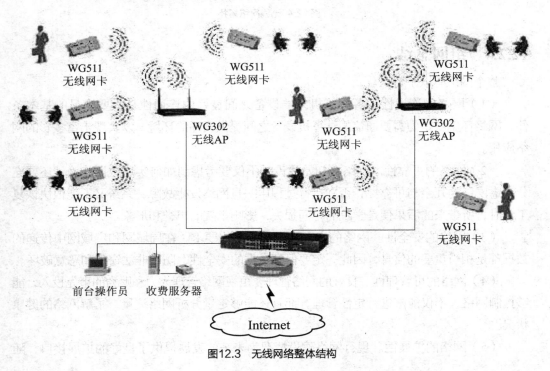

图12.3　无线网络整体结构

（4）无线网络拓扑如图12.4所示。

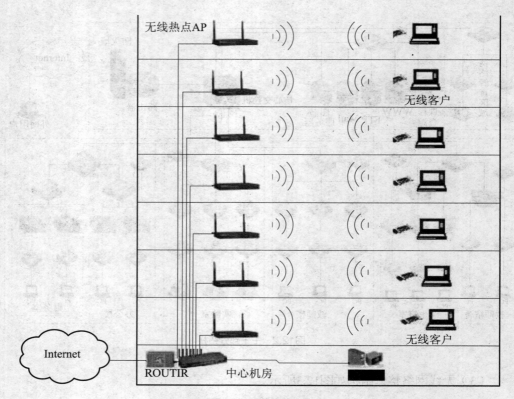

图12.4 无线网络拓扑

12.2.4 组网总结

整个网络有以下特点。

（1）网络的连通性。各计算机终端设备之间良好的连通性是需要满足的基本条件，网络环境就是为需要通信的计算机设备之间提供互通的环境，以实现丰富多彩的网络应用。

（2）网络的可靠性。网络在初始建设时不仅要考虑到如何实现数据传输，还要充分考虑网络的冗余与可靠性，否则运行过程中一旦网络发生故障，系统又不能很快恢复工作时，所带来的后果便是学院的时间损失，影响学院的声誉和形象。

（3）网络的安全性。网络的安全性有非常高的要求。在局域网和广域网中传递的数据都是相当重要的信息，因此一定要保证数据的安全性，防止非法窃听和恶意破坏。

（4）网络的可管理性。良好的网络管理要重视网络管理人力和财力的事先投入，能够控制网络，不仅能够进行定性管理，而且还能够定量分析网络流量，了解网络的健康状况。

（5）网络的扩展性。现行网络建设情况为未来的发展提供了良好的扩展接口，随着学院规模的扩大网络的扩展和升级是不可避免的问题。

（6）网络的多媒体支持。在设计网络时即考虑到了多媒体的应用，所以网络建设好后对于视频会议、视频点播及IP电话等多媒体技术均有良好的支持。

在实际的工程应用方案中还应该有公司简介、工程的背景、技术要求、设备性能说明及工程报价等，根据需要进行增减。

网络工程是一个复杂的工程，在实际方案编写时要仔细考虑各种需求，在硬件更新特别快的今天，要考虑未来的需求，尽可能的设计出容易施工、维护及扩展升级的架构，这样才能够最大限度地保护现有投资。

习 题

简述题

1. 以太网交换器包括哪些结构？

2. 简述FDDI标准的体系结构。

3. 吉比特以太网技术的优势是什么？

参考文献

[1]谢希仁. 计算机网络（第5版）. 北京: 清华大学出版社，2009.

[2]刘有珠，罗少彬. 计算机网络技术基础. 北京: 清华大学出版社，2007.

[3]赵艳玲. 计算机网络技术案例教程. 北京: 北京大学出版社，2008.

[4]刘钢. 计算机网络基础与实训. 北京: 高等教育出版社，2004.

[5]杭州华三通信技术有限公司. 路由交换技术第1卷（上册）（H3C网络学院系列教程）. 北京: 清华大学出版社，2011.

[6]杭州华三通信技术有限公司. 路由交换技术第1卷（下册）（H3C网络学院系列教程）. 北京: 清华大学出版社，2011.